波动方程成像方法及其计算

张文生　著

科学出版社

北京

内 容 简 介

本书以复杂构造深度成像为目标,系统阐述了波动方程成像方法及其计算.全书共分 8 章,由易到难,涉及计算数学、科学计算、应用数学、地球物理等领域的相关知识.内容包括:Kirchhoff 偏移、零偏移距记录合成、复杂构造叠后深度成像、复杂构造叠前深度成像、三维多方向分裂隐式波场外推、正多边形网格上 Laplace 算子的差分表示、三维频率空间域显式波场外推、三维复杂构造叠前深度成像.全书注重理论与实践相结合,既有系统的理论方法,又有丰富的数值计算;既有经典方法,又有最新成果.

本书可作为科学计算、应用数学、反问题、应用地球物理、声学成像等专业的高年级本科生、研究生的教材或教师的教学参考书,也可供相关专业的科研工作者和工程技术人员参考.

图书在版编目(CIP)数据

波动方程成像方法及其计算/张文生著. —北京: 科学出版社, 2009
ISBN 978-7-03-024902-9

Ⅰ. 波… Ⅱ. 张… Ⅲ. 波动方程-成像 Ⅳ. O175.27

中国版本图书馆 CIP 数据核字 (2009) 第 108221 号

责任编辑:赵彦超 / 责任校对:钟 洋
责任印制:徐晓晨 / 封面设计:王 浩

科 学 出 版 社 出版
北京东黄城根北街 16 号
邮政编码:100717
http://www.sciencep.com

北京东华虎彩印刷有限公司 印刷
科学出版社发行 各地新华书店经销

*

2009 年 7 月第 一 版 开本:B5(720×1000)
2018 年 5 月第二次印刷 印张:15 3/4
字数:307 000

定价:108.00 元
(如有印装质量问题,我社负责调换)

前　　言

在科学与工程的许多问题中, 经常需要由物体表面观测到的数据来推测物体内部的结构或参数信息, 如石油勘探中需要由地表仪器测量的来自地下介质的波场来确定地下油气构造, 这属于波动方程成像范畴. 在数学上归结为求解波动方程的边值问题, 控制方程是波动方程, 可以是声波、弹性波和电磁波, 边值条件就是全部或部分边界上的观测场. 按照求解波动方程的数学方法, 波动方程成像可分 Kirchhoff 积分法和非 Kirchhoff 积分法两类, Kirchhoff 积分法基于波动方程的 Kirchhoff 积分解, 非 Kirchhoff 积分法基于单程波方程的波场外推. 本书详细阐述波动方程成像的理论以及最典型最有效的计算方法, 并有大量数值结果, 内容涉及计算数学、科学计算、应用数学、地球物理等领域的知识.

全书共分 8 章.

第 1 章介绍 Kirchhoff 成像. 首先推导波动方程边值问题的 Kirchhoff 积分公式, Kirchhoff 成像是 Kirchhoff 积分公式的具体运用. Kirchhoff 成像公式有多种表示形式, 如最常用的时间域 Kirchhoff 成像公式、单程波形式的 Kirchhoff 公式、射线 Kirchhoff 公式、散射 Kirchhoff 成像公式.

Kirchhoff 成像是一种基于射线的高频近似方法, 第 2～8 章讨论基于波场外推计算的非 Kirchhoff 积分成像方法.

第 2 章介绍零偏移距记录合成. 零偏移距记录就是激发和接收位置重合时所观测到的数据记录, 是叠后成像所必需的数据. 本章介绍几种模拟零偏移距记录的方法, 其中混合法最有效, 可以高精度合成任意复杂构造的零偏移距记录. 本章是第 3 章叠后成像的基础.

第 3 章介绍复杂构造叠后深度成像. 波场外推方程可以是全波波动方程, 也可以是单程波波动方程. 逆时成像方法依据全波波动方程将波场逆时外推, 无倾角限制, 适应空间变速的情况. 基于单程波波动方程的成像方法主要包括相移加插值法、隐式 ω-x 域有限差分法、裂步傅里叶法、傅里叶有限差分法和混合法, 通过典型模型的计算比较这些方法的计算量和精度.

第 4 章介绍复杂构造叠前深度成像. 与叠后成像方法相比, 叠前成像的计算量大, 但成像精度更高. 本章内容包括炮集叠前深度成像、双平方根算子叠前深度成像、裂步 Hartley 变换叠前深度成像、波场合成叠前深度成像. 对典型的二维复杂模型进行了成像计算, 取得了较好的成像效果.

第 5 章介绍三维多方向分裂隐式波场外推. 如果不用分裂法直接计算, 三维波场隐式外推将导致巨大的计算量, 不能应用. 两方向交替分裂隐格式是一种最典型的波场外推计算格式, 可大大减少计算量, 但存在数值各向异性误差. 多方向分裂方法可以有效消除三维波场外推中的数值各向异性. 本章详细阐述多方向分裂的理论和分裂格式的构造方法, 对四方向分裂进行了定量误差分析和计算.

第 6 章介绍正多边形网格上 Laplace 算子的差分表示. 三维单程波或双程波方程中含有 Laplace 算子, 波场外推不仅可以在正方形网格上实现, 还可以在任意的正多边形上实现. 本章重点介绍如何在正方形和正六边形网格上设计不同精度的差分格式.

第 7 章介绍三维频率空间域显式波场外推. 显式波场外推将波场外推作为一种褶积或滤波来实现. 隐式格式由于无条件稳定, 在波动方程成像中得到广泛应用, 与隐式格式相比, 显式格式具有计算量小的优点, 但需保证稳定性. 本章首先给出设计稳定的显式外推滤波器的一般方法, 然后讨论典型的 McClellan 滤波器、旋转的 McClellan 滤波器以及如何在正六边形网格上进行数据采样.

第 8 章介绍三维复杂构造叠前深度成像. 包括三维炮集深度成像、三维波场合成成像及共方位成像. 三维炮集叠前深度成像精度最高, 但计算量最大, 波场合成叠前成像通过对炮集数据合成后再计算, 可以节省计算量, 也有一定精度, 对三维标准复杂构造模型的 MPI 并行成像计算表明, 两种方法均能取得较好的成像效果. 共方位成像通过对数据作共方位近似来减少计算量, 但同时精度会下降.

波动方程成像方法 ——Kirchhoff 积分法和非 Kirchhoff 积分法各具特色, 都在实践中得到了广泛应用, 难以相互取代. 随着实际问题的日趋复杂, 需要不断发展和探索新的理论方法, 如真振幅成像、各向异性介质成像等, 进一步研究可参考相关文献. 在本书中, 成像 (imaging) 与偏移 (migration) 两词含义等价, 只是偏移一词出现得比成像更早.

本书的工作得到国家 973 大规模科学计算 (G1999032800)、国家自然科学基金重点项目 (10431030)、国家自然科学基金项目 (40004003) 等的支持, 在此表示感谢; 对科学与工程计算国家重点实验室所给予的支持表示感谢; 在科研工作中, 曾先后得到何樵登教授、张关泉研究员和马在田院士等专家的指导, 在此表示感谢; 同时, 对众多领导、专家、老师、同事所给予的一贯支持和帮助表示感谢; 对直接或间接所引文献的作者表示感谢; 对科学出版社编辑的精心工作也表示感谢.

由于作者水平有限, 难免疏误或不足, 恳请读者指正.

作　者

2009 年 6 月

目　录

第 1 章　Kirchhoff 偏移

本章首先对偏移或成像方法作一概述, 然后介绍 Kirchhoff 成像方法. Kirchhoff 成像是波动方程 Kirchhoff 积分解的具体应用, 具体推导了各种形式的 Kirchhoff 公式, 包括最常用的双程波形式的 Kirchhoff 积分公式、单程波形式的 Kirchhoff 积分公式, 最后给出散射 Kirchhoff 成像公式.

1.1　偏移成像概述

地震测量中所采集的数据, 如不作处理, 仅是对地下界面的一个非常粗糙估计, 偏移或成像方法就是通过校正未处理的数据来得到更真实的地下构造图像. 在本书中, 偏移与成像两词等价.

偏移始于解释模拟地震数据作图法[69], 是几何光学原理的简单应用. 我们以单个界面模型来说明作图法偏移的基本思想. 如图 1.1 所示, 界面两侧有不同的波速, 波的传播由声波波动方程来描述, 源和检波器重合位于地表. 图 1.2 是所得的记录即时间剖面. 如果将图 1.2 中时间剖面上的时间用半波速来标定, 则剖面上的垂直 "长度" 将准确等于原模型的深度, 但只有当波速为常数和反射界面水平的特殊情况时, 标定后的时间剖面才对应真实的反射面.

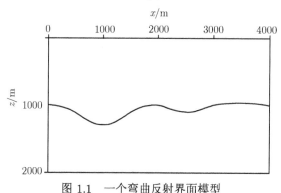

图 1.1　一个弯曲反射界面模型

当波速是常数时, 可以这样来重建反射面, 利用几何光学反射的简单思想, 在图 1.2 中, 每一道 $(\xi, 0)$ 的波形的峰值表示反射面的法向入射反射的双程走时, 设该已知走时为 $\gamma_I(\xi)$, 又设反射面上任一点的坐标为 (x, z), 则由几何光学反射原理可知, 双程走时为

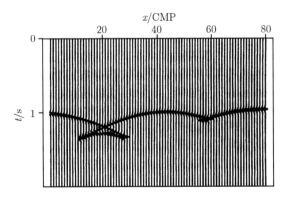

图 1.2   弯曲反射界面模型的时间记录剖面

$$\tau(x,z,\xi) = \frac{2\sqrt{(x-\xi)^2 + z^2}}{v} \tag{1.1.1}$$

其中 v 是传播速度. 由于 (x,z) 未知, 因此可能的反射点在以 $(\xi,0)$ 为圆心、$\tau(x,z,\xi) = \gamma_I(\xi)$ 为半径的半圆上. 由此得到一个半圆簇, 如图 1.3 所示, 该半圆簇的包络线就是反射面, 即曲线簇

$$\phi(x,z,\xi) = \gamma_I(\xi) - \tau(x,z,\xi) \tag{1.1.2}$$

的包络. 在数学上, 可令 ϕ 关于 ξ 的一阶导数为零, 求出以 x 和 z 为函数的 ξ, 然后, 再代到曲线簇方程 (1.1.2) 中, 得

$$\phi(x,z,\xi(x,z)) = 0 \tag{1.1.3}$$

该函数的图形就是包络.

图 1.3   半圆簇的包络即为反射面的成像结果

作图法偏移的时代已经过去, 但它体现偏移的基本思想, 现代偏移方法直接考虑求解波动方程, 并在计算机上进行数字处理来实现. 波场方程偏移或成像是解决复杂构造成像的一种重要方法. 波动方程偏移由 Claerbout 于 20 世纪 70 年代初期提出[42−46], 现已成为解决复杂地质构造成像问题的一种重要方法.

波动方程偏移有多种方法, 按求解波动方程的数学方法, 可分为 Kirchhoff 积分法偏移和非 Kirchhoff 积分法偏移, 其中有限差分法偏移、频率波数域偏移等是典型的非 Kirchhoff 积分法偏移; 按是否考虑了波的折射效应, 可分为时间偏移和深度偏移; 按处理的资料是否做过水平叠加, 可分为叠后偏移和叠前偏移; 按处理的空间维数, 可分为二维偏移和三维偏移; 按处理的波场类型, 可分为声波波动方程偏移和弹性波动方程偏移.

1. Kirchhoff 积分法偏移

Kirchhoff 积分法偏移建立在波动方程积分解的基础上, 它利用 Kirchhoff 绕射积分公式把分散在地表各地震道上来自于同一个绕射点的能量汇聚在一起, 置于地下相应的物理绕射点上. Kirchhoff 积分法偏移最初由 Schneider 于 1978 年提出[115], 之后, Carter 和 Frazer 于 1984 年给出了处理横向变速的方法[34], 提高了精度. Kirchhoff 积分法偏移的优点是无倾角限制, 网格剖分灵活, 缺点是难以对复杂构造进行精确成像. 它同最初的有限差分偏移、频率波数域偏移一样, 属于时间偏移方法, 都假设介质速度在横向上局部均匀, 因此, 当有横向变速时, 会造成归位误差. 这种理论上的内在缺陷对有限差分偏移来说是所用的偏移方程中省略了时移方程 (描述波的折射), 仅利用了绕射方程[73]; 对频率波数域偏移则表现为傅里叶变换要求横向常速模型; 对 Kirchhoff 积分偏移则表现为在某一偏移孔径内沿对称的双曲线 (三维情况为双曲面) 轨迹使波形收敛于极小点.

2. 有限差分偏移

Claerbout 最初提出的波动方程偏移方法是 15° 有限差分偏移, 受地层倾角的限制. 为了提高偏移倾角, Berkhout 给出了高阶单程波波动方程[13]; 马在田院士提出了阶数分裂法[91,92], 把 n 阶高阶方程近似分解为 $n-1$ 个二阶方程, 然后再用有限差分交替求解; 张关泉教授提出了利用低阶微分方程组的大倾角差分偏移法[130]; 目前, 辛算法也在成像中得到应用[59,89]. 有限差分偏移可以在时间域中实现, 也可在频率空间域中实现.

3. 频率波数域偏移

常速介质的频率波数域偏移方法最早由 Stolt 于 1978 年提出[119], 该方法无倾角限制, 计算量小, 不能适应横向变速, 随后, Gazdag[63] 提出了相移法波动方程偏移, 已能适应纵向变速情况. 之后, Gazdag 等[65] 又提出了相移加插值法偏移, 该方法采用不同的常数参考速度来外推波场, 得到对应的参考波场, 而真正的波场则通过对参考波场插值计算得到, 已能适应横向变速情况. 相移加插值法根据的是数学思想而非波传播的物理含义, 计算量大. Pai 于 1988 年在理论上提出了适合任意空间变速的频率波数域偏移方法[100], 但该方法难以应用. 直到 1990 年 Stoffa 等[118] 提出了裂步傅里叶法 (SSF), 及 1994 年 Ristow 等[107] 提出了傅里叶有限差分法 (FFD), 适应横向变速的深度成像方法才有重大转折. SSF 和 FFD 这两种方法交替在 w-x 域和 f-k 域中进行波场外推来实现成像, 既具有限差分偏移易处理横向变速的优点, 又具有频率波数域偏移计算效率高和稳定性好的优点.

4. 时间偏移与深度偏移

常规时间偏移方法由于理论上存在着介质速度横向局部均匀不变的内含假设,因而不能正确地解决横向变速问题, 而深度偏移方法, 对速度模型误差相对不敏感, 有处理复杂构造和横向变速的能力. 深度偏移实质是在偏移过程中同时考虑了波的绕射和折射效应且偏移输出为深度剖面的方法. 目前以研究深度成像为主.

5. 叠后偏移和叠前偏移

叠后偏移是将多次覆盖资料作叠加后再偏移. 由于水平叠加剖面是建立在界面水平、无横向速度变化的假设前提上, 因此在界面倾角大、横向速度变化较大或叠加速度求取不准时, 水平叠加后资料的质量会受到影响, 从而影响最后的偏移质量. 如果在未作水平叠加之前进行偏移, 即叠前偏移[117], 就可避免水平叠加速度不准所引起的部分误差, 提高成像质量. 叠前偏移方法同叠后偏移方法本质上并无差别, 差别在成像原理上. 叠后偏移采用爆炸反射界面成像原理, 叠前偏移采用相关型成像原理.

不论是 Kirchhoff 积分偏移, 还是基于波场外推的非 Kirchhoff 积分偏移, 都在实践中得到了成功和广泛应用. 由于不同的需要和各自的特点, 两类方法也不能相互替代. 随着新问题的不断出现和要求的增高, 目前, 波动方程成像发展迅速, 并向精度更高、模型更复杂、计算效率更高的方向发展, 如速度建模、真振幅偏移、各向异性介质成像等.

1.2   Kirchhoff 积分公式

假定限于常速情况, 求解标量波动方程的边值问题. 如图 1.4, 设 Ω 是 R^3 空间中的一个闭区域, 且具有光滑边界 $\partial\Omega$, 现求满足下列方程的函数 ψ:

$$\nabla^2\psi - \frac{1}{c^2}\frac{\partial^2\psi}{\partial t^2} = 0, \quad \forall \boldsymbol{x} \in \Omega \qquad (1.2.1)$$

完全求解方程 (1.2.1) 需要知道 Ω 中的初值 ψ 和法向导数 $\dfrac{\partial\psi}{\partial\boldsymbol{n}}$, 或者要知道在 $\partial\Omega$ 上的 ψ 或 $\dfrac{\partial\psi}{\partial\boldsymbol{n}}$. 在边界上, 指定函数的问题是 Dirichlet 问题, 指定法向导数的问题是 Neumann 问题. 有些方程可以同时指定这两类问题, 这就是 Cauchy 问题, 但波动方程不能同时给定这两类条件. 下面假定源位于地球的自由表面 ($\partial\Omega$ 的一部分), 以便能采用无源形式的波动方程.

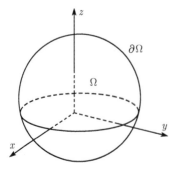

图 1.4   三维空间中的闭区域 Ω

根据惠更斯 (Huygens) 原理, 波动方程的一般解可以由无限个点源的效应来合成. 在数学上, 这可由脉冲响应函数或 Green 函数来完成. Green 函数本身是一个点源的波动方程的解. 忽略边界条件, Green 函数 $G(\boldsymbol{x}, t; \boldsymbol{x}', t')$ 满足如下方程

$$\nabla^2 G - \frac{1}{c^2}\frac{\partial^2 G}{\partial t^2} = -4\pi\delta(\boldsymbol{x} - \boldsymbol{x}')\delta(t - t') \tag{1.2.2}$$

其中 $\delta(\cdot)$ 是 Dirac 函数, $\boldsymbol{x} = (x, y, z)$ 是空间位置, $(\boldsymbol{x}', t')$ 表示源的坐标. 将方程 (1.2.1) 两端乘 G, 方程 (1.2.2) 两端乘 ψ, 然后相减, 得

$$4\pi\delta(\boldsymbol{x} - \boldsymbol{x}')\delta(t - t')\psi = G\nabla^2\psi - \psi\nabla^2 G - \frac{1}{c^2}\left(G\frac{\partial^2\psi}{\partial t^2} - \psi\frac{\partial^2 G}{\partial t^2}\right) \tag{1.2.3}$$

利用关系式

$$u\nabla^2 v = \nabla \cdot (u\nabla v) - \nabla u \cdot \nabla v \tag{1.2.4}$$

得

$$4\pi\delta(\boldsymbol{x} - \boldsymbol{x}')\delta(t - t')\psi = \nabla \cdot [G\nabla\psi - \psi\nabla G] - \frac{1}{c^2}\frac{\partial}{\partial t}\left[G\frac{\partial\psi}{\partial t} - \psi\frac{\partial G}{\partial t}\right] \tag{1.2.5}$$

为去掉 δ 函数, 对方程两端作时间–空间积分, 得

$$\xi(\boldsymbol{x})\psi(\boldsymbol{x}, t) = \int_{-\infty}^{+\infty}\int_\Omega \nabla \cdot [G\nabla\psi - \psi\nabla G]\mathrm{d}\boldsymbol{x}'\mathrm{d}t'$$
$$- \frac{1}{c^2}\int_{-\infty}^{+\infty}\int_\Omega \frac{\partial}{\partial t}\left[G\frac{\partial\psi}{\partial t} - \psi\frac{\partial}{\partial t}G\right]\mathrm{d}\boldsymbol{x}'\mathrm{d}t', \quad \forall\boldsymbol{x} \in R^3 \tag{1.2.6}$$

其中 $\xi(\boldsymbol{x})$ 的取值为

$$\xi(\boldsymbol{x}) = \begin{cases} 4\pi, & \boldsymbol{x} \in \Omega \\ 2\pi, & \boldsymbol{x} \in \partial\Omega \\ 0, & \text{其他} \end{cases} \tag{1.2.7}$$

(1.2.6) 式右端第一项体积分可以利用 Green 公式

$$\int_\Omega (\mathrm{div}\boldsymbol{u})v\mathrm{d}\boldsymbol{x} = \int_\Omega (\nabla \cdot \boldsymbol{u})v\mathrm{d}\boldsymbol{x} = \int_{\partial\Omega} v\boldsymbol{u} \cdot \boldsymbol{n}\mathrm{d}s - \int_\Omega \boldsymbol{u} \cdot \nabla v\mathrm{d}\boldsymbol{x} \tag{1.2.8}$$

化成 $\partial\Omega$ 上的一个面积分 (应用时取 $v = 1$); 第二项积分可转换成

$$\left[\int_\Omega \left(G\frac{\partial\psi}{\partial t} - \psi\frac{\partial G}{\partial t}\right)\mathrm{d}\boldsymbol{x}'\right]_{-\infty}^{+\infty} \tag{1.2.9}$$

在源激发之前 $(t \leqslant t' = 0)$, ψ 和 $\dfrac{\partial\psi}{\partial t}$ 假定为零, 又由于在 Ω 中 (成像空间中) 没有

源, 因此该体积分为零. 假定 Green 函数是因果的, 则时间积分下限为零, 因此方程 (1.2.6) 简化为

$$\xi(\boldsymbol{x})\psi(\boldsymbol{x},t) = \int_0^{+\infty}\int_{\partial\Omega}[G\nabla\psi - \psi\nabla G]\cdot\boldsymbol{n}\mathrm{d}s'\mathrm{d}t', \quad \forall\boldsymbol{x}\in R^3 \tag{1.2.10}$$

这里 $\boldsymbol{n}$ 是 $\partial\Omega$ 的单位法向量 (向外), 该式称为 Kirchhoff 积分公式.

一旦给定边界上的值 ψ 及它的法向导数, Kirchhoff 积分公式就给出了波动方程在空间任何一点处的解 ψ. 因为一般不能同时给定这两个条件 (Cauchy 条件), 所以需要根据一个条件来求另一个条件.

随着观测点 $\boldsymbol{x}$ 接近于自由表面, 记

$$\psi|_{\partial\Omega} = f \tag{1.2.11}$$

$$\left.\frac{\partial\psi}{\partial\boldsymbol{n}}\right|_{\partial\Omega} = f_1 \tag{1.2.12}$$

则有如下 Neumann 问题

$$f(\boldsymbol{x},t) = \frac{1}{2\pi}\int_0^{+\infty}\int_{\partial\Omega}\left[Gf_1 - f\frac{\partial G}{\partial\boldsymbol{n}}\right]\mathrm{d}s'\mathrm{d}t', \quad \forall\boldsymbol{x}\in\partial\Omega \tag{1.2.13}$$

由于不能同时指定 f 和 f_1, 所以指定其中的一个再求另一个. 假定法向导数即 f_1 已知, f 未知, 则方程 (1.2.13) 是一个关于 f 的积分方程; 假定 f 已知, f_1 未知, 则同样得到一个积分方程. 因此, 通过求解一个积分方程, 可以已知 f 或 f_1 中的一个求出另一个, 从而再由 (1.2.13) 式求出 R^3 中任一点的波场.

我们还可以进一步化简, 因为现在并未要求 Green 函数要满足什么样的边界条件, 也就是说对于满足方程 (1.2.2) 的所有 Green 函数都可以. 在某些特殊情况下, 有可能找到这样一个 Green 函数, 其法向导数在部分或全部边界上为零. 假如 Green 函数在边界 $\partial\Omega$ 上为零, 就可以直接从 Kirchhoff 积分中求得 Dirichlet 问题 (f 已知) 的解, 因为在积分中涉及关于波场的未知法向导数都消失了, 于是有

$$\psi(\boldsymbol{x},t) = -\frac{1}{4\pi}\int_0^{+\infty}\int_{\partial\Omega}f(\boldsymbol{x}',t')\frac{\partial}{\partial\boldsymbol{n}}G(\boldsymbol{x},t;\boldsymbol{x}',t')\mathrm{d}s'\mathrm{d}t', \quad \forall\boldsymbol{x}\in\Omega \tag{1.2.14}$$

由于假定已知 f, 该方程不是一个积分方程. 类似地, 若假定 Green 函数的法向导数在边界上为零, 则可以求得 Neumann 问题 (f_1 已知) 的解, 因为涉及边界值的未知项消失了, 于是有

$$\psi(\boldsymbol{x},t) = \frac{1}{4\pi}\int_0^{+\infty}\int_{\partial\Omega}G(\boldsymbol{x},t;\boldsymbol{x}',t')f_1(\boldsymbol{x}',t')\mathrm{d}s'\mathrm{d}t', \quad \forall\boldsymbol{x}\in\Omega \tag{1.2.15}$$

由于假定已知 f_1, 该方程也不是一个积分方程. 假如没有这样的 Green 函数, 则必须通过数值方法计算或使用一个近似的 Green 函数.

1.3 Kirchhoff 偏移公式

假定数据在地表 $z = 0$ 处被记录, 首先考虑常速情况, 即没有反射界面, 当然这是理想条件, 稍后将作推广. 设 $\partial\Omega$ 由平面 $z = 0$ 和下半球面组成. 若使半球面的半径趋于无穷, 使得它对积分的贡献足够快地趋于零, 则在 $\partial\Omega$ 上的总积分就化为一个在 $z = 0$ 平面的积分.

在常速情况下, 在 $z = 0$ 上的两个 Green 函数可通过镜像方法 (如图 1.5) 得到

$$G_r(\boldsymbol{x}, t; \boldsymbol{x}', t') = \frac{\delta(t - t' - R/c)}{R} - \frac{\delta(t - t' - R'/c)}{R'} \tag{1.3.1}$$

$$G_a(\boldsymbol{x}, t; \boldsymbol{x}', t') = \frac{\delta(t - t' + R/c)}{R} - \frac{\delta(t - t' + R'/c)}{R'} \tag{1.3.2}$$

其中

$$R = \sqrt{(x - x')^2 + (y - y')^2 + (z - z')^2}$$

$$R' = \sqrt{(x - x')^2 + (y - y')^2 + (z + z')^2}$$

对球面波这是自然的, 因为球面波是波动方程的球面对称解. G 的下标 a 和 r 分别表示超前和延迟. 延迟 Green 函数是因果的, 随着 t 的增加, 从点源向外传播. 超前 Green 函数是反因果的, 表示收缩的球面波, 向时间反方向传播.

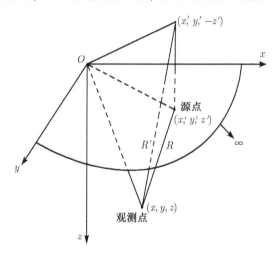

图 1.5 用于 Green 函数的几何设置

因为偏移是将散射双曲线反传播到源点, 显然使用 G_a. 注意到 $R'(z') = R(-z')$, 由方程 (1.2.14) 得

$$\psi(\boldsymbol{x}, t) = -\frac{1}{4\pi} \int_0^{+\infty} \int_{z'=0} f(\boldsymbol{x}', t') \frac{\partial}{\partial \boldsymbol{n}} \left[\frac{\delta(t - t' + R/c)}{R} - \frac{\delta(t - t' + R'/c)}{R'} \right] \mathrm{d}s' \mathrm{d}t'$$

$$= -\frac{1}{4\pi} \int_0^{+\infty} \int_{z'=0} f(\boldsymbol{x}', t') \left(-\frac{\partial}{\partial z'} \right) \frac{\delta(t - t' + R/c)}{R} \mathrm{d}s' \mathrm{d}t'$$

$$+ \frac{1}{4\pi} \int_0^{+\infty} \int_{z'=0} f(\boldsymbol{x}', t') \left(\frac{\partial}{\partial(-z')} \right) \frac{\delta(t - t' + R'/c)}{R'} \mathrm{d}s' \mathrm{d}t'$$

$$= \frac{1}{2\pi} \int_0^{+\infty} \int_{z'=0} f(\boldsymbol{x}', t') \frac{\partial}{\partial z'} \frac{\delta\left(t - t' + \dfrac{R}{c}\right)}{R} \mathrm{d}s' \mathrm{d}t' \tag{1.3.3}$$

由于 $\dfrac{\partial}{\partial z'} = -\dfrac{\partial}{\partial z}$, 因此

$$\psi(\boldsymbol{x}, t) = -\frac{1}{2\pi} \frac{\partial}{\partial z} \int_0^{+\infty} \int_{z'=0} f(\boldsymbol{x}', t') \frac{\delta\left(t - t' + \dfrac{R}{c}\right)}{R} \mathrm{d}s' \mathrm{d}t' \tag{1.3.4}$$

利用 δ 函数的性质, 可得

$$\psi(\boldsymbol{x}, t) = -\frac{1}{2\pi} \frac{\partial}{\partial z} \int_{z'=0} \frac{f\left(\boldsymbol{x}', t + \dfrac{R}{c}\right)}{R} \mathrm{d}s', \quad \boldsymbol{x} \in \Omega \tag{1.3.5}$$

这就是 Kirchhoff 偏移公式[115].

　　上面通过引进一个任意的 Green 函数, 将波动方程化成了一个积分方程. 假如能找到一个特殊的 Green 函数, 该 Green 函数本身或者其方向导数在地表为零, 则积分方程可简化为这样一个积分式: 它将波场的边界值映射成所有空间中的一个解. 对于我们所感兴趣的问题, 数据在 $z = 0$ 上记录, 这表明至少对常速介质的情况, 我们能够写出这样两个 Green 函数.

　　可将 Kirchhoff 偏移公式 (1.3.5) 看成是一个从边值到波动方程解的映射. 边值 f 由观测或数据处理得到. 我们知道, 共中心点 (CMP) 叠加得到一个函数 $\psi_s(x, y, z = 0, t)$, 在每个共中心点处, 它近似是一个独立的零偏移距地震实验. 对叠后偏移来说, 式 (1.3.5) 中的 f 即为 CMP 叠加数据 ψ_s. 根据爆炸反射模型[86], 取 $c \to c/2$, $t = 0$, 并在记录面 (x', y') 上进行积分, 得深度成像剖面

$$\psi(\boldsymbol{x}, 0) = -\frac{1}{2\pi} \frac{\partial}{\partial z} \int_{z'=0} \frac{\psi_s\left(\boldsymbol{x}', \dfrac{2R}{c}\right)}{R} \mathrm{d}s', \quad \boldsymbol{x} \in \Omega \tag{1.3.6}$$

其中 R 是深度剖面上的输出点到地面 $z' = 0$ 上指定的检波点之间的距离. 因此, 当沿着地表 $z' = 0$ 平面积分时, 就是对零偏移距数据中散射双曲线求和, 如图 1.6 所示.

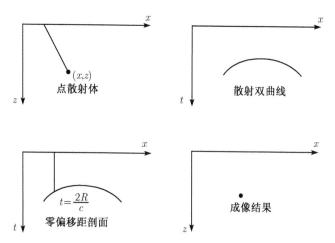

图 1.6 一个散射体在时间剖面上是一个散射双曲线

Kirchhoff 偏移沿该双曲线加权求和, 就得到深度剖面上的一个成像点

式 (1.3.6) 也可看成一个空间褶积, 该褶积从 z 处下延传播记录数据. 在数学上没有必要指定 $z = 0$. 该深度 z 仅仅是已知数据的深度. 因此, 假定我们考虑一个层状介质, 每层波速是一个常数, 则可以根据该积分下延拓传播记录数据, 每次传播一层. 由于褶积的傅里叶变换是傅里叶变换的乘积, 所以下延传播也可在波数域中实现. 可以证明 (1.3.6) 式的傅里叶变换可写成

$$\psi(k_x, k_y, z + \Delta z, \omega) = \psi(k_x, k_y, z, \omega) H(k_x, k_y, \Delta z, \omega) \tag{1.3.7}$$

这里

$$H(k_x, k_y, \Delta z, \omega) = e^{\pm i|\Delta z| \sqrt{(\frac{\omega}{c})^2 - k_x^2 - k_y^2}} \tag{1.3.8}$$

这表明常数介质的 Kirchhoff 下延拓完全是一个相移作用, 即将观测场从 z 平面延拓到 $z + \Delta z$ 平面.

事实上, 由前面 Kirchhoff 偏移公式的推导易知, 依据已知的观察波场 $\psi(x', t')$ 来表示任一点处波场 $\psi(x, t)$ 的积分表达式是

$$\psi(x, t) = \frac{1}{2\pi} \int_{-\infty}^{+\infty} \int_{z'=0} \psi(x', t') \frac{\partial}{\partial z'} \frac{\delta\left(t - t' \pm \dfrac{R}{c}\right)}{R} dx' dy' dt' \tag{1.3.9}$$

其中

$$R = \sqrt{(x - x')^2 + (y - y')^2 + (z - z')^2}$$

该积分可以写成一个关于 x, y, t 三维褶积形式

$$\psi(x,y,z,t) = \psi(x,y,z',t) * \frac{1}{2\pi} \frac{\partial}{\partial z'} \left[\frac{\delta\left(t \pm \dfrac{\tilde{R}}{c}\right)}{\tilde{R}} \right] \tag{1.3.10}$$

这里

$$\tilde{R} = \sqrt{x^2 + y^2 + (z-z')^2} = \sqrt{x^2 + y^2 + \Delta z^2} \tag{1.3.11}$$

设介质为常数, 褶积算子的响应函数为 $H(k_x, k_y, \Delta z, \omega)$, 则 H 是式 (1.3.10) 中褶积算子的三维傅里叶变换 (考虑 $\delta(t + \tilde{R}/c)$ 的情况):

$$H(k_x, k_y, \Delta z, \omega) = -\frac{1}{2\pi} \frac{\partial}{\partial z} \iiint \frac{\delta\left(t + \dfrac{\tilde{R}}{c}\right)}{\tilde{R}} \mathrm{e}^{-\mathrm{i}(\omega t - k_x x - k_y y)} \mathrm{d}x \mathrm{d}y \mathrm{d}t \tag{1.3.12}$$

其中积分限均从 $-\infty$ 到 $+\infty$, 省写. 计算 t 的积分, 得

$$H(k_x, k_y, \Delta z, \omega) = -\frac{1}{2\pi} \frac{\partial}{\partial z} \int \left[\int \frac{\mathrm{e}^{-\mathrm{i}\frac{\omega}{c}\sqrt{x^2+y^2+(z-z')^2}}}{\sqrt{x^2+y^2+(z-z')^2}} \mathrm{e}^{\mathrm{i}k_x x} \mathrm{d}x \right] \mathrm{e}^{\mathrm{i}k_y y} \mathrm{d}y \tag{1.3.13}$$

利用下节的积分表达式, 计算 [·] 中的积分:

$$\int \frac{\mathrm{e}^{\mathrm{i}\frac{\omega}{c}\sqrt{x^2+y^2+(z-z')^2}}}{\sqrt{x^2+y^2+(z-z')^2}} \mathrm{e}^{\mathrm{i}k_x x} \mathrm{d}x$$

$$= \int \frac{\cos\left(\dfrac{\omega}{c}\sqrt{x^2+y^2+(z-z')^2}\right)}{\sqrt{x^2+y^2+(z-z')^2}} \mathrm{e}^{\mathrm{i}k_x x} \mathrm{d}x + \mathrm{i}\int \frac{\sin\left(\dfrac{\omega}{c}\sqrt{x^2+y^2+(z-z')^2}\right)}{\sqrt{x^2+y^2+(z-z')^2}} \mathrm{e}^{\mathrm{i}k_x x} \mathrm{d}x$$

$$= -\pi N_0\left(\sqrt{\frac{\omega^2}{c^2}-k_x^2}\cdot\sqrt{y^2+(z-z')^2}\right) + \mathrm{i}\pi J_0\left(\sqrt{\frac{\omega^2}{c^2}-k_x^2}\cdot\sqrt{y^2+(z-z')^2}\right)$$

$$= \mathrm{i}\pi H_0^{(1)} \tag{1.3.14}$$

这里利用了 (1.4.21) 和 (1.4.22) 式 (见下节) 及定义式

$$H_0^{(1)} = J_0 + \mathrm{i}N_0 \tag{1.3.15}$$

其中 J_0 是第一类零阶 Bassel 函数, N_0 是第二类零阶 Bassel 函数 (又称 Neumann 函数). $H_0^{(1)}$ 是第三类零阶 Bassel 函数或第一类 Hankel 函数. 因此

$$H(k_x, k_y, \Delta z, \omega) = -\frac{\mathrm{i}}{2} \frac{\partial}{\partial z} \int H_0^{(1)}\left(\sqrt{\frac{\omega^2}{c^2}-k_x^2}\cdot\sqrt{y^2+(z-z')^2}\right) \mathrm{e}^{\mathrm{i}k_y y} \mathrm{d}y \tag{1.3.16}$$

将 $H_0^{(1)}$ 代入上式计算, 利用 Hankel 函数的有关公式 (见下节), 当 $z' > z$ 时, 有

$$
H = -\frac{\mathrm{i}}{2}\frac{\partial}{\partial z}\left[\int_{-\infty}^{+\infty} J_0\left(\sqrt{\frac{\omega^2}{c^2}-k_x^2}\cdot\sqrt{y^2+(z-z')^2}\right)\mathrm{e}^{\mathrm{i}k_y y}\mathrm{d}y\right.
$$

$$
\left.+\mathrm{i}\int_{-\infty}^{+\infty} N_0\left(\sqrt{\frac{\omega^2}{c^2}-k_x^2}\cdot\sqrt{y^2+(z-z')^2}\right)\mathrm{e}^{\mathrm{i}k_y y}\mathrm{d}y\right]
$$

$$
=-\mathrm{i}\frac{\partial}{\partial z}\left[\int_0^{+\infty} J_0\left(\sqrt{\frac{\omega^2}{c^2}-k_x^2}\cdot\sqrt{y^2+(z-z')^2}\right)\cos(k_y y)\mathrm{d}y\right.
$$

$$
\left.+\mathrm{i}\int_0^{+\infty} N_0\left(\sqrt{\frac{\omega^2}{c^2}-k_x^2}\cdot\sqrt{y^2+(z-z')^2}\right)\cos(k_y y)\mathrm{d}y\right]
$$

$$
=-\mathrm{i}\frac{\partial}{\partial z}\left[\frac{\cos(z-z')\sqrt{\frac{\omega^2}{c^2}-k_x^2-k_y^2}}{\sqrt{\frac{\omega^2}{c^2}-k_x^2-k_y^2}}+\mathrm{i}\frac{\sin(z-z')\sqrt{\frac{\omega^2}{c^2}-k_x^2-k_y^2}}{\sqrt{\frac{\omega^2}{c^2}-k_x^2-k_y^2}}\right]\quad(z>z')
$$

$$
=-\mathrm{i}\frac{\partial}{\partial z}\frac{\mathrm{e}^{\mathrm{i}(z-z')\sqrt{\frac{\omega^2}{c^2}-k_x^2-k_y^2}}}{\sqrt{\frac{\omega^2}{c^2}-k_x^2-k_y^2}}
$$

$$
=\mathrm{e}^{\mathrm{i}\Delta z\sqrt{\frac{\omega^2}{c^2}-k_x^2-k_y^2}},\qquad \Delta z=z-z'>0 \tag{1.3.17}
$$

上面第三个等号利用了 (1.4.28) 和 (1.4.29) 式. 考虑到 Δz 可正可负, 可知 $H(k_x, k_y, \Delta z, \omega)$ 即为 (1.3.8) 式.

对式 (1.3.10) 中 $\delta\left(t-\dfrac{\tilde{R}}{c}\right)$ 的情况, 类似于式 (1.3.12) 式, 有

$$
H(k_x, k_y, \Delta z, \omega) = -\frac{1}{2\pi}\frac{\partial}{\partial z}\iiint\frac{\delta\left(t-\dfrac{\tilde{R}}{c}\right)}{\tilde{R}}\mathrm{e}^{-\mathrm{i}(\omega t-k_x x-k_y y)}\mathrm{d}x\mathrm{d}y\mathrm{d}t
$$

$$
=-\frac{1}{2\pi}\frac{\partial}{\partial z}\int\left[\int\frac{\mathrm{e}^{-\mathrm{i}\frac{\omega}{c}\sqrt{x^2+y^2+(z-z')^2}}}{\sqrt{x^2+y^2+(z-z')^2}}\mathrm{e}^{\mathrm{i}k_x x}\mathrm{d}x\right]\mathrm{e}^{\mathrm{i}k_y y}\mathrm{d}y
$$

$$
=-\frac{1}{2\pi}\frac{\partial}{\partial z}\int\left[-\mathrm{i}\pi H_0^{(2)}\left(\sqrt{\frac{\omega^2}{c^2}-k_x^2}\cdot\sqrt{y^2+(z-z')^2}\right)\right]\mathrm{e}^{\mathrm{i}k_y y}\mathrm{d}y
$$

$$
=\mathrm{i}\frac{\partial}{\partial z}\left[\int_0^{+\infty} J_0\left(\sqrt{\frac{\omega^2}{c^2}-k_x^2}\cdot\sqrt{y^2+(z-z')^2}\right)\cos(k_y y)\mathrm{d}y\right.
$$

$$
\left.-\mathrm{i}\int_0^{+\infty} N_0\left(\sqrt{\frac{\omega^2}{c^2}-k_x^2}\cdot\sqrt{y^2+(z-z')^2}\right)\cos(k_y y)\mathrm{d}y\right]
$$

$$= \mathrm{i} \frac{\partial}{\partial z} \frac{\mathrm{e}^{-\mathrm{i}(z-z')\sqrt{\frac{\omega^2}{c^2}-k_x^2-k_y^2}}}{\sqrt{\dfrac{\omega^2}{c^2}-k_x^2-k_y^2}} \quad (z > z')$$

$$= \mathrm{e}^{\mathrm{i}\Delta z\sqrt{\frac{\omega^2}{c^2}-k_x^2-k_y^2}}, \quad \Delta z = z - z' > 0$$

上面利用了 (1.4.21) 和 (1.4.22) 式及定义式

$$H_0^{(2)} = J_0 - \mathrm{i}N_0$$

其中 $H_0^{(2)}$ 为第二类零阶 Hankel 函数. 若考虑到 Δz 可正可负, 即知 (1.3.8) 式对 $\delta\left(t - \dfrac{\tilde{R}}{c}\right)$ 的情况也成立.

　　Kirchhoff 偏移可解释成沿散射双曲线的求和. 如图 1.6, 我们将深度剖面上的每一个点, 例如 $\boldsymbol{x}$, 看作是一个散射体. 假定这个点之上的速度已知. 知道了这个假设的散射双曲线的顶点, 然后按照积分公式沿着这个曲线求和, 并将结果作为点 $\boldsymbol{x}$ 的输出, 然而, 即使是在常速情况下, Kirchhoff 积分偏移也比简单地沿着散射双曲线求和精确.

　　假如波速 c 不是常数, 以上的 Kirchhoff 公式必须推广, 用所计算的观测点到源点的走时代替直线走时 $\dfrac{R}{c}$ 即可, 即

$$t = T(x, y, z; x', y', z' = 0)$$

或者用变速介质的 Green 函数.

1.4 Green 函数和 Hankel 函数

对 Helmholtz 方程

$$\nabla^2 G(\boldsymbol{x}, \boldsymbol{x}') + k^2 G(\boldsymbol{x}, \boldsymbol{x}') = -4\pi\delta(\boldsymbol{x} - \boldsymbol{x}') \tag{1.4.1}$$

自由界面的 Green 函数为

三维:

$$G(\boldsymbol{x}, \boldsymbol{x}') = \frac{\mathrm{e}^{\mathrm{i}k|\boldsymbol{x}-\boldsymbol{x}'|}}{|\boldsymbol{x}-\boldsymbol{x}'|} \tag{1.4.2}$$

二维:

$$G(\boldsymbol{x}, \boldsymbol{x}') = \mathrm{i}\pi H_0^{(1)}(k|\boldsymbol{x}-\boldsymbol{x}'|) \tag{1.4.3}$$

一维:

$$G(\boldsymbol{x}, \boldsymbol{x}') = \frac{2\pi\mathrm{i}}{k}\mathrm{e}^{\mathrm{i}k|\boldsymbol{x}-\boldsymbol{x}'|} \tag{1.4.4}$$

其中 $H_0^{(1)}$ 是第一类零阶 Hankel 函数, 波数 $k = \dfrac{\omega}{c}$.

对波动方程

$$\nabla^2 G(\boldsymbol{x}, t; \boldsymbol{x}', t') - \frac{1}{c^2} \frac{\partial^2}{\partial t^2} G(\boldsymbol{x}, t; \boldsymbol{x}', t') = -4\pi\delta(\boldsymbol{x} - \boldsymbol{x}')\delta(t - t') \tag{1.4.5}$$

自由界面的 Green 函数为

三维:

$$G(\boldsymbol{x}, t; \boldsymbol{x}', t') = \frac{1}{|\boldsymbol{x} - \boldsymbol{x}'|} \delta\left[\frac{|\boldsymbol{x} - \boldsymbol{x}'|}{c} - (t - t')\right] \tag{1.4.6}$$

二维:

$$G(\boldsymbol{x}, t; \boldsymbol{x}', t') = \frac{2}{\sqrt{(t - t') - \dfrac{|\boldsymbol{x} - \boldsymbol{x}'|^2}{c^2}}} \theta\left[(t - t') - \frac{|\boldsymbol{x} - \boldsymbol{x}'|}{c}\right] \tag{1.4.7}$$

一维:

$$G(\boldsymbol{x}, t; \boldsymbol{x}', t') = 2c\pi\theta\left[(t - t') - \frac{|x - x'|}{c}\right] \tag{1.4.8}$$

其中 θ 是阶跃函数, 即

$$\theta(x) = \begin{cases} 0, & x < 0 \\ 1, & x > 0 \end{cases} \tag{1.4.9}$$

Hankel 函数在波的传播讨论中经常用到, 这里给出最常用的结果. 定义

$$H_\nu^{(1)}(z) = J_\nu + iN_\nu(z) \tag{1.4.10}$$

$$H_\nu^{(2)}(z) = J_\nu - iN_\nu(z) \tag{1.4.11}$$

为 ν 阶第三类 Bessel 函数, 也分别称为 ν 阶第一类和第二类 Hankel 函数. 第一、第二、第三类 Bassel 函数统称柱函数.

零阶 Hankel 函数的积分表达式为[93]

$$H_0^{(1)}(kx) = -\frac{i}{\pi} \int_{-\infty}^{+\infty} \frac{e^{ik\sqrt{x^2+t^2}}}{\sqrt{x^2+t^2}} dt \tag{1.4.12}$$

$$H_0^{(2)}(kx) = \frac{i}{\pi} \int_{-\infty}^{+\infty} \frac{e^{-ik\sqrt{x^2+t^2}}}{\sqrt{x^2+t^2}} dt \tag{1.4.13}$$

其中 k, x 均是实正数.

Hankel 函数有如下渐近展开式. 设

$$[\nu, m] \equiv \frac{(4\nu^2 - 1^2)(4\nu^2 - 3^2)\cdots(4\nu^2 - (2m-1)^2)}{2^{2m}m!}, \quad m = 1, 2, 3, \cdots \tag{1.4.14}$$

其中 $[\nu, 0] \equiv 1$. 若 $|z| \gg |\nu|$ 和 $|z| \gg 1$, 则当 ν 为整数时, 有

$$H_\nu^{(1)}(z) = \sqrt{\frac{2}{\pi z}} e^{i(z - \frac{\nu\pi}{2} - \frac{\pi}{4})} \left\{ \sum_{m=0}^{M-1} \frac{[\nu, m]}{(-2iz)^m} + O(|z|^{-M}) \right\}, \quad -\pi < \arg z < 2\pi \quad (1.4.15)$$

$$H_\nu^{(2)}(z) = \sqrt{\frac{2}{\pi z}} e^{-i(z - \frac{\nu\pi}{2} - \frac{\pi}{4})} \left\{ \sum_{m=0}^{M-1} \frac{[\nu, m]}{(2iz)^m} + O(|z|^{-M}) \right\}, \quad -2\pi < \arg z < \pi \quad (1.4.16)$$

当 ν 为半整数即 $\nu = \dfrac{2n+1}{2} (n = 0, 1, 2, \cdots)$ 时, 渐近展开为

$$H_{n+1/2}^{(1)}(z) \equiv \sqrt{\frac{2}{\pi z}} i^{-n-1} e^{iz} \sum_{m=0}^{n} (-1)^m \frac{\left[n + \frac{1}{2}, m\right]}{(2iz)^m} \quad (1.4.17)$$

$$H_{n+1/2}^{(2)}(z) \equiv \sqrt{\frac{2}{\pi z}} i^{n+1} e^{-iz} \sum_{m=0}^{n} \frac{\left[n + \frac{1}{2}, m\right]}{(2iz)^m} \quad (1.4.18)$$

若定义 $f(x)$ 傅里叶变换

$$F(\xi) = \int_{-\infty}^{+\infty} f(x) e^{ix\xi} dx \quad (1.4.19)$$

及 $F(\xi)$ 的逆傅里叶变换

$$f(x) = \frac{1}{2\pi} \int_{-\infty}^{+\infty} F(\xi) e^{-ix\xi} d\xi \quad (1.4.20)$$

则有积分变换关系式 (a 和 b 均为实正数)

$$\int_{-\infty}^{+\infty} \frac{\cos(b\sqrt{a^2 + x^2})}{\sqrt{a^2 + x^2}} e^{ix\xi} dx = -\pi N_0(a\sqrt{b^2 - \xi^2}), \quad |\xi| < b \quad (1.4.21)$$

$$\int_{-\infty}^{+\infty} \frac{\sin(b\sqrt{a^2 + x^2})}{\sqrt{a^2 + x^2}} e^{ix\xi} dx = \pi J_0(a\sqrt{b^2 - \xi^2}), \quad |\xi| < b \quad (1.4.22)$$

$$\int_{-\infty}^{+\infty} \frac{e^{ib\sqrt{a^2 + x^2}}}{\sqrt{a^2 + x^2}} e^{ix\xi} dx = i\pi H_0^{(1)}(a\sqrt{b^2 - \xi^2}), \quad |\xi| < b \quad (1.4.23)$$

$$\int_{-\infty}^{+\infty} \frac{e^{-ib\sqrt{a^2 + x^2}}}{\sqrt{a^2 + x^2}} e^{ix\xi} dx = -i\pi H_0^{(2)}(a\sqrt{b^2 - \xi^2}), \quad |\xi| < b \quad (1.4.24)$$

$$\int_{-\infty}^{+\infty} \frac{\cos(b\sqrt{a^2 - x^2})}{\sqrt{a^2 - x^2}} e^{ix\xi} dx = \pi J_0(a\sqrt{b^2 + \xi^2}), \quad |x| < a \quad (1.4.25)$$

Weyrich 公式 (a 和 x 为实数)[93]

$$\frac{e^{ib\sqrt{a^2+x^2}}}{\sqrt{a^2+x^2}} = \frac{i}{2}\int_{-\infty}^{+\infty} e^{i\tau x} H_0^{(1)}(a\sqrt{b^2-\tau^2})d\tau$$

$$0 \leqslant \arg\sqrt{b^2-\tau^2} < \pi; \quad 0 \leqslant \arg b < \pi \tag{1.4.26}$$

$$\frac{e^{-ib\sqrt{a^2+x^2}}}{\sqrt{a^2+x^2}} = -\frac{i}{2}\int_{-\infty}^{+\infty} e^{-i\tau x} H_0^{(2)}(a\sqrt{b^2-\tau^2})d\tau$$

$$-\pi \leqslant \arg\sqrt{b^2-\tau^2} \leqslant 0; \quad -\pi \leqslant \arg b \leqslant 0 \tag{1.4.27}$$

涉及柱函数的两个积分 (a, b, ρ 均为实正数):

$$\int_0^{+\infty} J_0(\rho\sqrt{t^2+b^2})\cos(at)dt = \begin{cases} \dfrac{\cos(b\sqrt{\rho^2-a^2})}{\sqrt{\rho^2-a^2}}, & \rho > a \\ 0, & \rho < a \end{cases} \tag{1.4.28}$$

$$\int_0^{+\infty} N_0(\rho\sqrt{t^2+b^2})\cos(at)dt = \begin{cases} \dfrac{\sin(b\sqrt{\rho^2-a^2})}{\sqrt{\rho^2-a^2}}, & \rho > a \\ -\dfrac{e^{-b\sqrt{a^2-\rho^2}}}{\sqrt{a^2-\rho^2}}, & \rho < a \end{cases} \tag{1.4.29}$$

1.5 Kirchhoff 偏移公式的离散形式

考虑二维或三维叠后 Kirchhoff 偏移公式的离散形式. 我们在频率域中进行, 先讨论三维情况. 将 Kirchhoff 偏移公式 (1.3.5) 作关于时间的傅里叶变换, 易知有

$$\tilde{\psi}(\boldsymbol{x}, \omega) = -\frac{1}{2\pi}\frac{\partial}{\partial z}\int_{z'=0} \tilde{f}(\boldsymbol{x}', \omega)\frac{e^{ikR}}{R}ds', \quad \boldsymbol{x} \in \Omega$$

其中 $\tilde{\psi}$ 和 $\tilde{f}$ 分别为 ψ 和 f 的频率域波场, $k = \dfrac{\omega}{c}$ 为波数, ω 为角频率, c 是速度. 若已知在 $z = 0$ 平面上的波场, 则根据上式, 在 $z > 0$ 的下半空间中的地震波场 $u(x, y, z, \omega)$ 可以由下式外推得到:

$$u(x, y, z, \omega) = -\frac{1}{2\pi}\frac{\partial}{\partial z}\iint u(x_r, y_r, 0, \omega)\frac{e^{ikR}}{R}dx_r dy_r \tag{1.5.1}$$

其中 $u(x_r, y_r, 0, \omega)$ 表示在检波点 $(x_r, y_r, 0)$ 处记录的波场, R 是半空间 $z > 0$ 中的点 (x, y, z) 到检波点 $(x_r, y_r, 0)$ 之间的距离, 为

$$R = \sqrt{(x-x_r)^2 + (y-y_r)^2 + z^2} \tag{1.5.2}$$

对叠后记录, 由 Loewenthal 成像原理可知[86], 在式 (1.5.1) 中的速度应用该半速代替, 于是有

$$u(x,y,z,\omega) = -\frac{1}{2\pi}\frac{\partial}{\partial z}\int\int u(x_r,y_r,0,\omega)\frac{\mathrm{e}^{2ikR}}{R}\mathrm{d}x_r\mathrm{d}y_r \tag{1.5.3}$$

计算上式关于 z 的微分, 得到

$$u(x,y,z,\omega) = -\frac{1}{2\pi}\int\int\frac{z}{R}u(x_r,y_r,0,\omega)(2ikR-1)\frac{1}{R^2}\mathrm{e}^{2ikR}\mathrm{d}x_r\mathrm{d}y_r \tag{1.5.4}$$

由于 $2kR \gg 1$ 及 $k = \dfrac{\omega}{c}$, 所以 (1.5.4) 式可化为

$$u(x,y,z,\omega) \approx C_3(\omega)\int\int\left(\frac{z}{R}\right)^2 u(x_r,y_r,0,\omega)\mathrm{e}^{2ikR}\mathrm{d}x_r\mathrm{d}y_r \tag{1.5.5}$$

其中

$$C_3(\omega) = \frac{1}{zc}\frac{\omega}{\pi}\mathrm{e}^{-\mathrm{i}\frac{\pi}{2}} \tag{1.5.6}$$

离散近似该积分, 就得到频率域三维叠后 Kirchhoff 成像的离散形式

$$u(x,y,z,\omega) \approx C_3(\omega)\Delta x_s\Delta y_s\sum_{n=-N}^{N}\sum_{m=-M}^{M}\left(\frac{z}{R}\right)^2 u(x_r,y_r,0,\omega)\mathrm{e}^{2ikR}\mathrm{d}x_r\mathrm{d}y_r \tag{1.5.7}$$

其中 $x_r = n\Delta x_r$, $y_r = m\Delta y_r$. 再对 $u(x,y,z,\omega)$ 应用零时刻成像原理

$$u(x,y,z,0) = \frac{1}{2\pi}\int u(x,y,z,\omega)\mathrm{d}\omega \tag{1.5.8}$$

得到时间域的成像结果.

对二维构造, 变量与 y_r 无关, 可以假定

$$u(x_r,y_r,0,\omega) = u(x_r,0,0,\omega) \tag{1.5.9}$$

于是由 (1.5.3) 式得

$$u(x,0,z,\omega) = -\frac{1}{2\pi}\frac{\partial}{\partial z}\int\left[\int\frac{\mathrm{e}^{2ikR}}{R}\mathrm{d}y_r\right]u(x_r,0,0,\omega)\mathrm{d}x_r \tag{1.5.10}$$

利用第一类 Hankel 函数的积分表达式 (1.4.12), 有

$$\int\frac{\mathrm{e}^{2ik\sqrt{(x-x_r)^2+(y-y_r)^2+z^2}}}{\sqrt{(x-x_r)^2+(y-y_r)^2+z^2}}\mathrm{d}y_r = \mathrm{i}\pi H_0^{(1)}(2k\tilde{R}) \tag{1.5.11}$$

其中 $H_0^{(1)}$ 是第一类零阶 Hankel 函数, 这里 $\tilde{R}$ 为

$$\tilde{R} = \sqrt{(x-x_r)^2+z^2} \tag{1.5.12}$$

于是

$$u(x,0,z,\omega) = -\frac{\mathrm{i}}{2}\frac{\partial}{\partial z}\int u(x_r,0,0,\omega)H_0^{(1)}(2k\tilde{R})\mathrm{d}x_r \tag{1.5.13}$$

利用 Hankel 函数的渐近展开式 (1.4.15), 可知

$$H_0^{(1)}(2k\tilde{R}) = \sqrt{\frac{1}{\pi k\tilde{R}}}\mathrm{e}^{\mathrm{i}(2k\tilde{R}-\frac{\pi}{4})} \approx \sqrt{\frac{1}{\pi k}}\mathrm{e}^{-\mathrm{i}\frac{\pi}{4}}\frac{\mathrm{e}^{2\mathrm{i}k\tilde{R}}}{\sqrt{\tilde{R}}} \tag{1.5.14}$$

代入 (1.5.13) 式, 对 z 求导, 化简可得

$$u(x,0,z,\omega) = -\frac{\mathrm{i}}{2}\sqrt{\frac{1}{\pi k}}\mathrm{e}^{-\mathrm{i}\frac{\pi}{4}}\int \frac{z\left(\mathrm{i}2k\tilde{R}-\dfrac{1}{2}\right)}{\tilde{R}^{5/2}}\mathrm{e}^{2\mathrm{i}k\tilde{R}}\mathrm{d}x_r \tag{1.5.15}$$

假定 $2k\tilde{R}\gg 1$, 又 $k=\dfrac{\omega}{c}$, 即有

$$u(x,0,z,\omega) \approx C_2(\omega)\int\left(\frac{z}{\tilde{R}}\right)^{\frac{3}{2}}u(x_r,0,0,\omega)\mathrm{e}^{2\mathrm{i}k\tilde{R}}\mathrm{d}x_r \tag{1.5.16}$$

其中

$$C_2(\omega) = \sqrt{\frac{\omega}{\pi cz}}\mathrm{e}^{-\mathrm{i}\frac{\pi}{4}} \tag{1.5.17}$$

其离散求和形式为

$$u(x,0,z,\omega) \approx C_2(\omega)\Delta x_r\sum_{n=-N}^{N}\left(\frac{z}{\tilde{R}}\right)^{\frac{3}{2}}u(x_r,0,0,\omega)\mathrm{e}^{2\mathrm{i}k\tilde{R}} \tag{1.5.18}$$

其中 $x_r=n\Delta x_r$.

　　Kirchhoff 成像方法自从 Schneider 于 1978 年提出以来[115], 已经成功而广泛用于实际数十年了, 现在仍在不断发展和应用. 如图 1.7 为输入的叠加剖面, 图 1.8

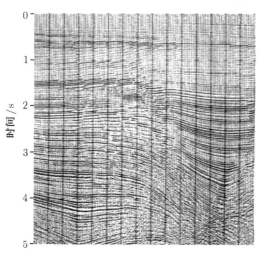

图 1.7　叠加剖面

是相应的 Kirchhoff 偏移结果.

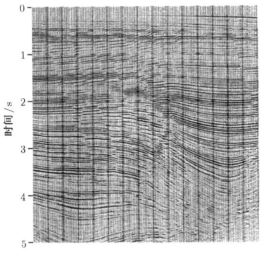

图 1.8   Kirchhoff 偏移结果

1.6   单程波形式的 Kirchhoff 公式

Kirchhoff 积分公式表明, 在一个封闭面 $\partial\Omega$ 内一点处 A 的声压可以由表面 $\partial\Omega$ 上的声压来算得, 如图 1.9 所示. Kirchhoff 积分公式包括两项: 一项是 Green 函数的梯度与声压, 另一项是 Green 函数和声压的梯度. 这是双程波形式的 Kirchhoff 积分公式. 通过选择反射边界条件可以简化 Green 函数, 使得两项中其中一项为零以简化被积函数.

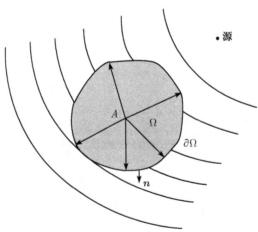

图 1.9   在一个封闭面 $\partial\Omega$ 内一点处 A 的场可由表面 $\partial\Omega$ 上的场得到

波场外推可以分为单程波外推和双程波外推两种. 单程波外推仅处理一次反射, 稳定性好, 双程波外推可以处理多次反射. 在 Kirchhoff 积分公式中的 Green 函数 G 本质上是双程的. 与式 (1.2.10) 的推导类似, 可导出频率域中的 Kirchhoff 积分公式为[4,15]

$$\psi(\boldsymbol{x}_A, \omega) = \int_{\partial\Omega} \left[G(\boldsymbol{x}, \boldsymbol{x}_A, \omega) \frac{\partial \psi(\boldsymbol{x}, \omega)}{\partial \boldsymbol{n}} - \frac{\partial G(\boldsymbol{x}, \boldsymbol{x}_A, \omega)}{\partial \boldsymbol{n}} \psi(\boldsymbol{x}, \omega) \right] \mathrm{d}s, \quad \forall x_A \in \Omega$$

$$(1.6.1)$$

其中 $\psi(\boldsymbol{x}, \omega)$ 满足

$$\nabla^2 \psi + k^2 \psi = 0 \tag{1.6.2}$$

波数 k 为

$$k(\boldsymbol{x}, \omega) = \frac{\omega}{c(\boldsymbol{x})} \tag{1.6.3}$$

Green 函数 $G(\boldsymbol{x}, \boldsymbol{x}_A, \omega)$ 满足

$$\nabla^2 G + k^2 G = -\delta(\boldsymbol{x} - \boldsymbol{x}_A) \tag{1.6.4}$$

Green 函数可以解释成 Ω 中的空间脉冲响应. (1.6.4) 式的解依赖于边界 $\partial\Omega$ 上的边界条件, 如果选择 Neumann 边界条件

$$\frac{\partial G(\boldsymbol{x}, \boldsymbol{x}_A, \omega)}{\partial \boldsymbol{n}} = 0, \quad \text{在 } \partial\Omega \text{ 上} \tag{1.6.5}$$

则 (1.6.1) 式简化为

$$\psi(\boldsymbol{x}_A, \omega) = \int_{\partial\Omega} G_1(\boldsymbol{x}, \boldsymbol{x}_A, \omega) \frac{\partial \psi(\boldsymbol{x}, \omega)}{\partial \boldsymbol{n}} \mathrm{d}s, \quad \forall x_A \in \Omega \tag{1.6.6}$$

然而, 满足 (1.6.5) 的 Green 函数 G 会很复杂, 因为 (1.6.5) 式表示 $\partial\Omega$ 是声硬界面, 即反射系数为 1 的完全反射面. 类似地, 若选择 Dirichlet 边界条件

$$G(\boldsymbol{x}, \boldsymbol{x}_A, \omega) = 0, \quad \text{在 } \partial\Omega \text{ 上} \tag{1.6.7}$$

则 (1.6.1) 式简化为

$$\psi(\boldsymbol{x}_A, \omega) = -\int_{\partial\Omega} \frac{\partial G_2(\boldsymbol{x}, \boldsymbol{x}_A, \omega)}{\partial \boldsymbol{n}} \psi(\boldsymbol{x}, \omega) \mathrm{d}s, \quad \forall x_A \in \Omega \tag{1.6.8}$$

类似于 G_1, $\frac{\partial G_2}{\partial \boldsymbol{n}}$ 也很复杂, 因为 (1.6.7) 表示界面 $\partial\Omega$ 是声软界面, 即反射系数为 -1 的完全反射面.

频率域 Kirchhoff 积分公式 (1.6.1) 或 (1.6.6) 或 (1.6.8) 本质都是双程波形式的表达式. 下面推导某种特定几何设置的单程波形式的 Kirchhoff 积分表达式.

考虑如图 1.10 的半空间的情况, 封闭曲面 $\partial\Omega$ 由一个 $z = z_0$ 处的平面 S_0 和一个下半球面 S_1 构成. 假定源位于 $z < z_0$ 的上半空间中, A 是下半空间 $z \geqslant z_0$ 中的一点. 由 Sommerfeld 辐射条件, 当 $\boldsymbol{x} \to \infty$ 时, 在 S_1 上的积分贡献为零, 所以 (1.6.1) 式变为

$$\psi(\boldsymbol{x}_A, \omega) = \int\int \left[\frac{\partial G(\boldsymbol{x}, \boldsymbol{x}_A, \omega)}{\partial z} \psi(\boldsymbol{x}, \omega) - G(\boldsymbol{x}, \boldsymbol{x}_A, \omega) \frac{\partial \psi(\boldsymbol{x}, \omega)}{\partial z} \right]_{z_0} \mathrm{d}x\mathrm{d}y \quad (1.6.9)$$

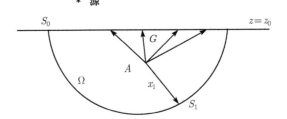

图 1.10   积分中封闭曲面 $\partial\Omega$ 由 $z = z_0$ 处的平面 S_0 和下半球面 S_1 组成

其中 $[\cdot]_{z_0}$ 表示面积分在 $z = z_0$ 的平面上进行. 相应的 Neumann 边界条件为

$$\frac{\partial G(\boldsymbol{x}, \boldsymbol{x}_A, \omega)}{\partial z} = 0, \qquad z = z_0 \qquad (1.6.10)$$

Dirichlet 边界条件为

$$G(\boldsymbol{x}, \boldsymbol{x}_A, \omega) = 0, \qquad z = z_0 \qquad (1.6.11)$$

这两个边界条件表明以 $z = z_0$ 为对称面有两个极子. Neumann 边界条件表示这两个对称极子有相同的源函数, Dirichlet 边界条件表示这两个对称极子有相反的源函数, 见图 1.11.

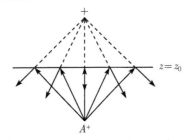
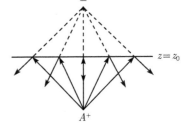

(a) Neumann 边界条件, 界面 $z = z_0$ 是   (b) Dirichlet 边界条件, 界面 $z = z_0$ 是
　　反射系数为 1 的完全反射面　　　　　　　反射系数为 -1 的完全反射面

图 1.11   两种边界条件示意图

由 (1.6.10) 式和 (1.6.11) 式可知对这两种边界条件, (1.6.9) 式可分别简化为

$$\psi(\boldsymbol{x}_A, \omega) = -\int\int \left[G_1(\boldsymbol{x}, \boldsymbol{x}_A, \omega) \frac{\partial \psi(\boldsymbol{x}, \omega)}{\partial z} \right]_{z_0} \mathrm{d}x\mathrm{d}y \qquad (1.6.12)$$

及

$$\psi(\boldsymbol{x}_A, \omega) = \int \int \left[\frac{\partial G_2(\boldsymbol{x}, \boldsymbol{x}_A, \omega)}{\partial z} \psi(\boldsymbol{x}, \omega) \right]_{z_0} \mathrm{d}x\mathrm{d}y \qquad (1.6.13)$$

式 (1.6.12) 和 (1.6.13) 分别是第一型 Rayleigh 积分和第二型 Rayleigh 积分[16].

Kirchhoff 积分的一个重要性质是选择用于 Green 函数 $G(\boldsymbol{x}, \boldsymbol{x}_A, \omega)$ 的介质不唯一. 在 Ω 内, 用于 Green 函数的介质是关于声波波场 $\psi(\boldsymbol{x}, \omega)$ 的介质; 在 Ω 外, 用于 Green 函数的介质可以任意选择. 现在选择这样一个用于 Green 函数的参考介质, 使得波在 Ω 外完全没有反射. 对图 1.11 而言, 可取

$$c(x, y, z < z_0) = c(x, y, z_0), \qquad z < z_0 \qquad (1.6.14)$$

这样, 没有来自上半空间的散射能量, 因此, G 在 $z = z_0$ 处完全上行

$$G(\boldsymbol{x}, \boldsymbol{x}_A, \omega) = G^-(\boldsymbol{x}, \boldsymbol{x}_A, \omega), \qquad z = z_0 \qquad (1.6.15)$$

从而 G 在界面 $z = z_0$ 处满足吸收边界条件.

激发波场 $\psi(\boldsymbol{x}, \omega)$ 的源在上半空间中, 因此, 在 z_0 处的波场由下行入射场 $\psi^+(\boldsymbol{x}, \omega)$ 和上行散射场 $\psi^-(\boldsymbol{x}, \omega)$ 组成

$$\psi(\boldsymbol{x}, \omega) = \psi^+(\boldsymbol{x}, \omega) + \psi^-(\boldsymbol{x}, \omega), \qquad z = z_0 \qquad (1.6.16)$$

将 (1.6.15) 和 (1.6.16) 两式代入 Kirchhoff 积分公式 (1.6.9) 中, 得

$$\psi(\boldsymbol{x}_A, \omega) = \iint \left[\frac{\partial G^-}{\partial z}(\psi^+ + \psi^-) - G^-\left(\frac{\partial \psi^+}{\partial z} + \frac{\partial \psi^-}{\partial z} \right) \right]_{z_0} \mathrm{d}x\mathrm{d}y \qquad (1.6.17)$$

或

$$\psi(\boldsymbol{x}_A, \omega) = \int \int \left[\frac{\partial G^-}{\partial z}\psi^+ - G^-\frac{\partial \psi^+}{\partial z} \right]_{z_0} \mathrm{d}x\mathrm{d}y + \int \int \left[\frac{\partial G^-}{\partial z}\psi^- - G^-\frac{\partial \psi^-}{\partial z} \right]_{z_0} \mathrm{d}x\mathrm{d}y$$
$$(1.6.18)$$

后面将证明, 式 (1.6.18) 右端项中仅第一项积分有贡献 (事实 1), 也就是说, 仅仅波场 ψ^+ 和相反方向传播的 G^- 对 $\psi(\boldsymbol{x}_A, \omega)$ 有贡献, 因此

$$\psi(\boldsymbol{x}_A, \omega) = \int \int \left[\frac{\partial G^-}{\partial z}\psi^+ - G^-\frac{\partial \psi^+}{\partial z} \right]_{z_0} \mathrm{d}x\mathrm{d}y \qquad (1.6.19)$$

或

$$\psi(\boldsymbol{x}_A, \omega) = \int \int \left[\frac{\partial G^-}{\partial z}\psi^+ \right]_{z_0} \mathrm{d}x\mathrm{d}y + \int \int \left[-G^-\frac{\partial \psi^+}{\partial z} \right]_{z_0} \mathrm{d}x\mathrm{d}y \qquad (1.6.20)$$

还可以证明 (1.6.20) 式右端的两个积分相等 (事实 2). 因此, (1.6.20) 式可以写成

$$\psi(\boldsymbol{x}_A, \omega) = -2 \int \int \left[G^-(\boldsymbol{x}, \boldsymbol{x}_A, \omega) \frac{\partial \psi^+(\boldsymbol{x}, \omega)}{\partial z} \right]_{z_0} \mathrm{d}x \mathrm{d}y \qquad (1.6.21)$$

或

$$\psi(\boldsymbol{x}_A, \omega) = 2 \int \int \left[\frac{\partial G^-(\boldsymbol{x}, \boldsymbol{x}_A, \omega)}{\partial z} \psi^+(\boldsymbol{x}, \omega) \right]_{z_0} \mathrm{d}x \mathrm{d}y \qquad (1.6.22)$$

积分 (1.6.21)~(1.6.22) 与 (1.6.12)~(1.6.13) 相似, 也分别称为第一型 Rayleigh 积分和第二型 Rayleigh 积分, 是单程波形式的 Kirchhoff 积分公式. 然而, 对任意的非均匀介质, 单程波形式的表达式 (1.6.21)~(1.6.22) 式与 (1.6.12)~(1.6.13) 式将有很大区别.

以下证明上面的两个事实. 假定 $\nabla c = 0 (z = z_0)$. 定义空间变量函数 $f(x, y)$ 和 $g(x, y)$ 的二维空间傅里叶变换

$$\tilde{f}(k_x, k_y) = \int \int f(x, y) \mathrm{e}^{\mathrm{i}(k_x x + k_y y)} \mathrm{d}x \mathrm{d}y \qquad (1.6.23)$$

$$\tilde{g}(k_x, k_y) = \int \int g(x, y) \mathrm{e}^{\mathrm{i}(k_x x + k_y y)} \mathrm{d}x \mathrm{d}y \qquad (1.6.24)$$

则由傅里叶变换的乘积定理知

$$\int \int f(x, y) g(x, y) \mathrm{d}x \mathrm{d}y = \left(\frac{1}{2\pi} \right)^2 \int \int \tilde{f}(k_x, k_y) \tilde{g}(-k_x, -k_y) \mathrm{d}k_x \mathrm{d}k_y \qquad (1.6.25)$$

当 $f = g$ 时, 上式即为 Parseral 等式. 对 Kirchhoff 积分 (1.6.18) 式, 应用乘积定理, 得到

$$\psi(\boldsymbol{x}_A, \omega) = \left(\frac{1}{2\pi} \right)^2 \int \int \left[\frac{\partial \tilde{G}_0^-}{\partial z} \tilde{\psi}^+ - \tilde{G}_0^- \frac{\partial \tilde{\psi}^+}{\partial z} \right]_{z_0} \mathrm{d}k_x \mathrm{d}k_y$$

$$+ \left(\frac{1}{2\pi} \right)^2 \int \int \left[\frac{\partial \tilde{G}_0^-}{\partial z} \tilde{\psi}^- - \tilde{G}_0^- \frac{\partial \tilde{\psi}^-}{\partial z} \right]_{z_0} \mathrm{d}k_x \mathrm{d}k_y \qquad (1.6.26)$$

其中

$$\tilde{\psi}^\pm = \tilde{\psi}^\pm(k_x, k_y, z, \omega), \qquad \tilde{G}_0^- = \tilde{G}_0^-(-k_x, -k_y, z; x_A, y_A, z_A; \omega) \qquad (1.6.27)$$

$\tilde{\psi}^\pm$ 和 $\tilde{G}_0^-$ 满足单程波方程

$$\frac{\partial \tilde{\psi}^\pm}{\partial z} = \mp \mathrm{i} k_z \tilde{\psi}^\pm, \qquad z = z_0 \qquad (1.6.28)$$

及

$$\frac{\partial \tilde{G}_0^-}{\partial z} = +\mathrm{i}k_z \tilde{G}_0^-, \qquad z = z_0 \tag{1.6.29}$$

其中

$$k_z = \sqrt{\frac{\omega^2}{c^2} - k_x^2 - k_y^2}, \qquad z = z_0 \tag{1.6.30}$$

由此, 容易验证

$$\left[\frac{\partial \tilde{G}_0^-}{\partial z} \tilde{\psi}^- - \tilde{G}_0^- \frac{\partial \tilde{\psi}^-}{\partial z} \right]_{z=z_0} = 0 \tag{1.6.31}$$

这表明对 $\psi(\boldsymbol{x}_A, \omega)$ 的贡献仅来自 (1.6.26) 式右端的第一个积分, 因此

$$\psi(\boldsymbol{x}_A, \omega) = \left(\frac{1}{2\pi} \right)^2 \int \int \left[\frac{\partial \tilde{G}_0^-}{\partial z} \tilde{\psi}^+ - \tilde{G}_0^- \frac{\partial \tilde{\psi}^+}{\partial z} \right]_{z=z_0} \mathrm{d}k_x \mathrm{d}k_y \tag{1.6.32}$$

或

$$\psi(\boldsymbol{x}_A, \omega) = \left(\frac{1}{2\pi} \right)^2 \int\int \left[\frac{\partial \tilde{G}_0^-}{\partial z} \tilde{\psi}^+ \right]_{z=z_0} \mathrm{d}k_x \mathrm{d}k_y + \left(\frac{1}{2\pi} \right)^2 \int\int \left[-\tilde{G}_0^- \frac{\partial \tilde{\psi}^+}{\partial z} \right]_{z=z_0} \mathrm{d}k_x \mathrm{d}k_y \tag{1.6.33}$$

由单程波方程 (1.6.28)~(1.6.30), 易验证

$$\left[\frac{\partial \tilde{G}_0^-}{\partial z} \tilde{\psi}^+ \right]_{z=z_0} = - \left[\tilde{G}_0^- \frac{\partial \tilde{\psi}^+}{\partial z} \right]_{z=z_0} \tag{1.6.34}$$

这表明 (1.6.33) 式右端的两个积分相等, 因此由乘积定理知, 式 (1.6.20) 右端项的两个积分相等. 这就证明了在 $\nabla c = 0 (z = z_0)$ 条件下, 事实 1 和事实 2 都成立.

下面考虑更一般的情况. 假定 $\dfrac{\partial c(x,y,z)}{\partial z} = 0 \ (z = z_0)$, 由于

$$\nabla^2 \psi + k^2 \psi = 0, \quad z = z_0 \tag{1.6.35}$$

$$\nabla^2 G + k^2 G = 0, \quad z = z_0 \tag{1.6.36}$$

其中

$$k^2 = \frac{\omega^2}{c^2}, \quad z = z_0 \tag{1.6.37}$$

方程 (1.6.35) 式可改写成

$$\frac{\partial^2 \psi}{\partial z^2} = - \left[k^2 + \frac{\partial^2}{\partial x^2} + \frac{\partial^2}{\partial y^2} \right] \psi, \quad z = z_0 \tag{1.6.38}$$

由于

$$\frac{\partial^2 f(x,y)}{\partial x^2} = \int d_2(x - x') f(x', y) \mathrm{d}x' \tag{1.6.39}$$

$$\frac{\partial^2 f(x,y)}{\partial y^2} = \int d_2(y-y')f(x,y')\mathrm{d}y' \tag{1.6.40}$$

其中

$$d_2(x) = \frac{1}{2\pi} \int \tilde{D}_2(k_x)\mathrm{e}^{-\mathrm{i}k_x x}\mathrm{d}k_x \tag{1.6.41}$$

$$d_2(y) = \frac{1}{2\pi} \int \tilde{D}_2(k_y)\mathrm{e}^{-\mathrm{i}k_x y}\mathrm{d}k_y \tag{1.6.42}$$

其中 $\tilde{D}_2(k_x)$ 和 $\tilde{D}_2(k_y)$ 分别表示 $-k_x^2$ 和 $-k_y^2$ 的有限带限形式[15]. 于是

$$\frac{\partial^2 \psi(\boldsymbol{x},\omega)}{\partial z^2}\Big|_{z=z_0} = -\int\int [H_2(\boldsymbol{x}',\boldsymbol{x},\omega)\psi(\boldsymbol{x}',\omega)]_{z=z_0}\mathrm{d}x'\mathrm{d}y' \tag{1.6.43}$$

其中

$$H_2(\boldsymbol{x}',\boldsymbol{x},\omega) = k^2(\boldsymbol{x},\omega)\delta(x-x')\delta(y-y') + d_2(x-x')\delta(y-y') + \delta(x-x')d_2(y-y') \tag{1.6.44}$$

这里 $\boldsymbol{x}=(x,y,z)$ 和 $\boldsymbol{x}'=(x',y',z'=z)$. 注意算子 H_2 关于 $\boldsymbol{x}$ 和 $\boldsymbol{x}'$ 对称:

$$H_2(\boldsymbol{x}',\boldsymbol{x},\omega) = H_2(\boldsymbol{x},\boldsymbol{x}',\omega) \tag{1.6.45}$$

现隐式定义算子 H_1:

$$H_2(\boldsymbol{x}'',\boldsymbol{x},\omega) = \int\int H_1(\boldsymbol{x}'',\boldsymbol{x}',\omega)H_1(\boldsymbol{x}',\boldsymbol{x},\omega)\mathrm{d}x'\mathrm{d}y' \tag{1.6.46}$$

其中

$$\boldsymbol{x}'' = (x'',y'',z''=z) \tag{1.6.47}$$

注意, 算子 H_1 关于 $\boldsymbol{x}$ 和 $\boldsymbol{x}'$ 对称

$$H_1(\boldsymbol{x}',\boldsymbol{x},\omega) = H_1(\boldsymbol{x},\boldsymbol{x}',\omega) \tag{1.6.48}$$

由 (1.6.44)~(1.6.48) 式可得到下面的单程波方程

$$\frac{\partial \psi^{\pm}(\boldsymbol{x},\omega)}{\partial z}\Big|_{z=z_0} = \mp\mathrm{i}\int\int [H_1(\boldsymbol{x}',\boldsymbol{x},\omega)\psi^{\pm}(\boldsymbol{x}',\omega)]_{z_0}\mathrm{d}x'\mathrm{d}y' \tag{1.6.49}$$

类似地

$$\frac{\partial G^-(\boldsymbol{x}',\boldsymbol{x}_A,\omega)}{\partial z}\Big|_{z=z_0} = +\mathrm{i}\int\int [H_1(\boldsymbol{x},\boldsymbol{x}',\omega)G^-(\boldsymbol{x},\boldsymbol{x}_A,\omega)]_{z_0}\mathrm{d}x\mathrm{d}y \tag{1.6.50}$$

将 (1.6.49)~(1.6.50) 代入 (1.6.18) 式, 得

$$
\begin{aligned}
\psi(\boldsymbol{x}_A, \omega) = &\iint \left\{ \iint [\mathrm{i}H_1(\boldsymbol{x}, \boldsymbol{x}', \omega)G^-(\boldsymbol{x}, \boldsymbol{x}_A, \omega)]\mathrm{d}x\mathrm{d}y\,\psi^+(\boldsymbol{x}', \omega) \right\}_{z_0} \mathrm{d}x'\mathrm{d}y' \\
&+ \iint \left\{ G^-(\boldsymbol{x}, \boldsymbol{x}_A, \omega) \iint [\mathrm{i}H_1(\boldsymbol{x}', \boldsymbol{x}, \omega)\psi^+(\boldsymbol{x}', \omega)]\mathrm{d}x'\mathrm{d}y' \right\} \mathrm{d}x\mathrm{d}y \\
&+ \iint \left\{ \iint [\mathrm{i}H_1(\boldsymbol{x}, \boldsymbol{x}', \omega)G^-(\boldsymbol{x}, \boldsymbol{x}_A, \omega)]\mathrm{d}x\mathrm{d}y\,\psi^-(\boldsymbol{x}', \omega) \right\}_{z_0} \mathrm{d}x'\mathrm{d}y' \\
&- \iint \left\{ G^-(\boldsymbol{x}, \boldsymbol{x}_A, \omega) \iint [\mathrm{i}H_1(\boldsymbol{x}', \boldsymbol{x}, \omega)\psi^-(\boldsymbol{x}', \omega)]\mathrm{d}x'\mathrm{d}y' \right\}_{z_0} \mathrm{d}x\mathrm{d}y
\end{aligned}
$$
$$(1.6.51)$$

由 H_1 的对称性 (1.6.48) 知, 上式右端最后两项抵消, 这表明对 $\psi(\boldsymbol{x}_A, \omega)$ 的贡献仅来自前两项, 而且再由 H_1 的对称性知道, 前两项相等. 因此, (1.6.20) 式右端两个积分相等. 这就证明了在 $\dfrac{\partial c}{\partial z}(z = z_0)$ 的情况下, 两个事实都成立.

1.7 程函方程和输运方程

我们在高频范围下讨论程函方程和输运方程. 程函方程和输运方程可以通过将 WKBJ 试验解 (称为 Debye 级数)

$$u(\boldsymbol{x}, \omega) \sim \omega^{\beta} \mathrm{e}^{\mathrm{i}\omega\tau(\boldsymbol{x})} \sum_{n=0}^{\infty} \frac{A_n(\boldsymbol{x})}{(\mathrm{i}\omega)^n} \tag{1.7.1}$$

代入齐次 Helmholtz 方程

$$\left(\nabla^2 + \frac{\omega^2}{c^2(\boldsymbol{x})} \right) u(\boldsymbol{x}, \omega) = 0 \tag{1.7.2}$$

中, 得到

$$\omega^{\beta} \mathrm{e}^{\mathrm{i}\omega\tau} \sum_{n=0}^{\infty} \frac{1}{(\mathrm{i}\omega)^n} \left[\omega^2 \left(\frac{1}{c^2} - (\nabla\tau)^2 \right) A_n + \mathrm{i}\omega(2\nabla\tau \cdot \nabla A_n + A_n \nabla^2\tau) + \nabla^2 A_n \right] = 0 \tag{1.7.3}$$

其中 $\tau(\boldsymbol{x})$ 是走时, A_n 是与频率无关的参数, 表示波的振幅. 为重建渐近解, 必须求解 A_n, 且 $A_0 \neq 0$, 而且我们不期望解是一个收敛级数, 而是一个渐近级数的形式.

通常不能假定 ω 幂的不同次幂项相互抵消, 这意味 ω 的各次幂系数必须独立为零. 对 $n = 0$, 令 ω 的 $\beta + 2$ 次幂的系数等于零, 得程函方程

$$(\nabla\tau(\boldsymbol{x}))^2 - \frac{1}{c^2(\boldsymbol{x})} = 0 \tag{1.7.4}$$

令 ω 的 $\beta+1$ 次幂的系数为零, 得出 (第一个) 输运方程

$$2\nabla\tau(\boldsymbol{x}) \cdot \nabla A_0(\boldsymbol{x}) + A_0\nabla^2\tau(\boldsymbol{x}) = 0 \tag{1.7.5}$$

在解出这两个方程之后, 我们能递归地重建所有其他的解 A_n. Bleistein 等[28] 讨论了程函方程的特征线求解方法.

程函方程的解仅得出关于波场走时特征的信息, 假如期望振幅信息, 必须求解输运方程 (1.7.5). 输运方程可简化为散度的形式 (为简单起见, 将 A_0 记成 A)

$$\nabla \cdot (A^2\nabla\tau(\boldsymbol{x})) = 0 \tag{1.7.6}$$

利用散度定理, 对任意的以表面 $\partial\Omega$ 为界的体积 Ω, 得到

$$\int_\Omega \nabla \cdot (A^2\nabla\tau(\boldsymbol{x}))\mathrm{d}V = \int_{\partial\Omega} A^2\nabla\tau(\boldsymbol{x}) \cdot \boldsymbol{n}\mathrm{d}s = 0 \tag{1.7.7}$$

这里 $\boldsymbol{n}$ 是垂直于边界 $\partial\Omega$ 的指向外的单位法线. 假如选取体积 Ω 是一个射线管, 如图 1.12 所示, 其侧面 ∂D 由射线组成, 其顶底面分别由 σ_2 和 σ_1 的表面组成, 则得

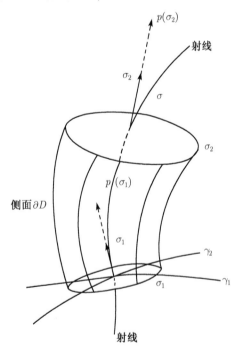

图 1.12　射线管示意图

管的侧面 ∂D 由射线组成, 顶底面分别由 σ_1 和 σ_2 表示. 坐标 γ_1 和 γ_2 将面 σ_1 和 σ_2 参数化, 用来标定每条射线, 在每条射线上, 它是常数. 坐标沿每个射线是一个变动参数

$$\int_{\partial\Omega} A^2 \nabla\tau(\boldsymbol{x}) \cdot \boldsymbol{n} \mathrm{d}s = \int_{\partial D} A^2 \nabla\tau \cdot \boldsymbol{n} \mathrm{d}s + \int_{\sigma_2} A^2 \nabla\tau \cdot \boldsymbol{n}_2 \mathrm{d}s - \int_{\sigma_1} A^2 \nabla\tau \cdot \boldsymbol{n}_1 \mathrm{d}s \quad (1.7.8)$$

这里定义 $\boldsymbol{n}_1$ 方向在底面 σ_1 上指向 Ω 的内部, $\boldsymbol{n}_2$ 方向在顶面 σ_2 上指向 Ω 的外部. 根据该选择, 对于足够小的射线管横截面, 这两个单位向量与管中的射线都成锐角. 注意, 散度定理要求一个指向外的法线方向, 向量 $\Delta\tau = \boldsymbol{p}(\sigma_1)$ 和 $\Delta\tau = \boldsymbol{p}(\sigma_2)$ 垂直指向各自的 σ 表面.

射线管侧面的积分等于零, 因为侧面平行于 $\nabla\tau(\boldsymbol{x})$ 的方向, 在该侧面上, $\boldsymbol{n}$ 正交于 $\nabla\tau$. 设 $\nabla\tau = \boldsymbol{p}$, 于是仅剩下在两个底面上的积分

$$\int_{\sigma_2} A^2 \boldsymbol{p} \cdot \boldsymbol{\sigma}_2 \mathrm{d}s_2 - \int_{\sigma_1} A^2 \boldsymbol{p} \cdot \boldsymbol{\sigma}_1 \mathrm{d}s_1 = 0 \quad (1.7.9)$$

如图 1.12 所示, 现在引进坐标 γ_1, γ_2 以参数化表面 σ. 因为每条射线通过表面的一个点, 所以射线也可以由这些参数来区分, 也就是说, 射线由下式来描述

$$\boldsymbol{x} = \boldsymbol{x}(\sigma, \gamma_1, \gamma_2) \quad (1.7.10)$$

给定值 (γ_1, γ_2) 的范围, 称之为 $\Gamma(\gamma_1, \gamma_2)$, 可以由 $\Gamma(\gamma_1, \gamma_2)$ 中的参数 γ_1, γ_2 来描述表面 σ. 当 σ 从 σ_1 变化到 σ_2 时, $\Gamma(\gamma_1, \gamma_2)$ 的值集充满 Ω.

依据新的坐标系 $(\sigma, \gamma_1, \gamma_2)$ 显式改写 (1.7.9), 得到

$$\int_{\Gamma(\gamma_1,\gamma_2)} A^2 \boldsymbol{p} \cdot \boldsymbol{n}_2 \left| \frac{\partial\boldsymbol{x}}{\partial\gamma_1} \times \frac{\partial\boldsymbol{x}}{\partial\gamma_2} \right|_{\sigma_2} \mathrm{d}\gamma_1 \mathrm{d}\gamma_2 - \int_{\Gamma(\gamma_1,\gamma_2)} A^2 \boldsymbol{p} \cdot \boldsymbol{n}_1 \left| \frac{\partial\boldsymbol{x}}{\partial\gamma_1} \times \frac{\partial\boldsymbol{x}}{\partial\gamma_2} \right|_{\sigma_1} \mathrm{d}\gamma_1 \mathrm{d}\gamma_2 = 0$$
$$(1.7.11)$$

这里的向量叉积垂直于积分面. 而且, $\dfrac{\mathrm{d}\boldsymbol{x}}{\mathrm{d}\sigma} = \boldsymbol{p}$ 也指向法线方向 $\boldsymbol{n}_1$ 或 $\boldsymbol{n}_2$. 因此, 简化最后结果中的向量叉积和标量点积, 得到

$$\int_{\Gamma(\gamma_1,\gamma_2)} A^2(\sigma_2) \left| \frac{\partial\boldsymbol{x}}{\partial\sigma} \cdot \frac{\partial\boldsymbol{x}}{\partial\gamma_1} \times \frac{\partial\boldsymbol{x}}{\partial\gamma_2} \right| (\sigma_2) \mathrm{d}\gamma_1 \mathrm{d}\gamma_2$$
$$- \int_{\Gamma(\gamma_1,\gamma_2)} A^2(\sigma_1) \left| \frac{\partial\boldsymbol{x}}{\partial\sigma} \cdot \frac{\partial\boldsymbol{x}}{\partial\gamma_1} \times \frac{\partial\boldsymbol{x}}{\partial\gamma_2} \right| (\sigma_1) \mathrm{d}\gamma_1 \mathrm{d}\gamma_2 = 0 \quad (1.7.12)$$

出现在每个积分中的三重标量积是 3D 射线 Jacobi 行列式

$$J_{3\mathrm{D}}(\gamma) = \left[\frac{\partial\boldsymbol{x}}{\partial\sigma} \cdot \frac{\partial\boldsymbol{x}}{\partial\gamma_1} \times \frac{\partial\boldsymbol{x}}{\partial\gamma_2} \right] (\sigma) \quad (1.7.13)$$

因为横截面 $\Gamma(\gamma_1, \gamma_2)$ 是任意的, 并能取 (γ_1, γ_2) 中的任一个微分横截面, 所以我们断定积分必须逐点光滑相等. 因此令 (1.7.13) 式中的被积函数相等, 可得振幅平方 $A^2(\sigma)$ 的一般公式

$$A^2(\sigma) = A^2(\sigma_0) \frac{J_{3\mathrm{D}}(\sigma_0)}{J_{3\mathrm{D}}(\sigma)} \quad (1.7.14)$$

这里 σ_0 为沿着射线表示运动参数 σ 的一个初值.

对二维情况推导类似, 结果为

$$A^2(\sigma) = A^2(\sigma_0)\frac{J_{2D}(\sigma_0)}{J_{2D}(\sigma)} \tag{1.7.15}$$

其中 J_{2D} 是二维 2D 射线 Jacobi 行列式

$$J_{2D}(\sigma) = \left| \frac{\partial \boldsymbol{x}}{\partial \sigma} \times \frac{\partial \boldsymbol{x}}{\partial \gamma_1} \right| \tag{1.7.16}$$

因此, 可统一写成

$$A^2(\sigma) = A^2(\sigma_0)\frac{J(\sigma_0)}{J(\sigma)} \tag{1.7.17}$$

其中射线 Jacobi 行列式或者是 J_{2D} 或者是 J_{3D}, 这取决于问题是二维还是三维.

1.8　射线 Kirchhoff 公式

在密度非均匀介质中的声波方程为[15]

$$\nabla^2\phi - \frac{1}{c^2}\frac{\partial^2\phi}{\partial t^2} - \nabla\phi \cdot \nabla\ln\rho = 0 \tag{1.8.1}$$

其中 ϕ 是在点 $\boldsymbol{x}$ 处的声压, c 和 ρ 是介质的速度和密度, 将 $\phi = \sqrt{\rho}\psi$ 代入该式, 由于

$$
\begin{aligned}
\nabla^2\phi &= \nabla \cdot \nabla\phi = \nabla \cdot (\nabla\sqrt{\rho}\psi) = \nabla \cdot (\sqrt{\rho}\nabla\psi + \psi\nabla\sqrt{\rho}) \\
&= \sqrt{\rho}\nabla^2\psi + 2\nabla\psi \cdot \nabla\sqrt{\rho} + \frac{\psi}{2}\nabla \cdot \left(\frac{1}{\sqrt{\rho}}\nabla\rho\right) \\
&= \sqrt{\rho}\nabla^2\psi + 2\nabla\psi \cdot \nabla\sqrt{\rho} + \frac{\psi}{2}\left(\nabla\frac{1}{\sqrt{\rho}}\nabla\rho + \frac{1}{\sqrt{\rho}}\nabla^2\rho\right) \\
&= \sqrt{\rho}\nabla^2\psi + 2\nabla\psi \cdot \left(\frac{1}{2\sqrt{\rho}}\nabla\rho\right) - \frac{\psi}{4}\frac{1}{\sqrt{\rho^3}}(\nabla\rho)^2 + \frac{\psi}{2\sqrt{\rho}}\nabla^2\rho \\
&= \sqrt{\rho}\nabla^2\psi + \frac{1}{\sqrt{\rho}}\nabla\psi \cdot \nabla\rho - \frac{\psi}{4\sqrt{\rho^3}}(\nabla\rho)^2 + \frac{\psi}{2\sqrt{\rho}}\nabla^2\rho
\end{aligned} \tag{1.8.2}
$$

及

$$
\begin{aligned}
\nabla\phi \cdot \nabla\ln\rho &= \nabla\ln\rho \cdot \nabla(\sqrt{\rho}\psi) = \frac{1}{\rho}\nabla\rho \cdot (\sqrt{\rho}\nabla\psi + \psi\nabla\sqrt{\rho}) \\
&= \frac{1}{\rho}\nabla\rho \cdot \left(\sqrt{\rho}\nabla\psi + \frac{\psi}{2\sqrt{\rho}}\nabla\rho\right) \\
&= \frac{1}{\sqrt{\rho}}\nabla\rho \cdot \nabla\psi + \frac{\psi}{2\sqrt{\rho^3}}(\nabla\rho)^2
\end{aligned} \tag{1.8.3}
$$

将上面两式代入 (1.8.1) 式, 化简得

$$\nabla^2\psi - \frac{1}{c^2}\frac{\partial^2\psi}{\partial t^2} + h\psi = 0 \tag{1.8.4}$$

其中

$$h = \frac{1}{2}\left[\frac{\nabla^2\rho}{\rho} - \frac{3}{2}\left(\frac{\nabla\rho}{\rho}\right)^2\right] \tag{1.8.5}$$

在频率域中, 方程 (1.8.4) 为

$$\nabla^2\tilde{\psi} + \frac{\omega^2}{c^2}\tilde{\psi} + h\tilde{\psi} = 0 \tag{1.8.6}$$

式中 $\tilde{\psi}$ 表示 ψ 的傅里叶变换, 下面仍用 ψ 表示. 如图 1.13, 设 $\boldsymbol{x}_0$ 是源点, S 是积分面, 外法向为 $\boldsymbol{n}$, β_0 和 α_0 是从 $\boldsymbol{x}_0$ 到 $\boldsymbol{x}$ 之射线的出射角. s 是射线弧长, (s, β_0, α_0) 构成射线坐标. 后面将证明, 波动方程 (1.8.6) 有如下积分形式的解 (即射线 Kirchhoff 公式)

$$\psi(\boldsymbol{x}, \omega) = \frac{1}{4\pi}\int_S\left(\gamma\frac{\partial\psi}{\partial\boldsymbol{n}} - \mathrm{i}\omega\gamma\psi\frac{\partial\tau}{\partial\boldsymbol{n}} - \psi\frac{\partial\gamma}{\partial\boldsymbol{n}}\right)\mathrm{e}^{\mathrm{i}\omega\tau}\mathrm{d}S \tag{1.8.7}$$

其中 $\tau = \tau(\boldsymbol{x}, \boldsymbol{x}_0, \omega)$ 和 $\gamma = \gamma(\boldsymbol{x}, \boldsymbol{x}_0, \omega)$ 分别是走时和扩散 (divergence) 系数. $\dfrac{\partial\tau}{\partial\boldsymbol{n}} = p\cos\theta$. 这里 $p = |\nabla\tau|$ 是相位慢度. θ 是 $\boldsymbol{n}$ 与射线的夹角, τ 由程函方程

$$(\nabla\tau)^2 = \frac{1}{c^2} + \frac{1}{\omega^2}\left(h + \frac{\nabla^2\gamma}{\gamma}\right) \tag{1.8.8}$$

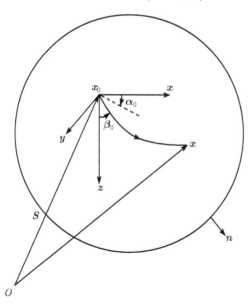

图 1.13 积分面为 S, 射线从 $\boldsymbol{x}_0$ 到 $\boldsymbol{x}$, 出射角 β_0 和 α_0 分别是与 z 方向和 $x-z$ 平面的夹角

确定, γ 为

$$\gamma = \sqrt{\frac{p(\boldsymbol{x}_0)\sin\beta_0}{J(\boldsymbol{x})p(\boldsymbol{x})}} = \frac{1}{E}\sqrt{\frac{p(\boldsymbol{x}_0)}{p(\boldsymbol{x})}} \tag{1.8.9}$$

其中 $p(\boldsymbol{x}_0) = \nabla\tau$ 是 $\boldsymbol{x}_0$ 处的相位慢度, J 是 Jacobi 行列式

$$J = \left| \frac{\partial \boldsymbol{x}}{\partial \beta_0} \times \frac{\partial \boldsymbol{x}}{\partial \alpha_0} \right| \tag{1.8.10}$$

$E = \sqrt{\dfrac{J(\boldsymbol{x})}{\sin\beta_0}}$ 表示距离; 在均匀介质中, 由于

$$J(\boldsymbol{x}) = |\boldsymbol{x} - \boldsymbol{x}_0|^2 \sin\beta_0 \tag{1.8.11}$$

故 $E = |\boldsymbol{x} - \boldsymbol{x}_0|$. 在有源 Φ 的情况下, 方程 (1.8.6) 式变为

$$\nabla^2\psi + \frac{\omega^2}{c^2}\psi + h = \Phi$$

这时方程 (1.8.7) 右端需加一项

$$-\frac{1}{4\pi} \int_\Omega \Phi\gamma \mathrm{e}^{\mathrm{i}\omega\tau}\mathrm{d}\boldsymbol{x} \tag{1.8.12}$$

表示由于 Ω 内的震源 Φ 所导致的波场.

方程 (1.8.9) 中的扩散系数表示射线振幅, 因此, 方程 (1.8.8) 和 (1.8.9) 决定了由单位点源激发的射线场. 在方程 (1.8.8) 中, 与频率有关的项 $\dfrac{1}{\omega^2}\left(h + \dfrac{\nabla^2\gamma}{\gamma}\right)$ 表示由于速度和密度的非均匀性所导致的散射场.

Kirchhoff 解 (1.8.7) 是一般非均匀介质中声波方程的精确解. 另一方面, 显然积分 (1.8.7) 表示由 (1.8.8) 和 (1.8.9) 所确定的射线解的一个叠加. 由于这个原因, 称 (1.8.7) 式为射线 Kirchhoff 公式, 基于该式的偏移称为射线 Kirchhoff 偏移.

为了计算积分 (1.8.7), 必须由方程 (1.8.8) 和 (1.8.9) 确定 γ 和 τ. 通常精确求解很困难, 而采用近似求解的方法[147].

下面证明非均介质波动方程 (1.8.6) 的解是 (1.8.7) 式. 将谐和解

$$\psi = A(\boldsymbol{x}, \boldsymbol{x}_0, \omega)\mathrm{e}^{\mathrm{i}\omega\tau(\boldsymbol{x}, \boldsymbol{x}_0, \omega)}$$

代入方程 (1.8.6) 中, 令实部和虚部相等, 得到程函方程

$$(\nabla\tau)^2 = \frac{1}{c^2} + \frac{1}{\omega^2}\left(h + \frac{\nabla^2 A}{A}\right) \tag{1.8.13}$$

及输运方程

$$\nabla^2\tau + \frac{2\nabla A \cdot \nabla\tau}{A} = 0 \tag{1.8.14}$$

其中 $\boldsymbol{x}_0$ 是源点, $\boldsymbol{x}$ 是检波点, $A(\boldsymbol{x}, \boldsymbol{x}_0, \omega)$ 和 $\tau(\boldsymbol{x}, \boldsymbol{x}_0, \omega)$ 分别是振幅和走时. 将输运方程(1.8.14) 写成

$$\nabla \cdot (A^2 \nabla \tau) = 0 \tag{1.8.15}$$

它构成一簇曲线 (即射线), 任一点的切向量为 $\nabla \tau$. 射线正交于 $\tau =$ 常数的波前. 如图 1.14, 考虑一个围绕在从 $\boldsymbol{x}_0$ 到 $\boldsymbol{x}$ 的射线周围的一个射线管, 射线管两底面分别为 S' 和 S. 两底面与波前重合, 面积分别为 $\mathrm{d}\sigma'$ 和 $\mathrm{d}\sigma$. 对 (1.8.15) 在射线管上积分, 利用散度定理, 得

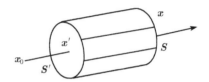

图 1.14 围绕在从 $\boldsymbol{x}_0$ 到 $\boldsymbol{x}$ 之射线的射线管

$$\int_{S'} A^2 \nabla \tau \cdot \left(\frac{\nabla \tau}{|\nabla \tau|} \right) \mathrm{d}S = \int_S A^2 \nabla \tau \cdot \left(\frac{\nabla \tau}{|\nabla \tau|} \right) \mathrm{d}S \tag{1.8.16}$$

当偏移距很小时, 简化 (1.8.16) 式为

$$p(\boldsymbol{x}) A^2(\boldsymbol{x}) \mathrm{d}\sigma = p(\boldsymbol{x}') A^2(\boldsymbol{x}') \mathrm{d}\sigma'$$

从而

$$A(\boldsymbol{x}) = A(\boldsymbol{x}') \sqrt{\frac{J(\boldsymbol{x}') p(\boldsymbol{x}')}{J(\boldsymbol{x}) p(\boldsymbol{x})}} \tag{1.8.17}$$

其中 $\boldsymbol{x}'$ 是从 $\boldsymbol{x}_0$ 到 $\boldsymbol{x}$ 之射线上的任一点, $J(\boldsymbol{x}')$ 和 $J(\boldsymbol{x})$ 分别是在 $\boldsymbol{x}'$ 和 $\boldsymbol{x}$ 处的 Jacobi 行列式. 对点源, 源附近的波前面是一个小球面. 设 $\boldsymbol{x}'$ 是该小球面上任一点, 易知, 球面的 Jacobi 行列式为

$$J(\boldsymbol{x}') = (r')^2 \sin \beta_0, \quad r' = |\boldsymbol{x}' - \boldsymbol{x}_0|$$

代入 (1.8.17) 中, 令 $r' \to 0$, 记 $A_0 \equiv \lim_{r' \to 0} r' A(\boldsymbol{x}')$, 则有

$$A = \gamma A_0 \tag{1.8.18}$$

因为点源的对称性, A_0 是常数, 在 (1.8.18) 中的扩散系数 γ 定义为

$$\gamma = \sqrt{\frac{p(\boldsymbol{x}_0) \sin \beta_0}{J(\boldsymbol{x}) p(\boldsymbol{x})}} = \frac{1}{E} \sqrt{\frac{p(\boldsymbol{x}_0)}{p(\boldsymbol{x})}} \tag{1.8.19}$$

其中 $p(\boldsymbol{x}_0)$ 是 $\boldsymbol{x}_0$ 处的相位慢度, $E = \sqrt{\frac{J(\boldsymbol{x})}{\sin \beta_0}}$. 将 (1.8.18) 代入 (1.8.13) 中, 得到程函方程为

$$(\nabla \tau)^2 = \frac{1}{c^2} + \frac{1}{\omega^2} \left(h + \frac{\nabla^2 \gamma}{\gamma} \right) \tag{1.8.20}$$

式 (1.8.19) 和 (1.8.20) 确定由 $\boldsymbol{x}_0$ 处单位点源所导致的射线场. 因此, 无界非均匀介质中的 Green 函数为

$$G(\boldsymbol{x}, \boldsymbol{x}_0, \omega) = \gamma \mathrm{e}^{\mathrm{i}\omega\tau(\boldsymbol{x}, \boldsymbol{x}_0, \omega)} \tag{1.8.21}$$

我们知道, 无源的频率域方程即 (1.8.6) 为

$$\nabla^2 \psi + \frac{\omega^2}{c^2}\psi + h\psi = 0 \tag{1.8.22}$$

相对应的 Green 函数即 (1.8.21) 式应当满足方程

$$\nabla^2 G + \frac{\omega^2}{c^2}G + hG = -4\pi\delta(\boldsymbol{x} - \boldsymbol{x}') \tag{1.8.23}$$

类似于 Kirchhoff 积分公式的推导, 将式 (1.8.22) 乘 G, 式 (1.8.23) 乘 ψ, 两式相减后对 $\boldsymbol{x}$ 积分, 得

$$\begin{aligned}
\psi &= \frac{1}{4\pi}\int_{\Omega} \nabla \cdot (G\nabla\psi - \psi\nabla G)\mathrm{d}\boldsymbol{x} \\
&= \frac{1}{4\pi}\int_{\partial\Omega} (G\nabla\psi - \psi\nabla G)\cdot\boldsymbol{n}\mathrm{d}S \\
&= \frac{1}{4\pi}\int_{\partial\Omega} \left[\left(\gamma\mathrm{e}^{\mathrm{i}\omega\tau}\frac{\partial\psi}{\partial\boldsymbol{n}} - \psi\frac{\partial}{\partial\boldsymbol{n}}(\gamma\mathrm{e}^{\mathrm{i}\omega\tau})\right] \mathrm{d}S \\
&= \frac{1}{4\pi}\int_{\partial\Omega} \left(\gamma\frac{\partial\psi}{\partial\boldsymbol{n}} - \mathrm{i}\omega\gamma\psi\frac{\partial\tau}{\partial\boldsymbol{n}} - \psi\frac{\partial\gamma}{\partial\boldsymbol{n}}\right)\mathrm{e}^{\mathrm{i}\omega\tau}\mathrm{d}S
\end{aligned} \tag{1.8.24}$$

因此

$$\psi(\boldsymbol{x}, \omega) = \frac{1}{4\pi}\int_{\partial\Omega} \left(\gamma\frac{\partial\psi}{\partial\boldsymbol{n}} - \mathrm{i}\omega\gamma\psi\frac{\partial\tau}{\partial\boldsymbol{n}} - \psi\frac{\partial\gamma}{\partial\boldsymbol{n}}\right)\mathrm{e}^{\mathrm{i}\omega\tau}\mathrm{d}S \tag{1.8.25}$$

即频率域的射线 Kirchhoff 公式 (1.8.7).

1.9　散射 Kirchhoff 成像

设源在 $\boldsymbol{x}_s$ 处激发, u_I 表示入射场, u_s 表示散射场, 则 Claerbout 成像原理[42,58] 为

$$m(\boldsymbol{r}) = \frac{1}{2\pi}\int F(\omega)\frac{u_s(\boldsymbol{r}, \boldsymbol{x}_s, \omega)}{u_I(\boldsymbol{r}, \boldsymbol{x}_s, \omega)}\mathrm{d}\omega \tag{1.9.1}$$

这里 F 是一个滤波器, 对散射场起带限作用. 上式也可看作散射场对入射场的反褶积. 将 u_I 用 WKBJ 高频近似[28] 代替

$$u_I = A_I(\boldsymbol{r}, \boldsymbol{x}_s)\mathrm{e}^{\mathrm{i}\omega\tau_I(\boldsymbol{r}, \boldsymbol{x}_s)} \tag{1.9.2}$$

其中 τ_I 是点 $\boldsymbol{x}_s$ 到点 $\boldsymbol{r}$ 的走时, 于是有

$$m(\boldsymbol{r}) = \frac{1}{2\pi A_I} \int F(\omega) u_s(\boldsymbol{r}, \boldsymbol{x}_s, \omega) \mathrm{e}^{-\mathrm{i}\omega \tau_I(\boldsymbol{r}, \boldsymbol{x}_s)} \mathrm{d}\omega \tag{1.9.3}$$

该式归结为计算 τ_I 处的散射场. 这里高频的含义是物体的尺度不小于 π 内波数的数目. 假如对散射场继续使用 WKBJ 近似, 则有

$$m(\boldsymbol{r}) = \frac{A_s}{2\pi A_I} \int F(\omega) \mathrm{e}^{-\mathrm{i}\omega(\tau_I(\boldsymbol{r}, \boldsymbol{x}_s) - \tau_s(\boldsymbol{r}, \boldsymbol{x}_s))} \mathrm{d}\omega \tag{1.9.4}$$

注意 $\delta(t)$ 与 1 构成一个傅里叶变换对, 因此

$$\delta(\tau_I - \tau_s) = \frac{1}{2\pi} \int F(\omega) \mathrm{e}^{-\mathrm{i}\omega(\tau_I(\boldsymbol{r}, \boldsymbol{x}_s) - \tau_s(\boldsymbol{r}, \boldsymbol{x}_s))} \mathrm{d}\omega \tag{1.9.5}$$

于是有

$$m(\boldsymbol{r}) = R(\boldsymbol{r}) \delta(\tau_I - \tau_s) \tag{1.9.6}$$

其中 $R(\boldsymbol{r}) = \dfrac{A_s}{A_I}$ 是反射系数. 上式的含义是: 仅当反射系数非零及 $\tau_I \approx \tau_s$ 时, 结果非零. 近似号是因为 δ 函数的带限性质. 当且仅当 $\tau_I = \tau_s$ 时出现极值

$$m_{\mathrm{peak}}(\boldsymbol{r}) = \frac{1}{2\pi} R(\boldsymbol{r}) \int F(\omega) \mathrm{d}\omega \tag{1.9.7}$$

假定已知入射场 A_I 和 τ_I, 如何得到散射场? 考虑变速 $c(\boldsymbol{x})$ 介质, 假定在给定的反射层上的速度已知, 引进已知背景速度 $c_0(\boldsymbol{x}) \neq c(\boldsymbol{x})$, 根据定义, 总场 $u(\boldsymbol{x}, \boldsymbol{x}_s, \omega)$ 满足波动方程

$$\left[\nabla^2 + \frac{\omega^2}{c^2}\right] u(\boldsymbol{x}, \boldsymbol{x}_s, \omega) = -\delta(\boldsymbol{x} - \boldsymbol{x}_s) \tag{1.9.8}$$

表示在 $\boldsymbol{x}_s$ 处的点源所导致的在 $\boldsymbol{x}$ 处的波场. 总场 u 可以表示为入射场和散射场之和

$$u(\boldsymbol{x}, \boldsymbol{x}_s, \omega) = u_I(\boldsymbol{x}, \boldsymbol{x}_s, \omega) + u_s(\boldsymbol{x}, \boldsymbol{x}_s, \omega) \tag{1.9.9}$$

入射场满足由背景速度确定的波动方程

$$\left[\nabla^2 + \frac{\omega^2}{c_0^2}\right] u_I(\boldsymbol{x}, \boldsymbol{x}_s, \omega) = -\delta(\boldsymbol{x} - \boldsymbol{x}_s) \tag{1.9.10}$$

这里震源取为 δ 函数, 任何形式的震源可以通过 δ 函数合成得到.

引进变量 $\alpha(\boldsymbol{x})$, 表示背景模型和真实模型之间的扰动

$$\alpha(\boldsymbol{x}) \equiv \frac{c_0^2(\boldsymbol{x})}{c^2(\boldsymbol{x})} - 1 \tag{1.9.11}$$

于是

$$\frac{\alpha(\boldsymbol{x})}{c_0^2(\boldsymbol{x})} = \frac{1}{c^2(\boldsymbol{x})} - \frac{1}{c_0^2(\boldsymbol{x})} \tag{1.9.12}$$

因为在反射层 σ 上方 $c_0(\boldsymbol{x}) = c(\boldsymbol{x})$, 故 $\alpha(\boldsymbol{x}) = 0$. 在反射层之下, $\alpha(\boldsymbol{x})$ 非零, 如图 1.15 所示.

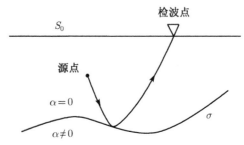

图 1.15   一个反射示面意图, σ 表示反射面, S_0 是数据记录面

散射场的波动方程可以依据 $\alpha(\boldsymbol{x})$ 写成

$$\left[\nabla^2 + \frac{\omega^2}{c^2}\right] u_s(\boldsymbol{x}, \boldsymbol{x}_s, \omega) = -\frac{\omega^2}{c_0^2}\alpha(\boldsymbol{x})u(\boldsymbol{x}, \boldsymbol{x}_s, \omega) \tag{1.9.13}$$

引进背景速度模型的 Green 函数

$$\left[\nabla^2 + \frac{\omega^2}{c_0^2}\right] G(\boldsymbol{x}, \boldsymbol{r}, \omega) = -\delta(\boldsymbol{x} - \boldsymbol{r}) \tag{1.9.14}$$

表示位于 $\boldsymbol{r}$ 处的点源在 $\boldsymbol{x}$ 处的响应. 将式 (1.9.14) 乘以 $u_s(\boldsymbol{x}, \boldsymbol{x}_s, \omega)$, 式 (1.9.13) 乘以 $G(\boldsymbol{x}, \boldsymbol{r}, \omega)$, 两者再相减并利用 (1.2.4) 式, 得

$$-\delta(\boldsymbol{x} - \boldsymbol{r})u_s(\boldsymbol{x}, \boldsymbol{x}_s, \omega) + G(\boldsymbol{x}, \boldsymbol{r}, \omega)\frac{\omega^2}{c_0^2}\alpha u(\boldsymbol{x}, \boldsymbol{x}_s, \omega)$$

$$= u_s(\boldsymbol{x}, \boldsymbol{x}_s, \omega)\nabla^2 G(\boldsymbol{x}, \boldsymbol{r}, \omega) - G(\boldsymbol{x}, \boldsymbol{r}, \omega)\nabla^2 u_s(\boldsymbol{x}, \boldsymbol{x}_s, \omega)$$

$$= \nabla \cdot \left[u_s(\boldsymbol{x}, \boldsymbol{x}_s, \omega)\nabla G(\boldsymbol{x}, \boldsymbol{r}, \omega) - G(\boldsymbol{x}, \boldsymbol{r}, \omega)\nabla u_s(\boldsymbol{x}, \boldsymbol{x}_s, \omega)\right] \tag{1.9.15}$$

对上式两端空间积分并利用 Green 公式, 得

$$-u_s(\boldsymbol{r}, \boldsymbol{x}_s, \omega) + \int_\Omega G(\boldsymbol{x}, \boldsymbol{r}, \omega)\frac{\omega^2}{c_0^2}\alpha u(\boldsymbol{x}, \boldsymbol{x}_s, \omega)\mathrm{d}\boldsymbol{x}$$

$$= \int_{\partial\Omega}\left[u_s(\boldsymbol{x}, \boldsymbol{x}_s, \omega)\frac{\partial G(\boldsymbol{x}, \boldsymbol{r}, \omega)}{\partial \boldsymbol{n}} - G(\boldsymbol{x}, \boldsymbol{r}, \omega)\frac{\partial u_s(\boldsymbol{x}, \boldsymbol{x}_s, \omega)}{\partial \boldsymbol{n}}\right]\mathrm{d}s \tag{1.9.16}$$

若将积分体积 Ω 看成是由记录面 S_0 和反射面 σ 组成的一个体积, 则上式的体积分为零, 因为这时 $\alpha(\boldsymbol{x})$ 为零, 因此

$$-u_s(\boldsymbol{r}, \boldsymbol{x}_s, \omega) = \int_{\partial\Omega}\left[u_s(\boldsymbol{x}, \boldsymbol{x}_s, \omega)\frac{\partial G(\boldsymbol{x}, \boldsymbol{r}, \omega)}{\partial \boldsymbol{n}} - G(\boldsymbol{x}, \boldsymbol{r}, \omega)\frac{\partial u_s(\boldsymbol{x}, \boldsymbol{x}_s, \omega)}{\partial \boldsymbol{n}}\right]\mathrm{d}s$$

$$\tag{1.9.17}$$

其中 $\partial\Omega = S_0 + \sigma$. Green 函数 G 可以是因果的也可以是反因果的, 不同的选择导致不同的结果.

1. 反因果 Green 函数 G, $\partial\Omega = S_0 + \sigma$

在偏移中使用超前或反因果 Green 函数, 这样的选择能使我们依据 $\partial\Omega$ 上的波场来计算内部的 u_s, 即反传播散射场. 射线近似或 WKBJ 近似的反因果 Green 函数是

$$G(\boldsymbol{x}, \boldsymbol{r}, \omega) = A_G(\boldsymbol{x}, \boldsymbol{r})\mathrm{e}^{-\mathrm{i}\omega\tau_G(\boldsymbol{x}, \boldsymbol{r})} \tag{1.9.18}$$

将散射场 u_s 也作 WKBJ 近似

$$u_s(\boldsymbol{x}, \boldsymbol{x}_s, \omega) = A_s(\boldsymbol{x}, \boldsymbol{x}_s)\mathrm{e}^{\mathrm{i}\omega\tau_s(\boldsymbol{x}, \boldsymbol{x}_s)} \tag{1.9.19}$$

再计算相应的法向导数的高频近似 (忽略振幅的梯度)

$$\frac{\partial u_s}{\partial \boldsymbol{n}} = \mathrm{i}\omega\boldsymbol{n} \cdot \nabla\tau_s A_s \mathrm{e}^{\mathrm{i}\omega\tau_s} \tag{1.9.20}$$

$$\frac{\partial G}{\partial \boldsymbol{n}} = -\mathrm{i}\omega\boldsymbol{n} \cdot \nabla\tau_G A_G \mathrm{e}^{-\mathrm{i}\omega\tau_G} \tag{1.9.21}$$

将 (1.9.18)~(1.9.21) 代入 (1.9.17) 式, 得

$$u_s(\boldsymbol{r}, \boldsymbol{x}_s, \omega) = \int_{\partial\Omega} \mathrm{i}\omega A_G(\boldsymbol{x}, \boldsymbol{r})A_s(\boldsymbol{x}, \boldsymbol{x}_s)[\boldsymbol{n} \cdot \nabla\tau_G(\boldsymbol{x}, \boldsymbol{r}) + \boldsymbol{n} \cdot \nabla\tau_s(\boldsymbol{x}, \boldsymbol{x}_s)]\mathrm{e}^{\mathrm{i}\omega\phi(\boldsymbol{x}, \boldsymbol{x}_s, \boldsymbol{r})}\mathrm{d}s \tag{1.9.22}$$

其中 $\boldsymbol{n}$ 是 $\partial\Omega$ 的单位法向, $\phi(\boldsymbol{x}, \boldsymbol{x}_s, \boldsymbol{r}) = \tau_s(\boldsymbol{x}, \boldsymbol{x}_s) - \tau_G(\boldsymbol{x}, \boldsymbol{r})$ 是相位.

该面积分的主要贡献在稳相点处. 引进参数 $\boldsymbol{\xi} = (\xi_1, \xi_2)$ 表示 $\partial\Omega$ 上的点 $\boldsymbol{x}(\boldsymbol{\xi})$, 则稳相条件为

$$\frac{\partial\phi}{\partial\xi_i} = (\nabla\tau_s - \nabla\tau_G) \cdot \frac{\partial\boldsymbol{x}}{\partial\xi_i} = 0, \quad i = 1, 2 \tag{1.9.23}$$

向量 $\nabla\tau_s$ 指向散射波的传播方向, 即在面 σ 和 S_0 上向上; 向量 $\nabla\tau_G$ 指向离开 $\boldsymbol{r}$ 的方向, 也即在 S_0 上向上, 在 σ 上向下; 向量 $\frac{\partial\boldsymbol{x}}{\partial\xi_i}$ 是面 $\partial\Omega$ 的切向量. 再注意到

$$|\nabla\tau_s| = |\nabla\tau_G| = \frac{1}{c(\boldsymbol{x}(\boldsymbol{\xi}))}, \quad 在 \partial\Omega 上$$

可知在稳相点处有

$$\boldsymbol{n} \cdot \nabla\tau_s = \boldsymbol{n} \cdot \nabla\tau_G, \quad 在 S_0 上 \tag{1.9.24}$$

$$\boldsymbol{n} \cdot \nabla\tau_s = -\boldsymbol{n} \cdot \nabla\tau_G, \quad 在 \sigma 上 \tag{1.9.25}$$

如图 1.16 所示, 稳相点可在 S_0 上或 σ 上. 由 (1.9.25) 式可知, 对 (1.9.22) 式在稳相点计算时, 在 σ 上的积分为零. 因此, 对 u_s 的主要贡献来自 S_0 上的积分. 因此, 利用 (1.9.24) 式可将 (1.9.22) 式化为

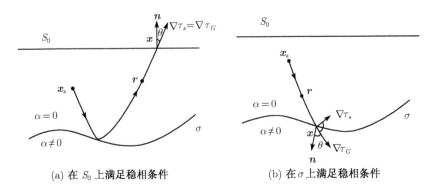

(a) 在 S_0 上满足稳相条件   (b) 在 σ 上满足稳相条件

图 1.16   满足稳相条件的射线路径及 $\nabla\tau_s$ 和 $\nabla\tau_G$ 的方向

$$u_s(\boldsymbol{r},\boldsymbol{x}_s,\omega) = 2\mathrm{i}\omega\int_{S_0} A_G(\boldsymbol{x},\boldsymbol{r})\boldsymbol{n}\cdot\nabla\tau_G(\boldsymbol{x},\boldsymbol{r})\mathrm{e}^{-\mathrm{i}\omega\tau_G(\boldsymbol{x},\boldsymbol{r})}u_s(\boldsymbol{x},\boldsymbol{x}_s,\omega)\mathrm{d}s \qquad (1.9.26)$$

将 u_s 的表达式 (1.9.26) 式代入 (1.9.3) 式, 得

$$m(\boldsymbol{r}) = \frac{1}{\pi A_I(\boldsymbol{r},\boldsymbol{x}_s)}\int_{S_0}\mathrm{d}s A_G(\boldsymbol{x},\boldsymbol{r})\boldsymbol{n}\cdot\nabla\tau_G(\boldsymbol{x},\boldsymbol{r})$$

$$\cdot\int\mathrm{i}\omega F(\omega)\mathrm{e}^{-\mathrm{i}\omega[\tau_I(\boldsymbol{r},\boldsymbol{x}_s)+\tau_G(\boldsymbol{x},\boldsymbol{r})]}u_s(\boldsymbol{x},\boldsymbol{x}_s,\omega)\mathrm{d}\omega \qquad (1.9.27)$$

方程 (1.9.27) 即是三维叠前散射 Kirchhoff 成像公式.

特别地, 当速度是常数时, 有

$$A_G = \frac{1}{4\pi|\boldsymbol{x}(\boldsymbol{\xi})-\boldsymbol{r}|}, \quad \tau_G = \frac{|\boldsymbol{x}(\boldsymbol{\xi})-\boldsymbol{r}|}{c}, \quad \boldsymbol{n}\cdot\nabla\tau_G = \frac{\cos\theta}{c} \qquad (1.9.28)$$

其中 θ 是射线出射方向与面 S_0 之法向的夹角, 如图 1.16(a) 所示.

2. 因果 Green 函数 G, $\partial\Omega = S_0 + \sigma$

在模拟中, 选择因果 Green 函数 G, 这可以计算由反射面 σ 产生的散射场. 考虑 (1.9.17) 式, 散射场的 WKBJ 高频近似仍为

$$u_s(\boldsymbol{x},\boldsymbol{x}_s,\omega) = A_s(\boldsymbol{x},\boldsymbol{x}_s)\mathrm{e}^{\mathrm{i}\omega\tau_s(\boldsymbol{x},\boldsymbol{x}_s)} \qquad (1.9.29)$$

因果 Green 函数为

$$G(\boldsymbol{x},\boldsymbol{r},\omega) = A_G(\boldsymbol{x},\boldsymbol{r})\mathrm{e}^{\mathrm{i}\omega\tau_G(\boldsymbol{x},\boldsymbol{r})} \qquad (1.9.30)$$

计算法向导数 (忽略振幅的梯度)

$$\frac{\partial G}{\partial\boldsymbol{n}} = \mathrm{i}\omega\boldsymbol{n}\cdot\nabla\tau_G A_G\mathrm{e}^{\mathrm{i}\omega\tau_G} \qquad (1.9.31)$$

$$\frac{\partial u_s}{\partial\boldsymbol{n}} = \mathrm{i}\omega\boldsymbol{n}\cdot\nabla\tau_s A_s\mathrm{e}^{\mathrm{i}\omega\tau_s} \qquad (1.9.32)$$

将这些公式代入式 (1.9.17), 得

$$-u_s(\boldsymbol{r}, \boldsymbol{x}_s, \omega) = \int_{\partial\Omega} \mathrm{i}\omega A_s(\boldsymbol{x}, \boldsymbol{x}_s) A_G(\boldsymbol{x}, \boldsymbol{r})[\boldsymbol{n} \cdot \nabla\tau_G - \boldsymbol{n} \cdot \nabla\tau_s]\mathrm{e}^{\mathrm{i}\omega(\tau_G(\boldsymbol{x}, \boldsymbol{r}) + \tau_s(\boldsymbol{x}, \boldsymbol{x}_s))}\mathrm{d}s$$

(1.9.33)

在稳相点处, 由稳相条件 (1.9.24) 式可知, 上式的面积分在 S_0 上为零, 从而

$$-u_s(\boldsymbol{r}, \boldsymbol{x}_s, \omega) = \int_{\sigma} \mathrm{i}\omega A_s(\boldsymbol{x}, \boldsymbol{x}_s) A_G(\boldsymbol{x}, \boldsymbol{r})[\boldsymbol{n} \cdot \nabla\tau_G - \boldsymbol{n} \cdot \nabla\tau_s]\mathrm{e}^{\mathrm{i}\omega(\tau_G(\boldsymbol{x}, \boldsymbol{r}) + \tau_s(\boldsymbol{x}, \boldsymbol{x}_s))}\mathrm{d}s$$

(1.9.34)

这给出一个 WKBJ 近似下的散射场模拟公式: 若反射面 σ 的反射系数 R 已知, 利用 $A_s = RA_I$, 再通过射线追踪计算 A_I, τ_G 和 $\tau_s(=\tau_I)$, 即可求得散射场.

3. 因果 Green 函数 G, $\partial\Omega = S_0 + S_{+\infty}$

如图 1.17 所示, 令 $\partial\Omega$ 由 S_0 和下半球面 $S_{\infty+}$ 组成. 根据 Sommerfeld 条件, 在 $S_{\infty+}$ 上的积分必须为零, 又由于使用因果 Green 函数, 稳相条件使得在 S_0 上的积分为零, 因此式 (1.9.16) 中的面积分为零, 于是

$$u_s(\boldsymbol{r}, \boldsymbol{x}_s, \omega) = \int_{\Omega} G(\boldsymbol{x}, \boldsymbol{r}, \omega)\frac{\omega^2}{c_0^2}\alpha u(\boldsymbol{x}, \boldsymbol{x}_s, \omega)\mathrm{d}\boldsymbol{x}$$

(1.9.35)

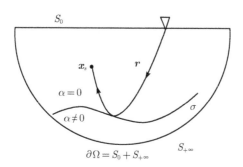

图 1.17 $\partial\Omega$ 由 S_0 和 $S_{+\infty}$ 构成

S_0 是记录数据面, $S_{+\infty}$ 是与 S_0 光滑连接的在 z 方向趋于无穷的一个下半球面

该式要求知道在体积 Ω 中的总场 $u(\boldsymbol{x}, \boldsymbol{x}_s, \omega)$ 和 α. 假如用入射场来近似总场 (即 Born 近似), 则有

$$u_s(\boldsymbol{r}, \boldsymbol{x}_s, \omega) \approx \omega^2 \int_{\Omega} G(\boldsymbol{x}, \boldsymbol{r}, \omega)\frac{\alpha}{c_0^2}u_I(\boldsymbol{x}, \boldsymbol{x}_s, \omega)\mathrm{d}\boldsymbol{x}$$

(1.9.36)

该式恰好是关于未知扰动 $\alpha(\boldsymbol{x})$ 的线性函数. 这就是关于未知波速扰动 $\alpha(\boldsymbol{x})$ 的 Born 反演公式. 入射场由 (1.9.10) 式计算, Born 近似后的散射场由 (1.9.9) 式计算 (若总场可观测). 因此该 Born 反演公式是一个第一类 Fredholm 积分方程.

第2章　零偏移距记录合成

波动方程叠后成像需要零偏移距记录数据, 零偏移距记录就是激发和接收位于同一位置处所记录得到的波场. 零偏移距记录可以用射线追踪法和波动方程数值模拟来得到. 射线追踪法基于几何光学高频近似, 不易反映波场传播的动力学特征, 当介质复杂时会出现焦散现象. 通过波动方程数值求解来模拟波场的传播, 能较全面反映波场的动力学特征.

有限差分法、有限元法和伪谱法是数值求解波动方程的常用方法. 有限差分法最常用, 计算效率高, 但网格步长必须明显小于最短波长的一半, 否则频散严重, 目前趋于使用高阶交错网格法等方法. 有限元法也是波场模拟的有效方法, 能有效地求解不规则区域, 但计算量大. 伪谱法不同于传统的有限差分法, 其空间差分用快速傅里叶变换来实现, 空间精度是无限阶的. 伪谱法在一个空间波长上最少仅需两个网格点, 因此可增大空间采样, 减少计算量.

有限差分法、有限元法和伪谱法在波动方程数值模拟中都得到了较广泛应用, 但通常都用来合成共炮点地震记录或作波场传播瞬时切片图, 如要得到零偏移距记录即自激自收记录, 虽然可由共炮点道集再作抽道集等处理得到, 但显然费时. 本章重点介绍零偏移距记录的合成.

2.1 节从二维标量波动方程出发, 研究用伪谱法合成零偏移距记录, 给出了不同情况下的数值计算公式, 并对边界吸收问题作了有效处理. 该方法可推广到其他类型的波动方程模拟中.

2.2 节基于声波单程波方程, 用混合法波场外推来合成零偏移距记录, 用该方法可以得到能适应复杂构造和横向剧烈变速介质的零偏移距记录. 对二维 Marmousi 模型进行了数值计算. 该方法很容易推广到三维情况.

2.3 节针对三维正交各向异性介质给出了一种快速精确的有限差分正演方法. 该方法采用四阶精度的空间差分格式和二阶精度的时间差分格式进行计算, 并结合通量校正法来克服数值频散, 提高了计算精度. 对边界反射, 提出了一种简单实用的三维各向异性吸收边界条件, 易于编程, 吸收效果明显. 对数值计算的稳定性问题也作了一般讨论. 该方法不但可以用来合成三维各向异性介质的共炮点三分量记录, 还可以用来合成零偏移距记录.

2.1 伪谱法合成零偏移距记录

2.1.1 方法原理

零偏移距记录的合成基于爆炸反射界面原理[86]. 该原理把地下反射界面假设成具有爆炸性的反射面, 计算时将震源函数放于界面上, 并且假定在 $t = 0$ 时所有的爆炸反射界面同时起爆. 当介质的速度用半速度代替后, 由界面上各散射源发出的初至波被地面检波器接收, 其结果就是零偏移距记录.

假定地震波传播满足如下二维标量波动方程

$$\frac{\partial^2 u}{\partial t^2} = v^2 \left(\frac{\partial^2 u}{\partial x^2} + \frac{\partial^2 u}{\partial z^2} \right) \tag{2.1.1}$$

其中 $u(x, z, t)$ 是位移, t 是时间, $v(x, z)$ 是介质速度, x, z 分别是水平和垂直距离. 将 (2.1.1) 式左端用二阶时间差商代替, 右端用伪谱法来计算, 可得

$$u(x, z, t + \Delta t) \approx 2u(x, z, t) - u(x, z, t - \Delta t)$$
$$-\frac{\Delta t^2}{4\pi^2} \int \int (k_x^2 + k_z^2) v^2(x, z) \tilde{U}(k_x, k_z, t) \mathrm{e}^{\mathrm{i}(k_x x + k_z z)} \mathrm{d}k_x \mathrm{d}k_z \tag{2.1.2}$$

其中 Δt 为时间采样, k_x, k_z 分别为 x, z 方向的波数, $\tilde{U}(k_x, k_z, t)$ 为

$$\tilde{U}(k_x, k_z, t) = \int \int u(x, z, t) \mathrm{e}^{-\mathrm{i}(k_x x + k_z z)} \mathrm{d}x \mathrm{d}z \tag{2.1.3}$$

如果速度 $v(x, z)$ 为常数 c, 则由 (2.1.1) 式可导出零偏移距记录的解析解. 先对 (2.1.1) 式作关于 x, t 的一维傅里叶变换, 整理得

$$\frac{\partial^2 \hat{U}(k_x, z, \omega)}{\partial z^2} = - \left(\frac{\omega^2}{c^2} - k_x^2 \right) \hat{U}(k_x, z, \omega) = -k_z^2 \hat{U}(k_x, z, \omega) \tag{2.1.4}$$

其中

$$\hat{U}(k_x, z, \omega) = \int \int u(x, z, t) \mathrm{e}^{-\mathrm{i}(k_x x + \omega t)} \mathrm{d}x \mathrm{d}t \tag{2.1.5}$$

因速度为常数, 故在 z 方向上的波数也为常数, 由 (2.1.4) 式并利用爆炸反射界面条件, 可得

$$\hat{U}(k_x, z, \omega) = \hat{U}(k_x, z, t = 0) \mathrm{e}^{\mathrm{i}k_z z} \tag{2.1.6}$$

再对 (2.1.6) 式作关于 k_x, ω 的二维傅里叶逆变换, 得

$$u(x, z, t) = \frac{1}{4\pi^2} \int \int \hat{U}(k_x, z, t = 0) \mathrm{e}^{\mathrm{i}(k_x x + k_z z + \omega t)} \mathrm{d}\omega \mathrm{d}x \tag{2.1.7}$$

由 (2.1.7) 式即得零偏移距剖面

$$u(x, 0, t) = \frac{1}{4\pi^2} \int \int \hat{U}(k_x, z, t = 0) e^{i(k_x x + \omega t)} d\omega dx \tag{2.1.8}$$

其中

$$k_z^2 = \frac{\omega^2}{c^2} - k_x^2 \tag{2.1.9}$$

(2.1.2) 式是变速时的零偏移距剖面的数值计算公式, 而 (2.1.8) 式是常速时的零偏移距剖面的解析表达式, 这两个公式均使用了全波动方程. 对复杂模型, 记录中会出现多次波, 为避免多次波的干扰, 可采用无层间反射的单程波波动方程

$$\frac{\partial \tilde{U}(k_x, k_z, t)}{\partial t} = i v(x, z) k_z \sqrt{1 + \frac{k_x^2}{k_z^2}} \tilde{U}(k_x, k_z, t) \tag{2.1.10}$$

该式也易从 (2.1.1) 式导出, 其中 $\tilde{U}(k_x, k_z, t)$ 由 (2.1.3) 式计算. 同推导 (2.1.2) 式相类似的方法, 采取时间中心差商后, 最后可得

$$u(x, z, t + \Delta t) \approx u(x, z, t - \Delta t)$$
$$+ \frac{i\Delta t}{2\pi^2} \int \int \tilde{U}(k_x, k_z, t) v(x, z) k_z \sqrt{1 + \frac{k_x^2}{k_z^2}} e^{i(k_x x + k_z z)} dk_x dk_z \tag{2.1.11}$$

由 (2.1.11) 式可算出波场 $u(x, z, t)$, 令 $z = 0$ 即得零偏移距剖面 $u(x, z = 0, t)$.

用方程 (2.1.2)、(2.1.8)、(2.1.11) 作数值计算时, 要用到初始条件, 这里采用时间为 Ricker 子波的震源函数 $S(x, z, t)$, 即

$$S(x, z, t) = A R(x, z) \cos 2\pi f_0 (t - t_0) e^{-\beta(t - t_0)^2 f_0} \tag{2.1.12}$$

其中 A 为振幅, β 为衰减系数, f_0 为主频, $R(x, z)$ 为界面函数.

伪谱法计算的稳定性条件可以从矩阵稳定析分析得到, 不难推得, (2.1.2) 式、(2.1.8) 式和 (2.1.11) 式的稳定性条件为

$$\Delta t \leqslant \frac{\sqrt{2} d}{\pi v_{\max}} \tag{2.1.13}$$

其中空间网格取 $d = \Delta x = \Delta y$, $v_{\max} = \max\{v(x, z)\}$.

数值模拟中另一必须解决而又难以解决的问题是吸收边界条件. 通常有限差分法采用黏滞型 (或称海绵型) 吸收边界条件, 它在扩充区域内逐渐将波场衰减吸收掉, 从而不产生边界反射. 该方法适用性广, 但难以选择合适的吸收系数 (一般用试验方法得到), 而不合适的吸收系数仍会导致很强的反射. 另一种要推导边界吸收方程, 差分时将其结合在差分方程中计算, 对一定角度的入射波有理想吸收效果. 这些方法都难以应用于伪谱法中. 在伪谱法中, 根据傅里叶变换的周期性条件, Cerjan 等提出了一种反周期扩展方法[35], 该方法已在各向异性介质共炮点地震记录正演中得到了成功应用[141]. 这种方法通过扩展计算区域增加计算量来消除记录中的边界反射, 效果很好.

2.1.2 数值计算

前面导出了不同情况的用于合成零偏移距地震记录的式 (2.1.2)、式 (2.1.8) 和式 (2.1.10), 数值计算时可根据情况引用. 根据这些公式, 我们给出三个模型的计算结果, 加以说明和验证.

模型 1. 如图 2.1 所示, 该模型由常速介质中的一个点散射体和一个水平界面组成, 介质的速度为 3000m/s. 图 2.2 是用 (2.1.8) 式算得的不加边界吸收的零偏

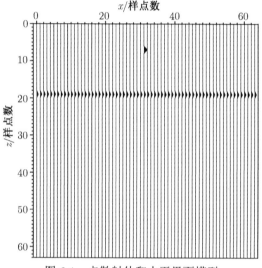

图 2.1 点散射体和水平界面模型

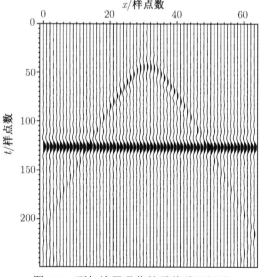

图 2.2 不加边界吸收的零偏移距记录

移距记录, 由一个双曲线和一个水平曲线构成. 图 2.3 是相应的加边界吸收的零偏移距记录, 比较可以看到, 由点散射体产生的散射波在边界的反射已得到很好吸收. 图中的采样率 $\Delta x = \Delta z = 20\mathrm{m}$, $\Delta t = 2\mathrm{ms}$, 时间样点数 250, 图中所示单位均以空间或时间方向的样点数来表示. 图 2.4 是由射线追踪法所得的零偏移距记录, 除散射波不如数值求解波动方程的结果明显外, 两种结果类似.

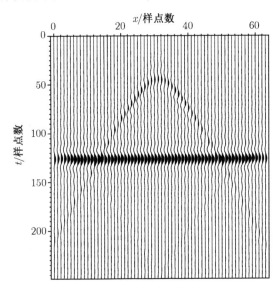

图 2.3　加边界吸收后的零偏移距记录

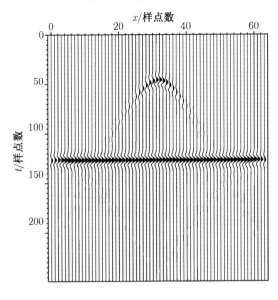

图 2.4　由射线追踪法合成的零偏移距记录

模型 2. 在模型 1 的基础上, 如图 2.5 所示是一个稍复杂的模型, 模拟一系列向斜构造 (45°), 速度仍假定为常数 3000m/s. 图 2.6 是用 (2.1.2) 式算得的未加边界吸收的零偏移距记录, 图 2.7 是对应的加边界吸收后的零偏移距记录, 比较可知, 吸收效果非常明显. 图 2.8 是用射线追踪法算得的结果, 比较图 2.7 与图 2.8 可知, 说明伪谱法合成零偏移距记录是可行和正确的. 图中采样 $\Delta x = \Delta z = 20$m, $\Delta t = 2$ms, 时间样点数为 400, 空间样点数为 64.

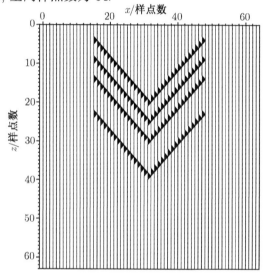

图 2.5 模拟向斜构造的常速模型

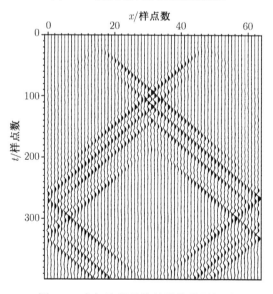

图 2.6 未加边界吸收的零偏移距记录

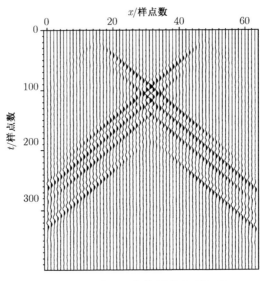

图 2.7　加边界吸收的零偏移距记录

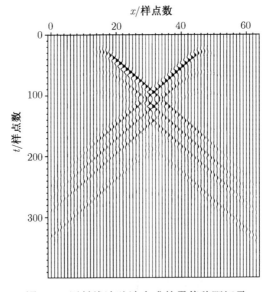

图 2.8　用射线追踪法合成的零偏移距记录

模型 3.　如图 2.9, 该模型由三个界面四层介质构成, 四层的层速度分别为 2000m/s, 2500m/s, 3000m/s, 2500m/s. 采用无层间反射的波动方程计算, 所得的零偏移距地震记录如图 2.10 所示, 由于受第二界面向斜型构造的影响, 在零偏移距记录剖面上, 所对应的记录在中央出现弯曲. 图中 $\Delta x = \Delta z = 20\text{m}$, $\Delta t = 2\text{ms}$, 时间样点数为 600, 空间样点数为 64.

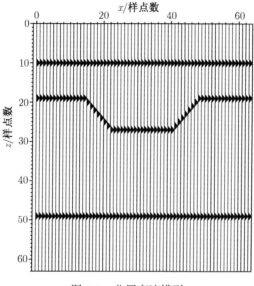

图 2.9 分层变速模型

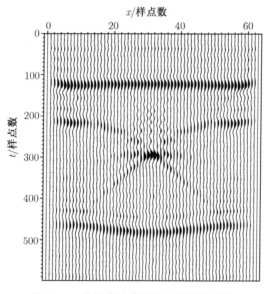

图 2.10 分层变速模型的零偏移距记录

以上计算表明, 用全波波动方程和无层间反射的波动方程可以合成零偏移距地震记录, 对边界吸收, 采用反周期扩展法作了有效处理. 模型计算表明了方法及算法的正确性和有效性, 效果良好, 傅里叶变换采用了快速离散傅里叶算法来实现, 提高了计算速度.

2.2   混合法合成零偏移距记录

为了对复杂构造进行叠后深度成像, 需要模拟出高精度的适应复杂构造的零偏移距记录, 下面采用混合法来计算. 与上节方法相比, 本节的混合法也是基于爆炸反射界面原理[86], 但采用混合法波场外推求解上行波方程的激发问题, 得到自激自收记录或零偏移距记录. 该方法可以适应更复杂的构造和横向变速情况.

2.2.1   理论方法

根据爆炸反射界面原理, 可以将地下反射界面视为二次震源, 只研究由反射界面产生的上行波, 设 $R(x,z)$ 为界面反射系数, $v(x,z)$ 为速度, $S(\omega)$ 是频率域震源. 现用下面的单程波方程来描述上行波场

$$\begin{cases} \left[\dfrac{\partial}{\partial z} - \mathrm{i}\Lambda\right] U(\omega, x, z) = f(\omega, x, z) \\ U(\omega, x, z = z_{\max}) = 0 \end{cases} \tag{2.2.1}$$

其中 $U(\omega, x, z)$ 为上行波场, Λ 称为平方根算子:

$$\Lambda = \sqrt{\frac{\omega^2}{v^2} + \frac{\partial^2}{\partial x^2}} \tag{2.2.2}$$

函数 f 为

$$f(\omega, x, z) = S(\omega)R(x, z) \tag{2.2.3}$$

该问题在数学上是一个终值问题, 物理上是一个激发问题, 其中震源放在具有反射特性的界面上. 为了数值求解, 需要对平方根算子 Λ 进行近似. 平方根算子有多种近似方法, 如连分数方法和有理分数近似法, 也可利用高斯积分恒等式

$$\sqrt{1 - x^2} = 1 - \frac{1}{\pi} \int_{-1}^{1} \sqrt{1 - s^2} \frac{x^2}{1 - s^2 x^2} \mathrm{d}s \tag{2.2.4}$$

对算子 Λ 作高阶逼近, 就求得上行波方程 (2.2.1) 的各阶近似方程. 由上式知, 可将平方根算子 Λ 表示为

$$\Lambda = \frac{\omega}{v} \left[1 - \frac{1}{\pi} \int_{-1}^{1} \sqrt{1 - s^2} Q(s) \mathrm{d}s\right] \tag{2.2.5}$$

其中

$$Q(s) = -\frac{\left(v\dfrac{\partial}{\partial x}\right)^2}{\omega^2 + \left(sv\dfrac{\partial}{\partial x}\right)^2} \tag{2.2.6}$$

还可以采用如下近似形式对平方根算子 Λ 进行逼近

$$\Lambda^{(m)} = \frac{\omega}{v}\left[1 - \sum_{l=1}^{m}\alpha_{m,l}Q(s_{m,l})\right], \quad m = 1, 2, \cdots \tag{2.2.7}$$

其中

$$\alpha_{m,l} = \frac{2}{2m+1}\sin^2\left(\frac{l\pi}{2m+1}\right), \quad s_{m,l} = \cos^2\left(\frac{l\pi}{2m+1}\right) \tag{2.2.8}$$

于是近似的上行波方程可以写为

$$\frac{\partial U}{\partial z} = \mathrm{i}\frac{\omega}{v}\left[1 - \sum_{l=1}^{m}\alpha_{m,l}Q(s_{m,l})\right]U + f(\omega, x, z) \tag{2.2.9}$$

该方程可以用下面的分裂形式来求解

$$\begin{cases} \dfrac{\partial U}{\partial z} = \mathrm{i}\dfrac{\omega}{v}U + f(\omega, x, z) \\[2mm] \dfrac{\partial U}{\partial z} = -\mathrm{i}\dfrac{\omega}{v}\alpha_{m,1}Q(s_{m,1})U \\[2mm] \qquad\cdots\cdots\cdots \\[2mm] \dfrac{\partial U}{\partial z} = -\mathrm{i}\dfrac{\omega}{v}\alpha_{m,l}Q(s_{m,l})U \\[2mm] \qquad\cdots\cdots\cdots \\[2mm] \dfrac{\partial U}{\partial z} = -\mathrm{i}\dfrac{\omega}{v}\alpha_{m,m}Q(s_{m,m})U \end{cases} \tag{2.2.10}$$

即

$$\begin{cases} \dfrac{\partial U}{\partial z} = \mathrm{i}\dfrac{\omega}{v}U + f(\omega, x, z) \\[3mm] \left[1 + \dfrac{s_{m,1}^2}{\omega^2}\left(v\dfrac{\partial}{\partial x}\right)^2\right]\dfrac{\partial U}{\partial z} = -\dfrac{\mathrm{i}\alpha_{m,1}}{\omega}\dfrac{\partial}{\partial x}\left(v\dfrac{\partial}{\partial x}\right)U \\[3mm] \qquad\cdots\cdots\cdots \\[3mm] \left[1 + \dfrac{s_{m,l}^2}{\omega^2}\left(v\dfrac{\partial}{\partial x}\right)^2\right]\dfrac{\partial U}{\partial z} = -\dfrac{\mathrm{i}\alpha_{m,l}}{\omega}\dfrac{\partial}{\partial x}\left(v\dfrac{\partial}{\partial x}\right)U \\[3mm] \qquad\cdots\cdots\cdots \\[3mm] \left[1 + \dfrac{s_{m,m}^2}{\omega^2}\left(v\dfrac{\partial}{\partial x}\right)^2\right]\dfrac{\partial U}{\partial z} = -\dfrac{\mathrm{i}\alpha_{m,m}}{\omega}\dfrac{\partial}{\partial x}\left(v\dfrac{\partial}{\partial x}\right)U \end{cases} \tag{2.2.11}$$

为了适应速度横向剧烈变化情况, 采用混合法波场外推来求解方程 (2.2.11). 设

$v_0(z)$ 为在 $[z, z + \Delta z]$ 区域内的最小速度, 将其作为参考速度, 记

$$\Lambda_0 = \sqrt{\frac{\omega^2}{v_0^2} + \frac{\partial^2}{\partial x^2}}$$

则同理 Λ_0 可以近似为

$$\Lambda_0 = \frac{\omega}{v_0}\left[1 - \frac{1}{\pi}\int_{-1}^{1}\sqrt{1 - s^2}Q_0(s)\mathrm{d}s\right] \tag{2.2.12}$$

其中

$$Q_0(s) = -\frac{\left(v_0\dfrac{\partial}{\partial x}\right)^2}{\omega^2 + \left(sv_0\dfrac{\partial}{\partial x}\right)^2} \tag{2.2.13}$$

类似地, 对 Λ_0 作近似, 可以表示为

$$\Lambda_0^{(m)} = \frac{\omega}{v_0}\left[1 - \sum_{l=1}^{m}\alpha_{m,l}Q_0(s_{m,l})\right], \quad m = 1, 2, \cdots \tag{2.2.14}$$

由 (2.2.7) 和 (2.2.14) 式可得

$$\Lambda^{(m)} = \Lambda_0^{(m)} + \left(\frac{\omega}{v} - \frac{\omega}{v_0}\right) - \omega\sum_{l=1}^{m}\alpha_{m,l}\left(\frac{Q(s_{m,l})}{v} - \frac{Q_0(s_{m,l})}{v_0}\right), \quad m = 1, 2, \cdots \tag{2.2.15}$$

由此得到混合法求解上行波波动方程的一般式为

$$\frac{\partial U}{\partial z} = \mathrm{i}\Lambda_0 U + \mathrm{i}\left(\frac{\omega}{v} - \frac{\omega}{v_0}\right)U - \mathrm{i}\omega\sum_{l=1}^{m}\alpha_{m,l}\left(\frac{Q(s_{m,l})}{v} - \frac{Q_0(s_{m,l})}{v_0}\right)U + f(\omega, x, z) \tag{2.2.16}$$

仍用分裂法来求解

$$\begin{cases} \dfrac{\partial U}{\partial z} = \mathrm{i}\left(\dfrac{\omega}{v} - \dfrac{\omega}{v_0}\right)U + f(\omega, x, z) \\[3mm] \dfrac{\partial U}{\partial z} = \mathrm{i}\Lambda_0 U \\[3mm] \dfrac{\partial U}{\partial z} = -\mathrm{i}\omega\alpha_{m,1}\left(\dfrac{Q(s_{m,1})}{v} - \dfrac{Q_0(s_{m,1})}{v_0}\right)U \\[2mm] \qquad\cdots\cdots\cdots \\[2mm] \dfrac{\partial U}{\partial z} = -\mathrm{i}\omega\alpha_{m,l}\left(\dfrac{Q(s_{m,l})}{v} - \dfrac{Q_0(s_{m,l})}{v_0}\right)U \\[2mm] \qquad\cdots\cdots\cdots \\[2mm] \dfrac{\partial U}{\partial z} = -\mathrm{i}\omega\alpha_{m,m}\left(\dfrac{Q(s_{m,l})}{v} - \dfrac{Q_0(s_{m,m})}{v_0}\right)U \end{cases} \tag{2.2.17}$$

在求解方程组 (2.2.17) 时, 第二个方程在频率波数域中计算, 其余都在频率空间域中计算. 在频率空间域计算时, 同样需要考虑边界吸收条件[53]. 我们采用简单的吸收边界方程, 以右边界 $x = x_{\max}$ 为例, 其右行波 $U\left(t - \dfrac{x\sin\theta}{v}\right)$ 在频率域必须满足如下波动方程

$$\frac{\partial U}{\partial x} + \mathrm{i}\omega\frac{\sin\theta}{v}U = 0 \qquad (2.2.18)$$

其中 θ 为右行波入射到 $x = x_{\max}$ 处的角度, 该方程的解为

$$U(x_{\max}) = U(x_{\max} - \Delta x)\exp\left(-\mathrm{i}\frac{\sin\theta}{v}\omega\Delta x\right) \qquad (2.2.19)$$

这里 Δx 为水平方向的步长, 入射角 θ 可通过预测或经验的方法估计得到. 这种吸收边界条件形式和计算简单, 但当构造复杂时, 不易处理得很好, 该边界吸收方法也可看作后面的衰减型吸收边界条件的特例.

2.2.2 数值计算

1. 常速模型

如图 2.11 所示是一个散射点及一个水平界面所组成的模型, 模型网格 $N_x \times N_z$ 为 64×64, 其中空间采样 $\Delta x = \Delta z = 20\mathrm{m}$. 散射点位于网格点 (32, 8) 处, 水平界面位于 $N_z = 20$ 处. 取速度 $3000\mathrm{m/s}$, $\Delta t = 2\mathrm{ms}$, 图 2.12 是所得的未加边界吸收的零偏移距记录, 该记录的边界反射不明显, 图 2.13 是相应的加边界吸收后的结果.

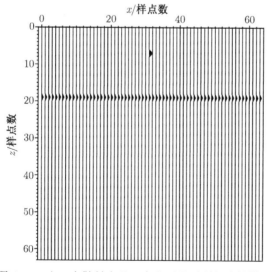

图 2.11   由一个散射点及一个水平界面所组成的模型

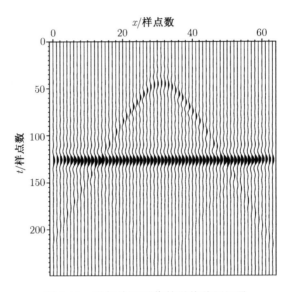

图 2.12   未加边界吸收的零偏移距记录

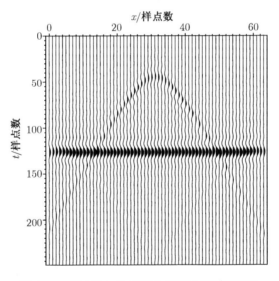

图 2.13   相应的加边界吸收后的零偏移距记录

2. 变速模型

如图 2.14 所示, 是四层变速速度模型, 四层的速度分别为 2000m/s, 2700m/s, 3800m/s, 2000m/s. 模型的网格 $N_x \times N_z$ 为 128×256, 其中 $\Delta x = 25$m, $\Delta z = 5$m. 图 2.15 是合成的未加边界吸收的零偏移距记录, 图 2.16 是对应的加边界吸收的结果, 其中时间采样点数 $N_t = 256$, 采样率 $\Delta t = 4$ms.

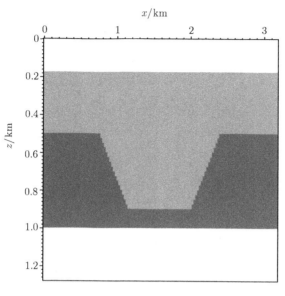

图 2.14 四层变速速度模型

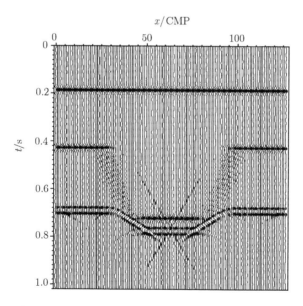

图 2.15 变速模型的未加边界吸收的零偏移距记录

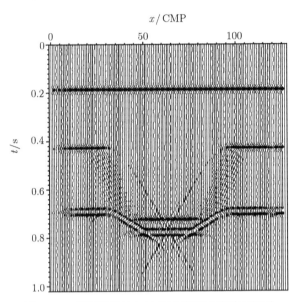

图 2.16   变速模型的加边界吸收的零偏移距记录

3. Marmousi 模型

如图 2.17 所示是 Marmousi 模型的速度模型. 该模型是一个二维复杂构造模型, 模型的网格采样点数 $N_x \times N_z = 748 \times 750$, $\Delta x = 25\text{m}$, $\Delta z = 4\text{m}$. 图 2.18 是合成的未加边界吸收的零偏移距记录, 图中波场特征清晰丰富, 图 2.19 是对应的加边界吸收的零偏移距记录, 比较可知, 边界反射得到较好消除. 其中时间采样点数 $N_t = 750$, 采样率 $\Delta t = 4\text{ms}$.

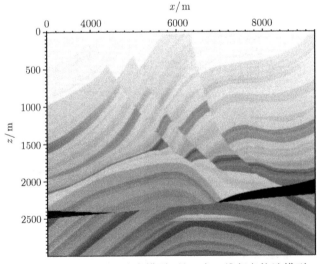

图 2.17   Marmousi 速度模型, 是一个二维复杂构造模型

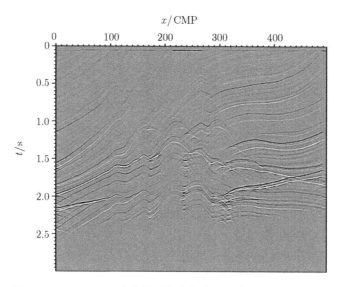

图 2.18　Marmousi 速度模型的未加边界吸收的零偏移距记录

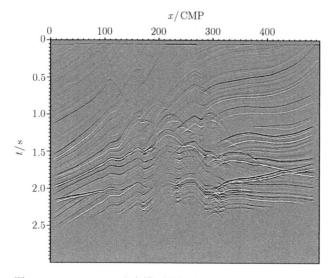

图 2.19　Marmousi 速度模型的加边界吸收的零偏移距记录

2.3　三维正交各向异性介质有限差分正演模拟

在勘探地球物理的许多问题中, 弹性介质常被假定为各向异性, 然而许多研究表明实际介质是各向异性的[120,125]. 现在人们知道, 沉积型地层常表现为三种类型的各向异性, 即横向各向同性、裂隙各向异性和正交各向异性. 各向异性的表现可能是内在的, 即晶体本身的各向异性导致了岩石的各向异性, 也可能是外在的, 如裂隙诱导的各向异性和长波长各向异性. 地震各向异性能提供关于地层结构和岩性等大量重要信息[127], 如各向异性的三维极化分析可以用来指示构造走向, 横波分裂现象能给出裂隙排列的信息等[90], 而研究各向异性介质中弹性波传播的规律是认识地震各向异性的重要途径之一.

各向异性介质中的波场模拟[74] 通常用射线追踪法[36]、有限差分法[79]、有限元法[99] 和伪谱法[33] 来实现. 射线追踪法计算速度快, 但缺少地震波的动力学信息; 有限元法更易于解决复杂构造问题, 但计算量大; 伪谱法精度高但对三维情况计算量大. 从高效的角度看, 有限差分是最佳选择的方法. 尽管目前各向异性介质的正演研究取得了很大进展, 但工作多侧重于二维, 且多针对横向各向同性介质和裂隙各向异性介质[78,97,113,114].

本节用有限差分法结合通量校正法, 进行了三维正交各向异性介质的波场模拟, 消除了数值计算中差分网格步长增大所导致的严重频散, 提高了精度, 减少了计算量. 另外, 对正交各向异性介质的三维边界吸收条件和稳定性条件也作了研究.

2.3.1   各向异性方程及其差分方程的建立

在三维连续介质中, 动量守恒的线性方程为

$$\rho\frac{\partial^2 u_i}{\partial t^2} = \frac{\partial \sigma_{ij}}{\partial x_j} + \rho f_i, \quad i,j = 1,2,3 \tag{2.3.1}$$

其中 $(x_1, x_2, x_3) = \boldsymbol{x}$ 是位置矢量, σ_{ij} 是应力分量, u_i 是位移, ρ 是密度, f_i 是体力源, t 是时间变量, 方程中的重复指标表示求和. 三维弹性各向异性介质中的本构关系为

$$\sigma_{ij} = c_{ijkl}\varepsilon_{kl}, \quad i,j,k,l = 1,2,3 \tag{2.3.2}$$

式中 c_{ijkl} 为弹性常数, ε_{kl} 为应变分量, 且

$$\varepsilon_{ij} = \frac{1}{2}\left(\frac{\partial u_i}{\partial x_j} + \frac{\partial u_j}{\partial x_i}\right), \quad i,j = 1,2,3 \tag{2.3.3}$$

弹性常数 c_{ijkl} 可表示为 $c_{IJ}(I, J = 1, \cdots, 6)$, 相互独立的弹性常数只有 21 个. 对正交各向异性介质, 有如下矩阵

$$c_{ij} = \begin{bmatrix} c_{11} & c_{12} & c_{13} & 0 & 0 & 0 \\ c_{12} & c_{22} & c_{23} & 0 & 0 & 0 \\ c_{13} & c_{23} & c_{33} & 0 & 0 & 0 \\ 0 & 0 & 0 & c_{44} & 0 & 0 \\ 0 & 0 & 0 & 0 & c_{55} & 0 \\ 0 & 0 & 0 & 0 & 0 & c_{66} \end{bmatrix} \tag{2.3.4}$$

将 (2.3.2)~(2.3.4) 式代入 (2.3.1) 式中, 且记 $(u_1, u_2, u_3) = (u, v, w)$, $(x_1, x_2, x_3) = (x, y, z)$, $(f_1, f_2, f_3) = (f_x, f_y, f_z)$, 则可得正交各向异性介质的波动方程为

$$\rho \frac{\partial^2 u}{\partial t^2} = \frac{\partial}{\partial x}\left[c_{11}\frac{\partial u}{\partial x} + c_{12}\frac{\partial v}{\partial y} + c_{13}\frac{\partial w}{\partial z}\right] + \frac{\partial}{\partial z}\left[c_{55}\left(\frac{\partial w}{\partial x} + \frac{\partial u}{\partial z}\right)\right]$$

$$+ \frac{\partial}{\partial y}\left[c_{66}\left(\frac{\partial u}{\partial y} + \frac{\partial v}{\partial x}\right)\right] + \rho f_x$$

$$\rho \frac{\partial^2 v}{\partial t^2} = \frac{\partial}{\partial y}\left[c_{12}\frac{\partial u}{\partial x} + c_{22}\frac{\partial v}{\partial y} + c_{23}\frac{\partial w}{\partial z}\right] + \frac{\partial}{\partial z}\left[c_{44}\left(\frac{\partial v}{\partial z} + \frac{\partial w}{\partial y}\right)\right]$$

$$+ \frac{\partial}{\partial x}\left[c_{66}\left(\frac{\partial u}{\partial y} + \frac{\partial v}{\partial x}\right)\right] + \rho f_y$$

$$\rho \frac{\partial^2 w}{\partial t^2} = \frac{\partial}{\partial z}\left[c_{13}\frac{\partial u}{\partial x} + c_{23}\frac{\partial v}{\partial y} + c_{33}\frac{\partial w}{\partial z}\right] + \frac{\partial}{\partial y}\left[c_{44}\left(\frac{\partial v}{\partial z} + \frac{\partial w}{\partial y}\right)\right]$$

$$+ \frac{\partial}{\partial x}\left[c_{55}\left(\frac{\partial w}{\partial x} + \frac{\partial u}{\partial z}\right)\right] + \rho f_z \tag{2.3.5}$$

下面建立 (2.3.5) 式的差分格式. 考虑到计算效率和精度之间的折衷, 我们对时间用二阶精度格式, 空间用四阶精度格式. 一般地, 对某函数 $f(x, y) = f(i\Delta x, j\Delta y)$, 其二阶导数的四阶精度格式可表示为

$$\frac{\partial^2 f}{\partial x^2} \approx \frac{1}{12\Delta x^2}C_m f_{i-m,j}, \quad m = \pm2, \pm1, 0$$

$$\frac{\partial^2 f}{\partial x \partial y} \approx \frac{1}{\Delta x \Delta y}(D_{m_1} f_{i-m_1,j})(D_{m_2} f_{i,j-m_2}), \quad m_1, m_2 = \pm2, \pm1 \tag{2.3.6}$$

这里, (2.3.6) 式第二式右边两个括号之中表示不对指标 i, j 重复求和, 仅对 m_1 和 m_2 求和, 下面类似. 其中

$$C_{-2} = C_2 = -1, \quad C_{-1} = C_1 = 16, \quad C_0 = -30$$

$$D_{-2} = \frac{1}{12}, \quad D_{-1} = -\frac{2}{3}, \quad D_1 = \frac{2}{3}, \quad D_2 = -\frac{1}{12} \tag{2.3.7}$$

其中 Δx, Δy 分别为 x, y 方向的步长. 又假定 z 方向的空间步长为 Δz, 时间步长为 Δt, 根据 (2.3.6) 式和 (2.3.37) 式易得, (2.3.5) 式的差分方程为

$$u_{i,j,k}^{n+1} \approx 2u_{i,j,k}^n - u_{i,j,k}^{n-1} + \frac{\Delta t^2}{\rho}\left[\frac{c_{11}}{12\Delta x^2}C_m u_{i-m,j,k}^n + \frac{c_{66}}{12\Delta y^2}C_m u_{i,j-m,k}^n\right.$$

$$+ \frac{c_{55}}{12\Delta z^2}C_m u_{i,j,k-m}^n + \frac{c_{12}+c_{66}}{\Delta x\Delta y}(D_{m_1}v_{i-m_1,j,k}^n)(D_{m_2}v_{i,j-m_2,k}^n)$$

$$\left. + \frac{c_{13}+c_{55}}{\Delta x\Delta z}(D_{m_1}w_{i-m_1,j,k}^n)(D_{m_2}w_{i,j,k-m_2}^n)\right] + f_x\Delta t^2$$

$$
\begin{aligned}
v_{i,j,k}^{n+1} \approx 2v_{i,j,k}^{n} - v_{i,j,k}^{n-1} + \frac{\Delta t^2}{\rho} \Bigg[& \frac{c_{66}}{12\Delta x^2} C_m v_{i-m,j,k}^{n} + \frac{c_{22}}{12\Delta y^2} C_m v_{i,j-m,k}^{n} \\
& + \frac{c_{44}}{12\Delta z^2} C_m v_{i,j,k-m}^{n} + \frac{c_{12}+c_{66}}{\Delta x \Delta y}(D_{m_1} u_{i-m_1,j,k}^{n})(D_{m_2} u_{i,j-m_2,k}^{n}) \\
& + \frac{c_{23}+c_{44}}{\Delta y \Delta z}(D_{m_1} w_{i-m_1,j,k}^{n})(D_{m_2} w_{i,j,k-m_2}^{n}) \Bigg] + f_y \Delta t^2
\end{aligned}
$$

$$
\begin{aligned}
w_{i,j,k}^{n+1} \approx 2w_{i,j,k}^{n} - w_{i,j,k}^{n-1} + \frac{\Delta t^2}{\rho} \Bigg[& \frac{c_{55}}{12\Delta x^2} C_m w_{i-m,j,k}^{n} + \frac{c_{44}}{12\Delta y^2} C_m w_{i,j-m,k}^{n} \\
& + \frac{c_{33}}{12\Delta z^2} C_m w_{i,j,k-m}^{n} + \frac{c_{13}+c_{55}}{\Delta x \Delta z}(D_{m_1} u_{i-m_1,j,k}^{n})(D_{m_2} u_{i,j-m_2,k}^{n}) \\
& + \frac{c_{23}+c_{44}}{\Delta y \Delta z}(D_{m_1} v_{i-m_1,j,k}^{n})(D_{m_2} v_{i,j,k-m_2}^{n}) \Bigg] + f_z \Delta t^2
\end{aligned} \tag{2.3.8}
$$

其中 $m_1, m_2 = \pm 2, \pm 1; m = \pm 2, \pm 1, 0;$ 系数 $D_{\pm 2}, D_{\pm 1}, D_0$ 及 $C_{\pm 2}, C_{\pm 1}$ 由 (2.3.7) 式给出.

应注意的是, 方程 (2.3.5) 是在自然坐标系中建立的, 对称轴为垂直轴, 如因观测需要或考虑倾斜对称轴情况, 则应利用坐标变换将自然坐标系中的弹性常数变换到测量坐标系之下后再计算. 自然坐标系与测量坐标系下的弹性矩阵变换可通过坐标变换[74] 来实现, 该变换是一个 6 阶方阵, 其每个元素 $b_{ij}(i, j = 1, \cdots, 6)$ 由坐标旋转后所得的方向余弦构成, 在测量坐标系中的弹性常数设为 c'_{ij}, 则可表示为

$$
c'_{ij} = c_{mn} b_{im} b_{jn}, \quad m, n = 1, \cdots, 6 \tag{2.3.9}
$$

然后可类似考虑.

2.3.2 三分量波场通量校正的实现

在数值计算中, 为了满足稳定性条件及消除数值频散, 空间网格必须取得足够小, 这意味增加大量计算量. 一般而言, 计算中的最大网格步长取决于网格频散条件, Alford 指出[2], 对一个给定波长, 有限差分应具备至少 10 个网格点. 对地震勘探中典型波的速度和频率, 这一要求意味着空间步长在 2~4 米的数量级, 因此计算中需要大量网格点, 导致计算量大大增加. 为克服这一困难, 我们结合计算流体力学中的通量校正方法来计算. 计算表明, 这可以有效消除频散[122,144], 提高精度. 通量校正法最初由 Boris 和 Book 于 1973 年提出[29], 用来求解流体动力学中的一阶守恒型方程组, 这里将其应用到各向异性介质波动方程的三分量波场数值正演模拟中. 假定用 (2.3.8) 式已算出两个相邻时刻 n 和 $n+1$ 时的波场 u, v, w, 则可用下面的步骤来对该三分量波场作校正:

(1) 计算 n 和 $n+1$ 时刻的通量

$$Q^{(m)l}_{xi+\frac{1}{2},j,k} = \eta[(P^{(m)l}_{i+1,j,k} - P^{(m)l}_{i,j,k}) - (P^{(m)l-1}_{i+1,j,k} - P^{(m)l-1}_{i,j,k})]$$

$$Q^{(m)l}_{yi,j+\frac{1}{2},k} = \eta[(P^{(m)l}_{i,j+1,k} - P^{(m)l}_{i,j,k}) - (P^{(m)l-1}_{i,j+1,k} - P^{(m)l-1}_{i,j,k})]$$

$$Q^{(m)l}_{zi,j,k+\frac{1}{2}} = \eta[(P^{(m)l}_{i,j,k+1} - P^{(m)l}_{i,j,k}) - (P^{(m)l-1}_{i,j,k+1} - P^{(m)l-1}_{i,j,k})]$$

$$m = 1,2,3; \quad l = n, n+1 \tag{2.3.10}$$

其中 $P^{(1)l}_{i,j,k} = u^l_{i,j,k}$，$P^{(2)l}_{i,j,k} = v^l_{i,j,k}$，$P^{(3)l}_{i,j,k} = w^l_{i,j,k}$，$\eta$ 是某一常数.

(2) 平滑波场

$$\tilde{P}^{(m)n+1}_{i,j,k} = P^{(m)n+1}_{i,j,k} + (Q^{(m)n}_{xi+\frac{1}{2},j,k} - Q^{(m)n}_{xi-\frac{1}{2},j,k})$$

$$+ (Q^{(m)n}_{yi,j+\frac{1}{2},k} - Q^{(m)n}_{yi,j-\frac{1}{2},k}) + (Q^{(m)n}_{zi,j,k+\frac{1}{2}} - Q^{(m)n}_{zi,j,k-\frac{1}{2}}) \tag{2.3.11}$$

(3) 计算扩散通量

$$X^{(m)}_{i+\frac{1}{2},j,k} = (\tilde{P}^{(m)n+1}_{i+1,j,k} - P^{(m)n}_{i+1,j,k}) - (\tilde{P}^{(m)n+1}_{i,j,k} - P^{(m)n}_{i,j,k})$$

$$Y^{(m)}_{i,j+\frac{1}{2},k} = (\tilde{P}^{(m)n+1}_{i,j+1,k} - P^{(m)n}_{i,j+1,k}) - (\tilde{P}^{(m)n+1}_{i,j,k} - P^{(m)n}_{i,j,k})$$

$$Z^{(m)}_{i,j,k+\frac{1}{2}} = (\tilde{P}^{(m)n+1}_{i,j,k+1} - P^{(m)n}_{i,j,k+1}) - (\tilde{P}^{(m)n+1}_{i,j,k} - P^{(m)n}_{i,j,k}) \tag{2.3.12}$$

(4) 校正波场

$$P^{(m)n+1}_{i,j,k} = \tilde{P}^{(m)n+1}_{i,j,k} - (\tilde{X}^{(m)}_{i+\frac{1}{2},j,k} - \tilde{X}^{(m)}_{i-\frac{1}{2},j,k}) - (\tilde{Y}^{(m)}_{i,j+\frac{1}{2},k} - \tilde{Y}^{(m)}_{i,j-\frac{1}{2},k}) - (\tilde{Z}^{(m)}_{i,j,k+\frac{1}{2}} - (\tilde{Z}^{(m)}_{i,j,k-\frac{1}{2}})$$

$$\tag{2.3.13}$$

其中

$$\tilde{X}^{(m)}_{i+\frac{1}{2},j,k} = S^{(m)}_x \max\{0, \min[S^{(m)}_x X^{(m)}_{i-\frac{1}{2},j,k}, \mathrm{abs}(Q^{(m)n+1}_{xi+\frac{1}{2},j,k}), S^{(m)}_x X^{(m)}_{i+\frac{3}{2},j,k}]\}$$

$$\tilde{Y}^{(m)}_{i,j+\frac{1}{2},k} = S^{(m)}_y \max\{0, \min[S^{(m)}_y Y^{(m)}_{i,j-\frac{1}{2},k}, \mathrm{abs}(Q^{(m)n+1}_{yi,j+\frac{1}{2},k}), S^{(m)}_y Y^{(m)}_{i,j+\frac{3}{2},k}]\}$$

$$\tilde{Z}^{(m)}_{i,j,k+\frac{1}{2}} = S^{(m)}_z \max\{0, \min[S^{(m)}_z Z^{(m)}_{i,j,k-\frac{1}{2}}, \mathrm{abs}(Q^{(m)n+1}_{zi,j,k+\frac{1}{2}}), S^{(m)}_z Z^{(m)}_{i,j,k+\frac{3}{2}}]\}$$

$$S^{(m)}_x = \mathrm{sign}\{Q^{(m)n+1}_{xi+\frac{1}{2},j,k}\}, \quad S^{(m)}_y = \mathrm{sign}\{Q^{(m)n+1}_{yi,j+\frac{1}{2},k}\}$$

$$S^{(m)}_z = \mathrm{sign}\{Q^{(m)n+1}_{zi,j,k+\frac{1}{2}}\} \tag{2.3.14}$$

$$\mathrm{sgn}(x) = \begin{cases} 1, & x \geqslant 0 \\ -1, & x < 0 \end{cases} \tag{2.3.15}$$

这里 $\mathrm{sign}(\cdot)$ 表示符号函数. 通过上面四步可算得 $n+1$ 时刻的波场校正值, 由该校正值再算下一时刻未校正的波场值, 再作校正, 重复循环, 按时间顺序递推进行, 直至最后一个时刻.

2.3.3　三维各向异性吸收边界条件

实际计算的模型总是有界的, 这会产生边界反射, 因而有必要考虑三维吸收边界条件. 各向异性介质的吸收边界条件有黏性边界条件和反周期扩展法[141], 其中反周期扩展法在频率域中使用, 能推广到三维, 还有其他一些边界条件[35,49,50,56,57,146]. 这里推导一种新的三维正交各向异性介质的吸收边界条件[144], 数值计算表明该条件易于编程, 吸收效果明显. 首先将方程组 (2.3.5) 中的震源项省略, 然后对波场 $U = (u, v, w)^{\mathrm{T}}$ 作关于 x, y, z, t 的四重傅里叶变换, 在不混淆时仍用 U 表示, 则有

$$[I\omega^2 - E_1 k_x^2 - E_2 k_x k_y - E_3 k_y^2 - E_4 k_y k_z - E_5 k_z^2 - E_6 k_x k_z]U = 0 \qquad (2.3.16)$$

其中

$$I = \begin{bmatrix} 1 & 0 & 0 \\ 0 & 1 & 0 \\ 0 & 0 & 1 \end{bmatrix}, \quad E_1 = \begin{bmatrix} c_{11} & 0 & 0 \\ 0 & c_{66} & 0 \\ 0 & 0 & c_{55} \end{bmatrix}, \quad E_2 = \begin{bmatrix} c_{12} + c_{66} & 0 & 0 \\ 0 & c_{12} + c_{66} & 0 \\ 0 & 0 & 0 \end{bmatrix}$$

$$E_3 = \begin{bmatrix} c_{66} & 0 & 0 \\ 0 & c_{22} & 0 \\ 0 & 0 & c_{44} \end{bmatrix}, \quad E_4 = \begin{bmatrix} 0 & 0 & 0 \\ 0 & c_{23} + c_{44} & 0 \\ 0 & 0 & c_{23} + c_{44} \end{bmatrix}$$

$$E_5 = \begin{bmatrix} c_{55} & 0 & 0 \\ 0 & c_{44} & 0 \\ 0 & 0 & c_{33} \end{bmatrix}, \quad E_6 = \begin{bmatrix} c_{13} + c_{55} & 0 & 0 \\ 0 & 0 & 0 \\ 0 & 0 & c_{13} + c_{55} \end{bmatrix}$$

再对方程 (2.3.16) 作近似分解, 不失一般性, 设其可分解为如下一般形式

$$\left[A_1 \frac{k_x}{\omega} - I - A_2 \frac{k_y}{\omega} - A_3 \frac{k_y^2}{\omega^2} - A_4 \frac{k_z}{\omega} - A_5 \frac{k_z^2}{\omega^2} \right]$$

$$\times \left[A_6 \frac{k_x}{\omega} - I - A_7 \frac{k_y}{\omega} - A_8 \frac{k_y^2}{\omega^2} - A_9 \frac{k_z}{\omega} - A_{10} \frac{k_z^2}{\omega^2} \right] U = 0 \qquad (2.3.17)$$

其中 $A_i (i = 1, \cdots, 10)$ 为待定矩阵. 将 (2.3.17) 式左端展开后整理并与 (2.3.16) 式比较, 可得待定矩阵 A_i. 为简单起见, 仅考虑 (2.3.17) 式中 $\frac{k_y}{\omega}$ 和 $\frac{k_z}{\omega}$ 的零阶项, 这时仅 A_1 和 $A_6 (A_1 = -A_6)$ 起作用, 于是可得

$$A_1 k_x - I\omega = 0, \quad A_1 k_x + I\omega = 0 \qquad (2.3.18)$$

因此

$$A_1 \frac{\partial U}{\partial x} - I \frac{\partial U}{\partial t} = 0, \quad A_1 \frac{\partial U}{\partial x} + I \frac{\partial U}{\partial t} = 0 \qquad (2.3.19)$$

这就是 x 方向的左边界 $(x = x_{\min})$ 和右边界 $(x = x_{\max})$ 的吸收边界条件. 实际计算时为提高精度可取如下的二阶形式

$$A_1 \frac{\partial^2 U}{\partial x \partial t} \pm I \frac{\partial^2 U}{\partial^2 t} = 0 \tag{2.3.20}$$

其中正号对应右边界, 负号对应左边界, 下同. 根据对称性, 同理可得关于 y 方向的吸收边界条件

$$B_1 \frac{\partial^2 U}{\partial y \partial t} \pm I \frac{\partial^2 U}{\partial^2 t} = 0 \tag{2.3.21}$$

和底面吸收边界条件

$$C_1 \frac{\partial^2 U}{\partial z \partial t} \pm I \frac{\partial^2 U}{\partial^2 t} = 0 \tag{2.3.22}$$

这里矩阵 A_1, B_1, C_1 分别为

$$A_1 = \begin{bmatrix} \sqrt{c_{11}/\rho} & 0 & 0 \\ 0 & \sqrt{c_{66}/\rho} & 0 \\ 0 & 0 & \sqrt{c_{55}/\rho} \end{bmatrix}, \quad B_1 = \begin{bmatrix} \sqrt{c_{66}/\rho} & 0 & 0 \\ 0 & \sqrt{c_{22}/\rho} & 0 \\ 0 & 0 & \sqrt{c_{44}/\rho} \end{bmatrix}$$

$$C_1 = \begin{bmatrix} \sqrt{c_{55}/\rho} & 0 & 0 \\ 0 & \sqrt{c_{44}/\rho} & 0 \\ 0 & 0 & \sqrt{c_{33}/\rho} \end{bmatrix} \tag{2.3.23}$$

2.3.4 稳定性条件

对一般的各向异性介质, 难以得到稳定性条件的解析表达式, 但通过特征值分析可得到它的以特征值表示的形式. 为此, 我们在波数域中考虑. 对一般的各向异性介质, 易知在波数域中的波动方程可表示为

$$\frac{\partial^2 U}{\partial t^2}(K, t) = -M U(K, t) \tag{2.3.24}$$

这里 U 表示原波场的波数域对应值, $K = (k_x, k_y, k_z)$, M 为

$$M = \begin{bmatrix} m_{11} & m_{12} & m_{13} \\ m_{12} & m_{22} & m_{23} \\ m_{13} & m_{23} & m_{33} \end{bmatrix} \tag{2.3.25}$$

且

$$m_{11} = c_{11} k_x^2 + c_{66} k_y^2 + c_{55} k_z^2 + 2 c_{16} k_x k_y + 2 c_{56} k_y k_z + 2 c_{15} k_x k_z$$

$$m_{12} = c_{16} k_x^2 + c_{26} k_y^2 + c_{45} k_z^2 + (c_{12} + c_{66}) k_x k_y + (c_{25} + c_{46}) k_y k_z + (c_{14} + c_{56}) k_x k_z$$

$$m_{13} = c_{15}k_x^2 + c_{46}k_y^2 + c_{35}k_z^2 + (c_{14} + c_{56})k_xk_y + (c_{36} + c_{45})k_yk_z + (c_{15} + c_{55})k_xk_z$$

$$m_{22} = c_{66}k_x^2 + c_{22}k_y^2 + c_{44}k_z^2 + 2c_{26}k_xk_y + 2c_{24}k_yk_z + 2c_{46}k_xk_z$$

$$m_{23} = c_{56}k_x^2 + c_{24}k_y^2 + c_{34}k_z^2 + (c_{25} + c_{46})k_xk_y + (c_{24} + c_{44})k_yk_z + (c_{36} + c_{55})k_xk_z$$

$$m_{33} = c_{55}k_x^2 + c_{44}k_y^2 + c_{33}k_z^2 + 2c_{45}k_xk_y + 2c_{34}k_yk_z + 2c_{35}k_xk_z \qquad (2.3.26)$$

由 (2.3.26) 式易知, 矩阵 M 是一个实对称正定矩阵, 故它有三个正的特征值, 对 M 作奇异值分解, 由方程 (2.3.24) 可得

$$U(K, t + \Delta t) \approx 2U(K, t) - U(K, t - \Delta t) - \Delta t^2 V \Lambda V^{\mathrm{T}} U(K, t) \qquad (2.3.27)$$

其中 Λ 是一个三阶对角阵, 其对角线元素即 M 的特征值, V 是其对应的特征向量. 对 (2.3.27) 式作时间 t 的傅里叶变换, 记 $\tilde{U}$ 为 U 关于 t 的傅里叶变换, 化简得

$$V \left[\sin^2 \left(\frac{\omega t}{2} \right) I - \frac{\Delta t^2}{4} \Lambda \right] V^{\mathrm{T}} \tilde{U}(K, \omega) = 0 \qquad (2.3.28)$$

由此得稳定性条件为

$$\Delta t \leqslant \frac{2}{\sqrt{\lambda_{\max}}} \qquad (2.3.29)$$

其中 $\lambda_{\max}$ 为矩阵 M 的最大特征值. 当介质的弹性常数给定后, 该式给出了一般各向异性介质中时间采样和空间采样之间的关系. 特别地, 如果是各向同性介质, 且空间网格 $\Delta x = \Delta y = \Delta z = h$, 则可得 $\lambda_{\max} = \dfrac{3v_p^2 \pi^2}{h^2}$, 这里 v_p 为纵波波速, 于是其三维模拟的稳定性条件为 $\Delta t \leqslant \dfrac{2\sqrt{3}h}{3\pi v_p}$. 如果是二维各向同性介质, 则 $\lambda_{\max} = \dfrac{2v_p^2 \pi^2}{h^2}$, 其稳定性条件为 $\Delta t \leqslant \dfrac{\sqrt{2}h}{\pi v_p}$, 这一结果与文献 [81] 中的结果一致.

2.3.5   数值计算

针对上面具体算法, 设计如下模型进行计算. 设有一三维均匀弹性正交各向异性介质, 其弹性常数 $c_{11} = 39.841$, $c_{12} = 10.809$, $c_{13} = 8.835$, $c_{22} = 40.095$, $c_{23} = 8.886$, $c_{33} = 33.347$, $c_{44} = 12.627$, $c_{55} = 12.052$, $c_{66} = 11.594$ (单位: $10^9\mathrm{Pa}$), 密度 $\rho = 2.6\mathrm{g/cm}^3$. 模型的网格大小为 $N_x = N_y = N_z = 64$. 空间采样 $\Delta x = \Delta y = \Delta z = 30\mathrm{m}$, 时间采样 $\Delta t = 1\mathrm{ms}$. 计算中震源的时间函数形式为 Ricker 子波.

1. 共炮点记录

采用 x_2 方向的水平力源, 源点位于网格点 $(x_i, y_j, z_k) = (32, 32, 8)$ 处. 图 2.20(a)~(c) 是未加三维吸收边界条件和未作通量校正处理的三分量记录, 在该图

中, 边界反射比较明显, 因空间采样较大, 数值频散也很严重. 图 2.21(a)~(c) 是对应的加三维吸收边界条件和作通量校正处理后的三分量记录. 比较图 2.20 与图 2.21 可知, 边界反射得到了明显消除, 数值频散也得到很好压制, 波形更加清晰. 在图 2.20 与图 2.21 中, 时间采样点数均为 500, 均是在 $x_i = 33\Delta x$ 处所截得的剖面上的记录.

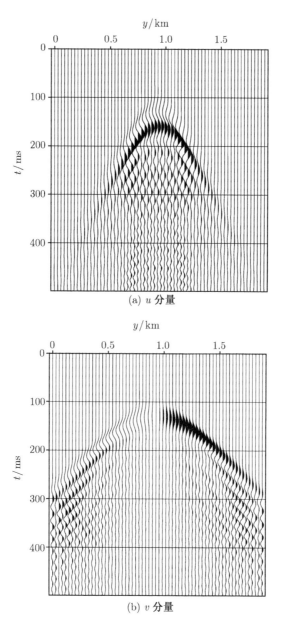

(a) u 分量

(b) v 分量

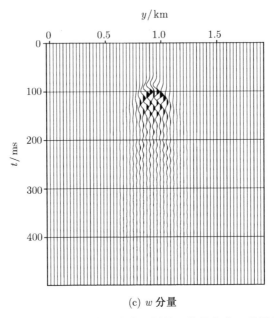

(c) w 分量

图 2.20　未加边界吸收和未作通量校正的共炮点三分量记录

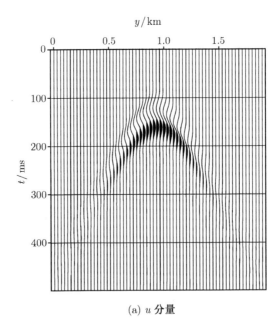

(a) u 分量

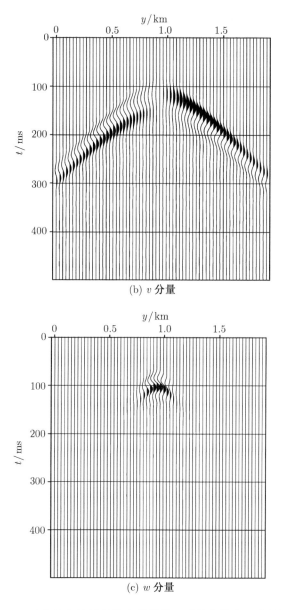

(b) v 分量

(c) w 分量

图 2.21 对应的作边界吸收和通量校正后的共炮点三分量记录

2. 零偏移距记录

我们不但可以得到共炮点三分量记录, 还可得到零偏移距三分量记录. 如图 2.22(a) 所示是一三维模型示意图, 表示一凹陷型的地质构造. 图 2.22(b) 表示在 $x_i = 0$ 处所截取的侧面. 模型的弹性常数同前. 模型的网格大小仍为 $N_x = N_y = $

$N_z = 64$. 空间步长 $\Delta x = \Delta y = \Delta z = 35\mathrm{m}$, 时间步长 $\Delta t = 2\mathrm{ms}$. 图 2.23(a) 是对应的在 $y_i = 5$ 处的测线上的 u 分量零偏移距记录, 图 2.23(b) 是位于 $x = y$ 的对角测线上的 u 分量零偏移距记录, 由于模型中间凹陷的影响, 在记录中可见到延长的侧面反射波.

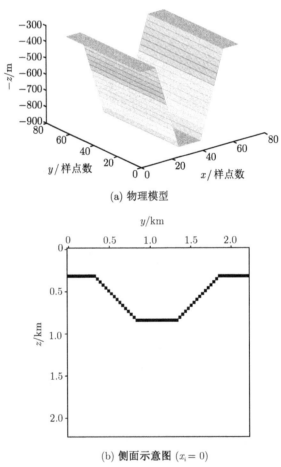

(a) 物理模型

(b) 侧面示意图 $(x_i = 0)$

图 2.22   三维模型构造示意图

本节用有限差分法进行了三维正交各向异性介质的三分量记录正演模拟, 不但可以合成共炮点三分量记录, 而且还可以合成零偏移距记录. 计算中采用了四阶精度的空间差分格式, 另外, 结合流体力学中的通量校正技术对三分量波场作了校正, 压制了频散, 提高了精度. 提出的三维各向异性吸收边界条件, 吸收效果明显, 易于编程实现. 计算表明, 本方法具有效率高和频散小的优点, 可用于各种类型的波场正演模拟之中.

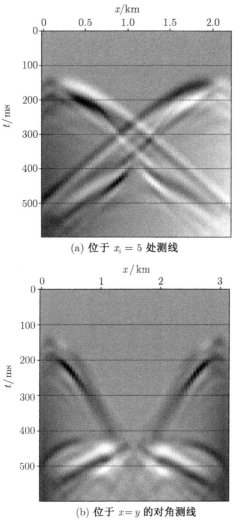

(a) 位于 $x_i = 5$ 处测线

(b) 位于 $x = y$ 的对角测线

图 2.23 u 分量的零偏移距记录

第3章 复杂构造叠后深度成像

在第 2 章零偏移距记录合成的基础上, 本章讨论复杂构造的叠后深度成像方法, 包括: 叠后逆时深度偏移; 常用的四种非 Kirchhoff 偏移方法; 新的混合法深度偏移. 与 Kirchhoff 偏移相比较, 尽管基于波场外推的成像方法计算量相对较大, 但在处理复杂构造时有其优越性.

3.1 节基于三维波动方程, 进行了逆时偏移, 给出了相应的数值算法和稳定性条件. 逆时偏移用时间外推来代替深度外推, 最大优点是无倾角限制, 而且计算量小, 可以适应空间变速, 是三维复杂构造成像的一种有效方法.

3.2 节介绍四种常用的非 Kirchhoff 偏移方法, 即相移加插值法、频率空间域隐式有限差分法、裂步傅里叶法和傅里叶有限差分法, 并用这四种方法对复杂模型进行了成像计算.

3.3 节讨论混合法深度偏移. 混合法偏移是一种将有限差分偏移和频率波数域偏移相结合的偏移方法, 兼有两者的优点, 即既能适应较大横向变速情况, 又节省内存和计算量. 同时, 提出了一种新的吸收边界条件, 即通过在边界外附加一个很薄的具有强吸收作用的边界层, 并与衰减型吸收边界条件相结合, 来有效地消除边界反射. 该吸收边界条件既适用于规则区域, 又适用于不规则区域, 且边界上的离散方程与区域内部的离散方程相统一, 易于编程.

3.1 逆时深度偏移

根据爆炸反射界面原理[86], 最终的偏移剖面可看作零时刻的反射界面. 与深度域波场外推不同, 逆时偏移将叠加记录看作边界条件, 从记录的最后一个样点开始, 逆时计算直至零时刻, 此时空间中的振幅就对应最终的偏移剖面, 如果偏移速度选择适合, 则零时刻的波场应与反射界面位置一致.

逆时偏移最初于 20 世纪 80 年代提出. 1983 年, Loewenthal 等首次提出了空间频率域的逆时偏移原理[87]; Baysal 等采用二维无层间反射的波动方程实现了逆时偏移[10,11]. 1986 年, Chang 等研究了有偏移距的垂直地震剖面的逆时偏移[37], 之后又研究了二维弹性波方程和三维声波方程的逆时偏移[38,39]. 1988 年, Esmersoy 等研究了逆时波场外推、成像和反演[58]. 1994 年, Chang 等从全波波动方程出发, 用有限差分法实现了三维弹性波动方程逆时偏移[40]. 1996 年, Wu 等用高阶有限差分法进行声波方程的逆时偏移[128], 并分析了差分算法的稳定性. 逆时偏移通常用有限差分法来实现, 但也可以用有限元方法来实现[54].

3.1.1 方法原理

假定地震波的传播满足如下三维波动方程

$$\frac{\partial^2 u}{\partial t^2} = v^2 \left(\frac{\partial^2 u}{\partial x^2} + \frac{\partial^2 u}{\partial y^2} + \frac{\partial^2 u}{\partial z^2} \right) \tag{3.1.1}$$

其中, $u(x,y,z,t)$ 是波场, $v(x,y,z)$ 是介质速度; 取定 z 轴正向向下, 表示深度. 考虑到叠加记录中无多次反射, 所以选择无层间反射的波动方程更为合适. 由 (3.1.1)式可得上行波的频散关系

$$\omega = vk_z \sqrt{1 + \left(\frac{k_x}{k_z}\right)^2 + \left(\frac{k_y}{k_z}\right)^2} \tag{3.1.2}$$

其中, ω 为角频率, k_x, k_y, k_z 为 x, y, z 的空间波数. 如介质均匀, 即 $v(x,y,z)$ 为常数, 则由 (3.1.2) 式可得均匀介质中描述上行波的微分方程

$$\frac{\partial U}{\partial t} = \mathrm{i}vk_z \sqrt{1 + \left(\frac{k_x}{k_z}\right)^2 + \left(\frac{k_y}{k_z}\right)^2} U \tag{3.1.3}$$

其中, U 为 u 的空间傅里叶变换, 如 $k_x < 0$, 表明波场传播方向与波矢 $\boldsymbol{k} = (k_x, k_y, k_z)$ 一致; 如 $k_z > 0$, 则传播方向与波矢 $\boldsymbol{k}$ 相反.

实际上, 对应的适应空间变速的方程可由 (3.1.3) 式得到

$$\frac{\partial u}{\partial t} = v(x,y,z)F^{-1}\left\{ \mathrm{i}k_z \sqrt{1 + \left(\frac{k_x}{k_z}\right)^2 + \left(\frac{k_y}{k_z}\right)^2} F[u(x,y,z,t)] \right\} \tag{3.1.4}$$

其中, F 和 F^{-1} 表示三重空间 (逆) 傅里叶变换算子, 离散形式如下

$$U(k_x, k_y, k_z, t) = F[u(x,y,z,t)]$$

$$= \sum_{m=0}^{M} \sum_{n=0}^{N} \sum_{l=0}^{L} u(m\Delta x, n\Delta y, l\Delta z, t)$$

$$\times \exp[\mathrm{i}(k_x m\Delta x + k_y n\Delta y + k_z l\Delta z)] \tag{3.1.5}$$

$$u(x,y,z,t) = F^{-1}[U(k_x, k_y, k_z, t)]$$

$$= \sum_{p=0}^{M} \sum_{q=0}^{N} \sum_{r=0}^{L} U(p\Delta k_x, q\Delta k_y, r\Delta k_z, t)$$

$$\times \exp[-\mathrm{i}(p\Delta k_x x + q\Delta k_y y + r\Delta k_z z)] \tag{3.1.6}$$

这里, M, N, L 分别为 x, y, z 的采样点数, Δx, Δy, Δz 分别为 x, y, z 方向的空间采样, Δk_x, Δk_y, Δk_z 分别为其对应的频率采样, 且有

$$\Delta k_x = \frac{2\pi}{M\Delta x}, \quad \Delta k_y = \frac{2\pi}{N\Delta y}, \quad \Delta k_z = \frac{2\pi}{L\Delta z} \tag{3.1.7}$$

特别地, 假定 v 为常数 1, 则 (3.1.3) 式为

$$\frac{\partial U}{\partial t} = \mathrm{i}k_z\sqrt{1 + \left(\frac{k_x}{k_z}\right)^2 + \left(\frac{k_y}{k_z}\right)^2}\, U(k_x, k_y, k_z, t) \tag{3.1.8}$$

上式表示在速度场为 1 的介质中波场 $U(k_x, k_y, k_z, t)$ 的时间变化率. 若在 (3.1.4) 式中也令 $v(x, y, z) = 1$, 则其表示波场 $u(x, y, z, t)$ 的时间变化率, 该变化率乘以空间速度函数 $v(x, y, z)$ 并不改变该量的方向, 仅导致在空间中任一点的变化率正比于该速度场, 因此 (3.1.4) 式满足空间变速情况. 将 (3.1.4) 式写成离散形式

$$\begin{aligned} &u(x, y, z, t + \Delta t) \\ &= u(x, y, z, t - \Delta t) + 2\Delta t v(x, y, z) \\ &\times F^{-1}\left\{\mathrm{i}k_z\sqrt{1 + \left(\frac{k_x}{k_z}\right)^2 + \left(\frac{k_y}{k_z}\right)^2}\, F[u(x, y, z, t)]\right\} \end{aligned} \tag{3.1.9}$$

其中 Δt 为时间步长. 计算中傅里叶变换可用离散快速傅里叶变换来实现.

3.1.2　稳定性条件

稳定性条件可通过波在均匀介质中的传播来分析. 在速度为常数的均匀介质中, 类似 (3.1.8) 式, 由 (3.1.3) 式建立如下差分方程

$$U(t + \Delta t) = U(t - \Delta t) + 2\mathrm{i}\Delta t v k_z\sqrt{1 + \left(\frac{k_x}{k_z}\right)^2 + \left(\frac{k_y}{k_z}\right)^2}\, U(t) \tag{3.1.10}$$

其中 $U(k_x, k_y, k_z, t)$ 简记为 $U(t)$. 上式可写成如下矩阵形式

$$\begin{bmatrix} W^{n+1} \\ V^{n+1} \end{bmatrix} = \begin{bmatrix} A & I \\ I & 0 \end{bmatrix}\begin{bmatrix} W^n \\ V^n \end{bmatrix} := P\begin{bmatrix} W^n \\ V^n \end{bmatrix} \tag{3.1.11}$$

其中

$$A = \begin{bmatrix} 0 & -\theta \\ \theta & 0 \end{bmatrix}, \quad W^{n+1} = \begin{bmatrix} U_R(t + \Delta t) \\ U_I(t + \Delta t) \end{bmatrix}, \quad V^{n+1} = \begin{bmatrix} U_R(t) \\ U_I(t) \end{bmatrix}$$

这里 U_R 和 U_I 分别表示波场 U 的实数和虚部, θ 为

$$\theta = 2\Delta t v k_z\sqrt{1 + \left(\frac{k_x}{k_z}\right)^2 + \left(\frac{k_y}{k_z}\right)^2} \tag{3.1.12}$$

状态方程 (3.1.11) 中的系数矩阵 $P_{4\times 4}$ 即为状态传递矩阵, 其稳定性条件是 P 的特征值不大于 1, 由

$$|P - \lambda I| = 0 \qquad (3.1.13)$$

得特征方程

$$\lambda^4 + \lambda^2(\theta^2 - 2) + 1 = 0 \qquad (3.1.14)$$

其两根按模不大于 1 的充要条件是 $|\theta^2 - 2| \leqslant 2$, 考虑 $\theta > 0$ 的情况, 可得

$$\theta \leqslant 2 \qquad (3.1.15)$$

即

$$\Delta t v k_z \sqrt{1 + \left(\frac{k_x}{k_z}\right)^2 + \left(\frac{k_y}{k_z}\right)} \leqslant 1 \qquad (3.1.16)$$

因 k_x, k_y, k_z 的最大值分别为 $\pi/\Delta x, \pi/\Delta y, \pi/\Delta z$, 故

$$\Delta t \leqslant \frac{1}{v\pi\sqrt{\dfrac{1}{\Delta x^2} + \dfrac{1}{\Delta y^2} + \dfrac{1}{\Delta z^2}}} \qquad (3.1.17)$$

如采用均匀空间网格, 令 $\Delta x = \Delta y = \Delta z = h$, 则有

$$\Delta t \leqslant \frac{h}{v\pi} \qquad (3.1.18)$$

在计算中 v 应取为 $v = \max[v(x, y, z)]$. (3.1.17) 式或 (3.1.18) 式即为数值计算的稳定性条件.

3.1.3 数值计算

先对三个二维模型作数值计算, 然后对一个三维模型进行计算. 在二维模型的 x-z 平面中, 模型的 x 和 z 方向均有 $N_x = N_z = 64$ 个采样点, 网格步长 $\Delta x = \Delta z = 20\mathrm{m}$.

模型 1. 图 3.1 是速度为 1500m/s 的常速模型, 其构造由三个变形的 L 型界面组成, 倾角依次增大, 分别为 16°, 40°, 60°. 图 3.2 是相应的零偏移距记录. 取 $\Delta t = 2\mathrm{ms}$, 时间样点为 700 个, 由本节算法所得的偏移结果如图 3.3 所示, 图中断面反映正确. 因模型中的第三个倾斜面受到记录长度和空间范围的限制, 数据不足, 导致转折处倾斜面的成像效果不甚清楚; 相反, 与其相衔接的一小段水平反射面, 虽然埋藏最深, 但因在记录中的反射波完成 (见图 3.2), 使得成像结果很清楚, 振幅很强. 图 3.4 是频率波数域 f-k 法的偏移结果, 比较可知, 逆时偏移与 f-k 偏移两种方法成像效果相当.

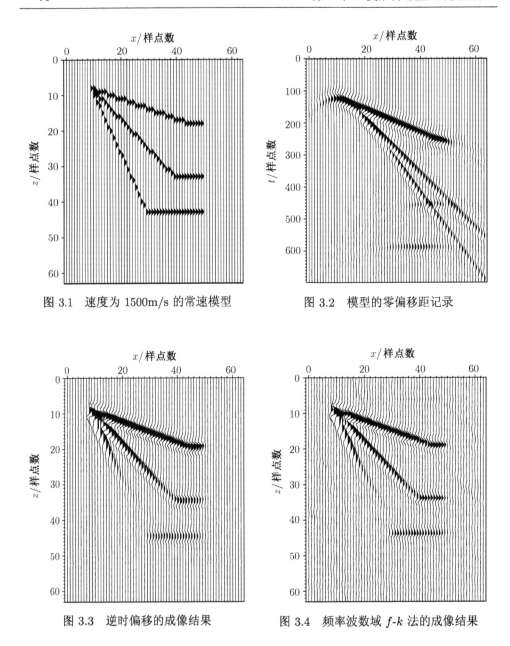

图 3.1   速度为 1500m/s 的常速模型   图 3.2   模型的零偏移距记录

图 3.3   逆时偏移的成像结果   图 3.4   频率波数域 f-k 法的成像结果

模型 2. 如图 3.5 所示是一较复杂的地质模型, 共由三个界面组成, 从上至下四层的层速度分别为 1750m/s, 2000m/s, 2250m/s, 2400m/s. 由该模型合成的零偏移距记录如图 3.6 所示, 图中样点数为 650, 采样率 $\Delta t = 2$ms. 图 3.7 是本节逆时偏移的成像结果, 图中反射界面位置得到了较好恢复. 图 3.8 是相移加插值法的成像结果, 效果与图 3.7 相当.

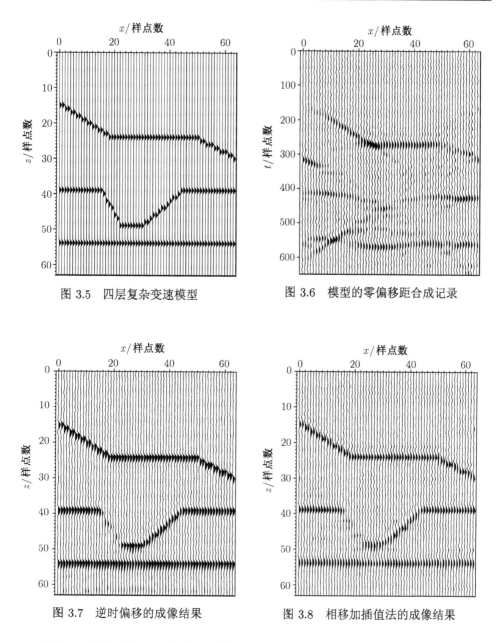

图 3.5 四层复杂变速模型

图 3.6 模型的零偏移距合成记录

图 3.7 逆时偏移的成像结果

图 3.8 相移加插值法的成像结果

模型 3. 该模型是一个点散射体模型, 散射点位于 63×63 网格大小之模型中的 $(31, 20)$ 处. 模型速度在横向和垂向上有变化, 两方向的速度变化梯度均为 0.6. 模型在原点 $(0, 0)$ 处的速度为 1000m/s. 图 3.9 是对应的零偏移距自激自收合成记录, 呈双曲线状, 其中时间采样点数为 600, 采样率 $\Delta t = 2ms$. 由于速度在水平和垂向上有增加, 双曲线表现为倾斜状. 对应的逆时成像结果如图 3.10 所示, 点散射体得到很好恢复. 因计算需要, 震源分布在一至两道的范围内, 这在成像剖面中也有所反映.

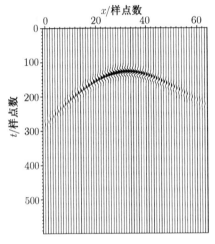

图 3.9   点散射体模型的零偏移距合成记录

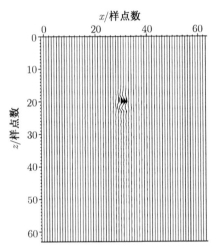

图 3.10   点散射体的成像结果

模型 4. 如图 3.11 所示模型是一三维构造模型, 水平界面的上下方各由球面的一部分组成. 设水平界面上方的速度为 1500m/s, $\Delta t = 2$ms. 图 3.12 是对应 y 的第 8, 14, 16 点处的零偏移距或自激自收记录. 由于对称性, 我们仅显示不同 y 处的记录. 不同 x 处的记录也类似. 在偏移中, 将整个 $u(x, y, 0, t)$ 作为已知条件即终边值条件来计算, 得到三维成像结果. 同样, 根据对称性, 仅取三个不同的 y 处的成像切片, 其结果如图 3.13 所示, 分别对应 y 的第 8, 14, 16 个点, 这三个同一位置的原模型的切片也同时给出. 比较可知, 尽管成像结果中有噪音, 但三维构造模型还是得到了较好的成像.

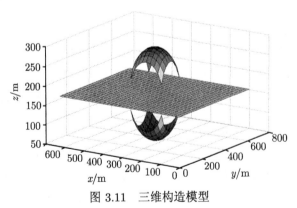

图 3.11   三维构造模型

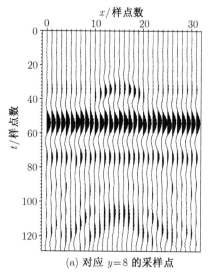

(a) 对应 $y=8$ 的采样点

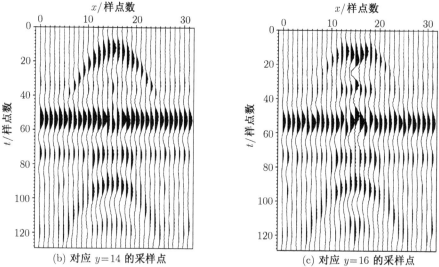

(b) 对应 $y=14$ 的采样点　　　　(c) 对应 $y=16$ 的采样点

图 3.12　三维构造模型的三个不同 y 处的零偏移距记录, 分别对应 y 的第 8, 14, 16 个点

逆时偏移利用波场传播的可逆性来求解一个边值问题, 所有点的波场由记录的波场按时间的逆序通过网格点进行逆向传播, 直至初始时刻. 再根据爆炸反射界面原理, 最终得到偏移剖面. 逆时偏移避免了常规深度外推中的倏逝波, 也无倾角限制, 能适应空间变速情况, 对二维和三维复杂构造有良好的效果. 在常速及变速情况下, 将该方法与 $f\text{-}k$ 法及相移插值法的偏移结果作了比较, 效果与两者相当计算量介于两者之间. 逆时偏移的优点是适应空间变速和复杂构造情况 (无倾角限制), 缺点是必须满足稳定性条件, 对速度资料要求较高.

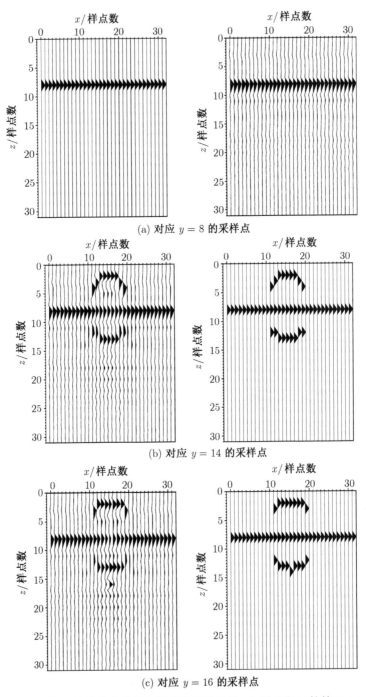

图 3.13　三个不同的 y 处的偏移结果与模型的切片比较, 分别对应 y 的第 8, 14, 16 个点处, 左侧一列表示逆时偏移的结果, 右侧一列表示同一位置模型的切片

3.2 四种常用的非 Kirchhoff 偏移方法

本节将描述用于叠后深度偏移的四种常用非 Kirchhoff 偏移方法, 即相移加插值法、隐式频率空间 ω-x 域有限差分、裂步傅里叶法及傅里叶有限差分法, 并用这四种方法对复杂变速模型进行计算, 比较相应的精度和计算时间, 为进一步进行复杂构造成像提供依据和作准备.

3.2.1 相移加插值 (PSPI) 法

考虑二维均匀介质中的声波方程, 在频率波数域中可以表示成

$$k_x^2 P - \frac{\partial^2 P}{\partial z^2} = \frac{\omega^2}{v^2} P \tag{3.2.1}$$

这里 P 是压力场, z 是深度, ω 是频率, v 是速度. k_x 是横向 (x) 的波数. 在 z 方向取傅里叶变换, 得到频散关系

$$k_x^2 + k_z^2 = \frac{\omega^2}{v^2} \tag{3.2.2}$$

或

$$k_z = \pm \frac{\omega}{v} \sqrt{1 - \frac{v^2 k_x^2}{\omega^2}} \tag{3.2.3}$$

该频散关系对应的单程波方程为

$$\frac{\partial P}{\partial z} = \pm \mathrm{i} k_z P \tag{3.2.4}$$

这里正负号分别表示上行波场和下行波场. 在叠后偏移中只使用上行波方程. 该单程波方程的解析解为

$$P(z + \Delta z, k_x, \omega) = P(z, k_x, \omega) \mathrm{e}^{\pm \mathrm{i} k_z \Delta z} \tag{3.2.5}$$

因此波场外推可看作在频率波数域中的一个简单相移. 为获得最后的成像, 根据爆炸反射界面原理, 要计算 $t = 0$ 时的波场, 这仅需在位置 (k_x, z) 处对所有频率成分求和, 并逆变换到空间域, 即

$$I(x, z) = (\mathrm{FFT})^{-1} \left[\sum_\omega P(z, k_x, \omega) \right] \tag{3.2.6}$$

这就是相移法[63]. 在相移法偏移中, 要求横向速度均匀, 这本质上是一个时间偏移方法. 相移法的优点是对空间采样没有特别要求而算法稳定, 而且能精确地处理从 $0°$ 到大于 $90°$ 倾角的所有地层. 由于这些优点, 人们已经将它推广到能处理横向变速的情况. Gazdag 和 Sguazzero[65] 提出了一种处理横向变速的方法, 称为相移加

插值法 (PSPI), 即在每步波场延拓中不是用一个参考速度, 而是用几个参考速度来解释横向变速. 在每个深度上, 波场分别用这些参考速度在 (ω, k_x) 域中传播, 产生多个参考波场, 然后将这些参考波场变回到 (ω, x) 域, 真正的波场则通过对参考波场的线性插值得到.

为了保持对小倾角 $(k_x v/\omega \ll 1)$ 有高的精度, Gazdag 等[65] 引进一个时移项, 先在 (ω, x) 域中对输入数据 $P(z, x, \omega)$ 作一个时移运算, 即

$$P^*(z, x, \omega) = P(z, x, \omega) \mathrm{e}^{\pm \mathrm{i} \frac{\omega}{v(x,z)} \Delta z} \tag{3.2.7}$$

再在 (ω, k_x) 域中作相移计算

$$P(z + \Delta z, k_x, \omega) = \hat{P}^*(z, k_x, \omega) \mathrm{e}^{\pm \mathrm{i}(k_z \mp \frac{\omega}{v_0(z)}) \Delta z}$$

$$= \hat{P}^*(z, k_x, \omega) \exp\left[\mathrm{i}\left(\pm \frac{\omega}{v_0(z)} \right) \left(\sqrt{1 - \frac{v_0^2(z) k_x^2}{\omega^2}} \mp 1 \right) \Delta z \right] \tag{3.2.8}$$

这里 $v_0(z)$ 是 (多个) 参考速度, $\hat{P}^*$ 是 P^* 从 (ω, x) 到 (ω, k_x) 的傅里叶变换结果. 式 (3.2.7) 和 (3.2.8) 相当于将原来的相移计算分裂成两步实现. 在对波场作线性插值时, 因是复数场, 可以选择两种方法: 一是对振幅和相位进行插值, 另一是对实部和虚部进行插值. 这里选择后者, 因为它引进较低的噪音, 从而能给出较清晰的成像结果.

相移加插值法的成像精度同每个深度上所用的参考速度数目有关, 这个数目取决于在该深度上层速度变化的量. Bagani 等[7] 通过速度的统计分布来确定参考速度数目由此可以获得最重要的参考速度. PSPI 方法的另一个问题是由 (ω, x) 到 (ω, k_x) 的空间傅里叶变换所引起的折叠效应. 这时可采用 Cerjan 等[35] 的阻尼吸收边界方法: 在深度剖面的每一侧设置一个阻尼层, 例如在左侧 $1 \leqslant i_x \leqslant N_l$ (其中 i_x 是 x 方向的网格点指标, N_l 是阻尼区域的网格点数目), 将波场乘以一个高斯型的函数 $g = \mathrm{e}^{[-\alpha(N_l - i)^2]}$, 其中 $\alpha = 0.015$ 是阻尼系数. 通常阻尼系数 α 和阻尼区域 N_l 凭经验选择. 其他偏移方法, 如下面的裂步傅里叶 (SSF) 法和傅里叶有限差分 (FFD) 法同样可以应用该边界吸收方法.

3.2.2　隐式 $(\omega\text{-}x)$ 域有限差分 (FD) 法

自 20 世纪 70 年代 Claerbout[45] 发展了有限差分法偏移以来, 该方法在波动成像中得到了广泛应用. 因 FD 方法在频率空间域中计算, 因此适应横向变速情况. 在推导 FD 方法的过程中, 仍需从单程声波方程出发, 将 $-\mathrm{i}\dfrac{\partial}{\partial x}$ 代替 k_x, 然后用连分数对 k_z 作平方根近似. 考虑 (3.2.4) 式, 即

$$\frac{\partial P}{\partial z} = \pm \frac{\mathrm{i}\omega}{v(x,z)} \sqrt{1 + \frac{v^2(x,z)}{\omega^2} \frac{\partial^2}{\partial x^2}} P \tag{3.2.9}$$

其中正号时表示上行波, 负号时表示下行波. 将式 (3.2.9) 展开成有理分式形式, 令

$$Y = (1 + S)^{\frac{1}{2}} - 1 \tag{3.2.10}$$

其中

$$S = \frac{v^2}{\omega^2} \frac{\partial^2}{\partial x^2} \tag{3.2.11}$$

运用连分式逼近, Y 的 n 阶近似可表示为

$$Y_{n+1} = \frac{S}{2 + Y_n}, \quad n = 1, 2, \cdots \tag{3.2.12}$$

其中 $Y_0 = 0$, 即 5° 方程; 若取 $Y_1 = 1$ 近似, 即得 15° 方程; 若取 Y_2 和 Y_3 近似, 则分别得 45° 方程和 60° 方程. 式 (3.2.12) 的偶阶数近似还可分裂成如下形式

$$Y_{2n} = \sum_{i=1}^{n} \frac{b_i S}{1 + a_i S} \tag{3.2.13}$$

其中 a_i 和 $b_i (i = 1, 2, \cdots, n)$ 是优化系数. 于是 $2n$ 阶近似的上行波波动方程可以写成

$$\frac{\partial P}{\partial z} = \frac{\mathrm{i}\omega}{v(x, z)} \left(1 + \sum_{i=1}^{n} \frac{b_i S}{1 + a_i S} \right) P \tag{3.2.14}$$

方程 (3.2.14) 在深度区间 $[z, z + \Delta z]$ 内可以分裂成

$$\frac{\partial P}{\partial z} = \frac{\mathrm{i}\omega}{v(x, z)} P \tag{3.2.15}$$

$$\frac{\partial P}{\partial z} = \sum_{i=1}^{n} \frac{\mathrm{i}\omega}{v(x, z)} \frac{b_i S}{1 + a_i S} P \tag{3.2.16}$$

方程 (3.2.15) 的解析解为

$$P(z + \Delta z) = P(z) \exp \left\{ \frac{\mathrm{i}\omega}{v(x, z)} \Delta z \right\} \tag{3.2.17}$$

而方程 (3.2.16) 可以分裂为 n 个方程

$$\frac{\partial P}{\partial z} = \frac{\mathrm{i}\omega}{v(x, z)} \frac{b_1 S}{1 + a_1 S} P$$

$$\frac{\partial P}{\partial z} = \frac{\mathrm{i}\omega}{v(x, z)} \frac{b_2 S}{1 + a_2 S} P$$

$$\cdots\cdots\cdots$$

$$\frac{\partial P}{\partial z} = \frac{\mathrm{i}\omega}{v(x, z)} \frac{b_n S}{1 + a_n S} P \tag{3.2.18}$$

将 $S = \dfrac{v^2}{\omega^2}\dfrac{\partial^2}{\partial x^2}$ 代入上式, 有

$$\frac{\partial P}{\partial z} = \frac{\mathrm{i}\omega}{v(x,z)}\frac{b_j\dfrac{v^2}{\omega^2}\dfrac{\partial^2}{\partial x^2}}{1 + a_j\dfrac{v^2}{\omega^2}\dfrac{\partial^2}{\partial x^2}}P, \quad j = 1,2,\cdots,n \tag{3.2.19}$$

可以看出, 每一个分裂方程实际上都是 45° 方程. 该方程可以采用 ω-x 域的有限差分法来求解. 通过推导, 不难得到方程 (3.2.19) 在 ω-x 域中的差分方程为

$$[1 + (\alpha_j - \mathrm{i}\beta_j)\delta x^2]P_{m,k+1} = [1 + (\alpha_j + \mathrm{i}\beta_j)\delta x^2]P_{m,k} \tag{3.2.20}$$

其中

$$\alpha_j = \frac{a_j v^2}{\omega^2 \Delta x^2}, \quad \beta_j = \frac{b_j v\Delta z}{2\omega}, \quad j = 1,\cdots,n \tag{3.2.21}$$

这里 Δx, Δz 分别是 x 和 z 方向的空间采样步长, $P_{m,k} = P(m\Delta x, k\Delta z, \omega)$, δx^2 是 x 方向的二阶差分算子. 求解方程 (3.2.20) 可得各个深度的波场外推结果.

3.2.3　裂步傅里叶 (SSF) 法

裂步 (split-step) 傅里叶 (SSF) 法在 20 世纪 70 年代开始应用, 一直应用于地下水声学和光纤维中光的传播. 1990 年, Stoffa 将该方法应用于地震成像[118], 该方法已用于二维叠前偏移[102]. 同 PSPI 法一样, SSF 法也包含在频率波数域的一个波场外推和在频率空间域中的一个相移运算, 但其顺序与 PSPI 法相反. PSPI 法是先作相移运算然后是波场外推. SSF 法仅用一个速度, 该速度可以是平均速度、最小速度等, 后面的计算表明, 在每个深度步上, 选择何种参考速度对偏移结果有一定影响. 选取最小速度作为参考速度的成像效果最好.

SSF 方法基于扰动理论, 按照该理论, 可以将横向速度场分解为一个常数项和一个小的扰动项, 即

$$v(x,z) = v_0(z) + \delta v(x,z) \tag{3.2.22}$$

首先, 用 $v_0(z)$ 在 (ω, k_x) 域中传播波场

$$P^*(z, k_x, \omega) = P(z, k_x, \omega)\exp\left\{\pm\mathrm{i}\sqrt{\frac{\omega^2}{v_0(z)^2} - k_x^2}\Delta z\right\} \tag{3.2.23}$$

然后将 P^* 变换到 (ω, x) 域得 $\hat{P}^*$, 进行相移校正以求解横向速度变化

$$P(z + \Delta z, x, \omega) = \hat{P}^*(z, x, \omega)\exp\left\{\pm\mathrm{i}\left[\frac{\omega}{v(x,z)} - \frac{\omega}{v_0(z)}\right]\Delta z\right\} \tag{3.2.24}$$

进一步研究表明 SSF 的精度能够通过将传播对称化而改善, 即将式 (3.2.24) 中的相移项分解成两个相同的部分

$$\pm i \left(\frac{\omega}{v(x,z)} - \frac{\omega}{v_0(z)} \right) \Delta z = \pm i \left(2 \times \frac{1}{2} \right) \left(\frac{\omega}{v(x,z)} - \frac{\omega}{v_0(z)} \right) \Delta z \qquad (3.2.25)$$

并分别在 (ω, k_x) 域中波场传播之前和之后来应用, 即

$$P_1(z,x,\omega) = P(z,x,\omega) \exp \left\{ \pm i \frac{1}{2} \left[\frac{\omega}{v(x,z)} - \frac{\omega}{v_0(z)} \right] \Delta z \right\}$$

$$P^*(z,k_x,\omega) = \hat{P}_1(z,k_x,\omega) \exp \left\{ \pm i \sqrt{\frac{\omega^2}{v_0(z)^2} - k_x^2} \Delta z \right\}$$

$$P(z+\Delta z,x,\omega) = \hat{P}^*(z,x,\omega) \exp \left\{ \pm i \frac{1}{2} \left[\frac{\omega}{v(x,z)} - \frac{\omega}{v_0(z)} \right] \Delta z \right\}$$

对于横向强烈变速场, 扰动理论将失效, SSF 将需要引进多个参考速度[80]. 上面正号表示上行波, 负号表示下行波.

3.2.4 傅里叶有限差分 (FFD) 法

傅里叶有限差分法是裂步傅里叶法的推广. 在该方法中, 波的传播可以简明地表示为[107](5.4 节将推导三维形式)

$$\sqrt{\frac{\omega^2}{v^2(x,z)} + \frac{\partial^2}{\partial x^2}} = A_1 + A_2 + A_3 \qquad (3.2.26)$$

$$A_1 = \sqrt{\frac{\omega^2}{v_0^2(z)} + \frac{\partial^2}{\partial x^2}} \qquad (3.2.27)$$

$$A_2 = \frac{\omega}{v(x,z)} - \frac{\omega}{v_0(z)} \qquad (3.2.28)$$

$$A_3 = \frac{\omega}{v(x,z)} \left(1 - \frac{v_0(z)}{v(x,z)} \right) \frac{S_x^2}{a + b S_x^2} \qquad (3.2.29)$$

其中 $S_x^2 = \frac{v^2}{\omega^2} \frac{\partial^2}{\partial x^2}$, v_0 是参考速度. 为了保证波场外推的稳定性, $v_0(z)$ 应该选择在深度区域 $[z, z+\Delta z]$ 内的最小速度, a, b 是系数, $a = 2$, $b = [(v_0/v)^2 + v_0/v + 1]$. 算子 $A_1 + A_2$ 即是 SSF 算子, 算子 A_3 是有限差分算子, 该算子与 FD 算子的主要区别是优化系数的不同, 这里的优化系数 b 随速度变化, 隐式 ω-x 域有限差分法中的优化系数是常数.

3.2.5   数值计算

下面用上面四种波场延拓方法对图 2.14 的变速模型进行成像. 图 3.15 是该模型的零偏移距记录, 用有限差分法生成, 其中 $N_x \times N_z = 128 \times 256$, $\Delta x = 25m$, $\Delta z = 5m$, $N_t = 256$, $\Delta t = 4ms$. 图 3.16 相移加插值法的偏移结果, 在每个深度延拓步上用了两个参考速度. 图 3.17 是隐式 ω-x 域有限差分法偏移结果. 图 3.18 是裂步傅里叶法的偏移结果, 其中每个深度延拓步上的参考速度取最小速度; 图 3.19 也是 SSF 法的偏移结果, 但每个深度延拓步的参考速度取最大速度; 图 3.20 是参考速度取平均速度的 SSF 法偏移结果. 图 3.21 是 FFD 方法的偏移结果. 这四种方法均有良好的成像效果, 所用的 CPU 时间比例分别为 27%(PSPI), 14%(ω-x), 12%(SSF min$v$), 12%(SSF max$v$) , 12%(SSF ave$v$), 22%(FFD), 计算时间的比例图如图 3.14 所示.

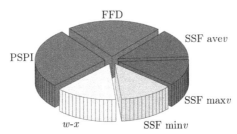

图 3.14   四种偏移方法的 CPU 的比例图

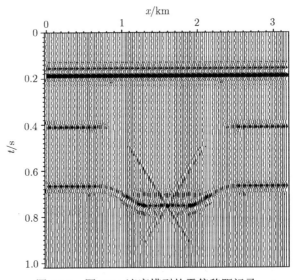

图 3.15   图 2.14 速度模型的零偏移距记录

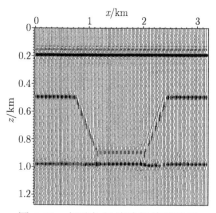

图 3.16 相移加插值法的偏移结果

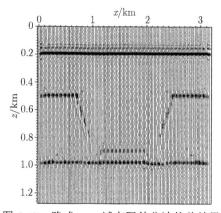

图 3.17 隐式 $\omega\text{-}x$ 域有限差分法偏移结果

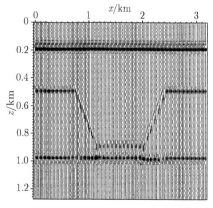

图 3.18 裂步傅里叶法的偏移结果, 参考速度取最小速度

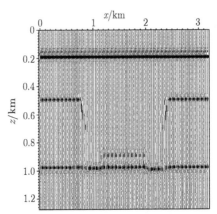

图 3.19　裂步傅里叶法的偏移结果, 参考速度取最大速度

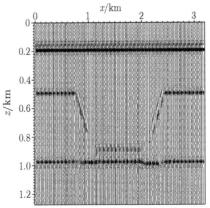

图 3.20　裂步傅里叶法的偏移结果, 参考速度取平均速度

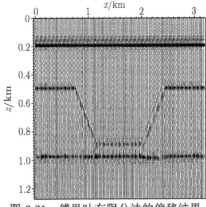

图 3.21　傅里叶有限分法的偏移结果

比较图 3.18~图 3.20 可知, 在 SSF 法成像中, 参考速度取最小速度时成像精度最高, 取平均速度时成像精度稍差, 取最大速度时成像精度最差. 比较四种方法的成像结果可知, FFD 法的成像精度最高, 其次是 PSPI 法和 SSF 法, 隐式 ω-x 域 FD 法精度最差. PSPI 法计算量最大, 隐式 ω-x 域 FD 法计算量最小, 两者相差达两倍多. 综合考虑计算量和计算精度, 依次可以选择 SSF 法、FFD 法、PSPI 法和 FD 法.

3.2.6 计算量概述

前面给出了四种典型的非 Kirchhoff 积分偏移方法, 又用这四种方法进行了叠后成像计算, 这里对其中的相移类偏移方法的计算量作一简单分析, 并与 Kirchhoff 积分法偏移作一比较.

地表记录可以看作单个脉冲分量的线性叠加求和, 对单分量脉冲的加权求和可以获得关于全部波场的偏移结果, 常速 Kirchhoff 偏移公式可以写成[26]

$$P(x,z,0) = \int W(x,z,x') \left(\frac{\partial}{\partial t} \right)^{1/2} P(x',0,t|_{r/v}) \mathrm{d}x' \qquad (3.2.30)$$

这里 $P(x,z,t)$ 表示波场, $r = \sqrt{(x-x')^2 + z^2}$ 是输出位置 (x,z) 和输入位置 $(x',0)$ 之间的距离, W 是输入数据的加权, 如果是常速叠后偏移, 则 W 正比于 $\frac{z}{\sqrt{r}}$ [26]. 半导数算子 $\left(\frac{\partial}{\partial t} \right)^{1/2}$ 是频率域中滤波器 $\sqrt{\mathrm{i}\omega}$ 的时间表示式, 它有恢复相位的作用. 假如输入剖面是一个除了非零脉冲之外全为零的剖面, 则成像结果是一个半圆. 相反, 假如想要计算某个点 (x,z) 处的成像结果, 则上式表明在未偏移剖面中沿着双曲线对输入数据求和即可.

假定未偏移的剖面有 N_x 道, 每道有 N_t 个时间采样, 成像剖面也有 N_x 道, 每道有 N_z 个深度采样, 有意义的频率数为 N_ω, N_ω 可以小于或等于 N_t.

1. $v(z)$ 相移偏移

相移偏移是一个非常快速精确的方法, 能够成像直到 90° 的倾角, 计算无条件稳定, 仅有的限制是横向速度的不可变性.

相移偏移的计算量是: 开始由 $P(x,z,t)$ 到 $P(k_x,z,\omega)$ 的二维傅里叶变换, 然后对 $P(k_x,z,\omega)$ 向下延拓, 最后是关于 k_x 的一维傅里叶逆变换并对频率成分求和. 二维傅里叶变换需要 $O(N_x N_t \log(N_x N_t))$ 次运算, 向下延拓总共需要 $N_z N_\omega N_x$ 次复数乘法运算. 成像涉及到对所有深度所有频率成分求和, 这需要 $N_z N_x N_\omega$ 次加法, 然后是 N_z 次一维空间逆傅里叶变换, 这需要 $O(N_z N_x \log(N_x))$ 次运算. 因此相移偏的运算量是

$$O(N_x N_t \log(N_x N_t)) + O(N_z N_\omega N_x) + O(N_z N_x \log(N_x))$$

2. $v(z)$ 介质 Kirchhoff 偏移

偏移公式 (3.2.30) 是常速偏移的表达式, 对 $v(z)$ 介质偏移, Kirchhoff 偏移计算量包括: (1) 输入道的半微分; (2) 计算所有地表点到成像点的走时; (3) 进行加权求和并在每个成像点输出. 半导数由傅里叶变换完成, 总计算量为 $O(N_x N_t \log(N_t))$. 走时可由射线追踪法计算, 运算量为 $O((N_{\text{ray}} + N_x)N_z)$, 其中 N_{ray} 为射线数目. 偏移加权的计算量小于走时计算. Kirchhoff 偏移涉及大量的求和运算, 假如输入输出剖面有相同的道 N_x, 则有 $N_x N_z$ 个输出点, 每一点需要对输入道求和. 这个求和是在偏移孔径 $N_{x'}$ 道上进行, 对长的地震测线, $N_{x'}$ 通常小于 N_x, 这近似于在地表用一个有限积分代替无限积分. 因此, Kirchhoff 偏移的运算量为

$$O(N_{\text{ray}} N_z) + O(N_x N_t \log(N_t)) + O(N_x N_z (N_{x'} + 1))$$

与相移法一样, $v(z)$ 介质 Kirchhoff 偏移可以成像陡倾角构造, 然而, 这时 Kirchhoff 偏移不能用频率域方法, 因为在脉冲响应的陡倾角部分, 高频趋于丢失, 从而在偏移剖面上出现假频噪音. Lumley 等[88] 提出了反假频 Kirchhoff 偏移方法. 对 $v(x, z)$ 介质, Kirchhoff 偏移的运算量为

$$O(N_x N_t \log(N_t)) + O(N_x N_z (N_{x'} + N_{\text{ray}} + 1))$$

3. $v(x, z)$ 相移加插值偏移 (PSPI)

与相移法偏移相比, 相移加插值法也是频率域方法, 不同于相移法的是, PSPI 在空间和波数域交替运算, 在每个深度对每个频率都这样变换运算, 这大大降低了它的计算速度, 但比相移法更精确.

假定在 z 和 $z + \Delta z$ 之间采用 N_v 个不同的速度值. PSPI 法首先对记录作关于时间的傅里叶变换, 需要 $O(N_t \log(N_t))$ 次运算, 并作时移运算, 需要 $N_\omega N_x$ 次复数乘法, 然后作关于 x 的傅里叶变换, 需要 $O(N_x \log(N_x))$ 次运算, 并对 N_v 个参考速度作相移运算, 需要 $N_v N_\omega N_x$ 次复数运算, 再对波场作 x 的逆傅里叶变换, 需要 $O(N_x \log(N_x))$ 次运算. 因此相移加插值的运算量是

$$O(N_x N_t \log(N_t)) + O(N_z N_\omega (N_v + 1) N_x) + O(N_z N_x (N_v + 1) N_\omega \log(N_x))$$

3.3 混合法深度偏移及其吸收边界条件

混合法偏移是一种将有限差分偏移和频率波数域偏移相结合进行偏移的方法, 兼有两者的优点, 即既能适应较大横向变速情况, 又节省内存和运算量. 本节导出了混合法偏移的一种新算法, 其运算交替用频率空间 $\omega\text{-}x$ 域中的有限差分法和频率波数 $f\text{-}k$ 域中的相移法来完成. 同时, 提出一种新的吸收边界条件, 该吸收边界条件通过在边界外附加一个很薄的具有强吸收作用的边界层, 并与衰减型吸收边界

条件相结合, 来有效消除边界反射. 该吸收边界方法既适用于规则区域, 又适用于不规则区域, 其离散方程具有统一形式, 易于编程.

3.3.1 理论方法

有限差分偏移和频率波数域偏移是两类重要的偏移方法. 有限差分偏移适应横向变速情况, 但有频散现象. 频率波数域偏移计算效率高, 无频散现象, 稳定性好, 但难以处理横向变速情况. 混合法偏移就是一种兼有这两者优点的偏移方法.

为了克服频率波数域偏移不适应空间变速的情况, 人们作过一系列改进, 先后提出了相移法[63]、相移加插值法[65]、裂步傅里叶法[118]、傅里叶有限差分法[107]. 傅里叶有限差分法具有相移法和有限差分法两者的优点, 是一种典型的混合法偏移方法. 该方法依据的是平方根算子的泰勒级数展开, 这里利用平方根算子的最优逼近, 推导混合法偏移的另一种算法.

考虑 $\omega\text{-}x$ 域中的二维单程波方程, 即

$$\frac{\partial P}{\partial z} = \mathrm{i}\sqrt{\frac{\omega^2}{v^2} + \frac{\partial^2}{\partial x^2}}\, P := \mathrm{i}AP \tag{3.3.1}$$

这里 $v(x, z)$ 为介质速度, $P(x, z, w)$ 为波场, A 表示平方根算子. 设参考速度为 $v_0(z)$, 又设用 $v_0(z)$ 代替 $v(x, z)$ 后所引起的算子 A 的误差为 E, 即

$$E = \sqrt{\frac{\omega^2}{v^2} + \frac{\partial^2}{\partial x^2}} - \sqrt{\frac{\omega^2}{v_0^2} + \frac{\partial^2}{\partial x^2}} \tag{3.3.2}$$

设平面波的入射角为 θ, 利用平方根算子的最佳逼近近似式

$$\sqrt{1 - \sin^2\theta} \approx 1 - \frac{b\sin^2\theta}{1 - a\sin^2\theta} \tag{3.3.3}$$

其中 $a = 0.3767$, $b = 0.4761$, 若 k_x 为 x 的波数, 又 $k_x = \dfrac{\omega}{v}\sin\theta$ 则在频率波数域, 可将 (3.3.2) 式化为

$$\begin{aligned}
E &\approx \frac{\omega}{v}\left[1 - \frac{b\left(\frac{v}{\omega}k_x\right)^2}{1 - a\left(\frac{v}{\omega}k_x\right)^2}\right] - \frac{\omega}{v_0}\left[1 - \frac{b\left(\frac{v_0}{\omega}k_x\right)^2}{1 - a\left(\frac{v_0}{\omega}k_x\right)^2}\right] \\
&= \left(\frac{\omega}{v} - \frac{\omega}{v_0}\right) + \frac{\omega}{v}\left[-\frac{b\left(\frac{v}{\omega}k_x\right)^2}{1 - a\left(\frac{v}{\omega}k_x\right)^2}\right] - \frac{\omega}{v_0}\left[-\frac{b\left(\frac{v_0}{\omega}k_x\right)^2}{1 - a\left(\frac{v_0}{\omega}k_x\right)^2}\right]
\end{aligned} \tag{3.3.4}$$

将 (3.3.4) 式返回到 $\omega\text{-}x$ 域, 化简得算子 A 的近似式

$$A \approx \sqrt{\frac{\omega^2}{v_0^2} + \frac{\partial^2}{\partial x^2}} + \left(\frac{\omega}{v} - \frac{\omega}{v_0}\right) + \frac{\omega}{v}\left[\frac{b\frac{v^2}{\omega^2}\frac{\partial^2}{\partial x^2}}{1 + a\frac{v^2}{\omega^2}\frac{\partial^2}{\partial x^2}}\right] - \frac{\omega}{v_0}\left[\frac{b\frac{v_0^2}{\omega^2}\frac{\partial^2}{\partial x^2}}{1 + a\frac{v_0^2}{\omega^2}\frac{\partial^2}{\partial x^2}}\right]$$

$$\approx \sqrt{\frac{\omega^2}{v_0^2} + \frac{\partial^2}{\partial x^2}} + \left(\frac{\omega}{v} - \frac{\omega}{v_0}\right) + \frac{b\frac{v - v_0}{\omega}\frac{\partial^2}{\partial x^2}}{1 + a\frac{v^2 + v_0^2}{\omega^2}\frac{\partial^2}{\partial x^2}} \tag{3.3.5}$$

其中最后一步近似中略去了高阶项. 为便于分析, 将 (3.3.5) 式简记成如下形式

$$A \approx A_1 + A_2 + A_3 \tag{3.3.6}$$

这里 A_1, A_2, A_3 分别是 (3.3.5) 式右端的三项算子. (3.3.6) 式表明, 波场从深度 z 到 $z + \Delta z$ 的下延拓可通过三步来完成, 第一步是在频率波数 f-k 域中计算相移算子 A_1, 余下两步是分别在频率空间 ω-x 域中用有限差分法计算算子 A_2, A_3 的作用, 整个上行波的外推过程可表示为

$$P(z + \Delta z) = P(z)\mathrm{e}^{\mathrm{i}A\Delta z} \approx P(z)\mathrm{e}^{\mathrm{i}A_1\Delta z}\mathrm{e}^{\mathrm{i}A_2\Delta z}\mathrm{e}^{\mathrm{i}A_3\Delta z} \tag{3.3.7}$$

假如速度没有横向变化, 即 $v_0(z) = v(x, z)$, 则 (3.3.5) 式中仅有相移算子存在, 表示的是相移法. 如横向变速很大, 则相移算子的影响较有限差分算子更占主导地位. 现考虑算子 A_3 所对应的上行波方程, 即

$$\frac{\partial P}{\partial z} = \mathrm{i}\frac{b\frac{v - v_0}{\omega}\frac{\partial^2}{\partial x^2}}{1 + a\frac{v^2 + v_0^2}{\omega^2}\frac{\partial^2}{\partial x^2}}P \tag{3.3.8}$$

即

$$\left(1 + a\frac{v^2 + v_0^2}{\omega^2}\frac{\partial^2}{\partial x^2}\right)\frac{\partial P}{\partial z} = \mathrm{i}b\frac{v - v_0}{\omega}\frac{\partial^2 P}{\partial x^2} \tag{3.3.9}$$

经推导, 可得该方程的差分方程

$$[1 + (\alpha - \mathrm{i}\beta)\delta x^2]P_{m,n+1} = [1 + (\alpha + \mathrm{i}\beta)\delta x^2]P_{m,n} \tag{3.3.10}$$

其中

$$\alpha = \frac{a(v^2 + v_0^2)}{\omega^2\Delta x^2}, \quad \beta = \frac{b\Delta z(v - v_0)}{2\omega\Delta x^2} \tag{3.3.11}$$

这里 $P_{m,n} = P(m\Delta x, n\Delta z, \omega)$, δx^2 是 x 方向的二阶中心差分算子. 求解方程 (3.3.10), 最终可得偏移结果.

3.3.2 吸收边界条件

在计算中, 求解是在有限区域内进行的, 这会导致边界反射. 常用的吸收边界条件是 Clayton 和 Enquist 条件[49,50,56,57]. 这种吸收边界条件不易处理不规则区域, 在边界上和计算区域内部满足不同的方程, 不便统一编程. 另外, 还有一种称之为 PML 的吸收边界技术[5,12,17,60,123,129], 其基本思想是在边界外设置一个具有强吸收作用的边界层, 使得进入边界层的波场迅速衰减, 从而大大减少边界反射.

在成像计算中, 通常首先在求解区域周围取一个很薄的边界层, 然后对整个速度场作如下修正

$$
v(x,z) = \begin{cases} v(x,z), & \text{求解区域内} \\ v(x,z)\left(1 + \dfrac{\mathrm{i}\sigma(x)v(x,z)}{\omega}\right), & \text{求解区域外} \end{cases} \tag{3.3.12}
$$

其中 $\sigma(x)$ 为边界层的衰减系数, 选择适当的 $\sigma(x)$ 就可达到吸收边界反射的目的. 这里提出一种不修改速度场的方法, 即先将方程 (3.3.9) 改写成如下形式

$$
\left[1 - a\frac{v^2 + v_0^2}{[\mathrm{i}\omega - \sigma(x)]^2}\frac{\partial^2}{\partial x^2}\right]\frac{\partial P}{\partial z} = -b\frac{v - v_0}{\mathrm{i}\omega - \sigma(x)}\frac{\partial^2 P}{\partial x^2} \tag{3.3.13}
$$

后求解, 然后再与衰减型吸收边界条件相结合. 实际上方程 (3.3.13) 是由 $\mathrm{i}\omega - \sigma(x)$ 代替方程 (3.3.9) 中的 $\mathrm{i}\omega$ 后得到, 其中 $\sigma(x)$ 是这样选择的函数 (例如线性函数)

$$
\sigma(x) = \begin{cases} = 0, & x \in [x_l, x_r] \\ > 0, & x \notin [x_l, x_r] \end{cases} \tag{3.3.14}
$$

其中 x_l, x_r 分别为模型的左右边界位置. 与以往的方法比较, 该吸收边界方法可以将吸收边界层设置得更薄, 如 $1 \sim 5$ 道, 而且节省计算量, 也易统一编程. 方程 (3.3.13) 的差分方程可类似得到, 只是系数与 (3.3.11) 式稍有不同.

下面证明, 上面提出的吸收边界条件具有吸收效果. 不失一般性, 设方程 (3.3.13) 之解的任一频率为 ω 的傅里叶分量可表示为如下形式

$$
P(x,z,\omega) = \phi(x)\mathrm{e}^{\mathrm{i}k_z z} \tag{3.3.15}
$$

将 (3.3.15) 式代入 (3.3.13) 式, 化简可得

$$
\phi''(x) - A\phi(x) = 0 \tag{3.3.16}
$$

其中系数 A 为

$$
A = \frac{k_z[\mathrm{i}\omega - \sigma(x)]^2}{[ak_z(v^2 + v_0^2) - b\omega(v - v_0)] - b\sigma(x)(v - v_0)\mathrm{i}} \tag{3.3.17}
$$

假设函数 $\sigma(x) = $ 常数 > 0, 则方程 (3.3.16) 的特征方程为

$$\rho^2 - A = 0 \tag{3.3.18}$$

上行波方程中取 $k_z > 0$ 和 $\omega > 0$, 并令 $v > v_0$, 则可将系数 A 表示为

$$A = \frac{R_1 \mathrm{e}^{\mathrm{i}2\theta_1}}{R_2 \mathrm{e}^{\mathrm{i}\theta_2}} \tag{3.3.19}$$

其中 $\pi/2 < \theta_1 < \pi$, $3\pi/2 < \theta_2 < 2\pi$, 且

$$R_1 = \frac{k_z}{\sigma^2(x) + \omega^2} \tag{3.3.20}$$

$$R_2 = \frac{1}{\{[ak_z(v^2 + v_0^2) - b\omega(v - v_0)]^2 + b^2\sigma^2(x)(v - v_0)^2\}^{1/2}} \tag{3.3.21}$$

故方程的特征根为

$$\rho = R_3 \exp\left(\mathrm{i}(\theta_3 + 2n\pi)/2\right), \qquad n = 0, 1 \tag{3.3.22}$$

其中

$$R_3 = \sqrt{\frac{R_1}{R_2}}, \qquad \theta_3 = 2\theta_1 - \theta_2 \tag{3.3.23}$$

为便于讨论, 将 (3.3.22) 式写成

$$\rho = R_3 \exp\left(\mathrm{i}(\theta_4 + n\pi)\right), \qquad n = 0, 1 \tag{3.3.24}$$

其中 $\theta_4 = (\theta_1 - \theta_2/2)/2$, 且 $-\pi/2 < \theta_4 < \pi/4$. 于是可得方程 (3.3.16) 的解为

$$\phi_{1,2}(x) = \exp(\pm R_3 \cos\theta_4 x \pm \mathrm{i} R_3 \sin\theta_4 x) \tag{3.3.25}$$

故所求的解为

$$P_1(x, z, \omega) = \exp(\mathrm{i}k_z z - \mathrm{i}R_3 \sin\theta_4 x)\exp(-R_3 \cos\theta_4 x) \tag{3.3.26}$$

$$P_2(x, z, \omega) = \exp(\mathrm{i}k_z z + \mathrm{i}R_3 \sin\theta_4 x)\exp(R_3 \cos\theta_4 x) \tag{3.3.27}$$

其中第一式对应右行波, 第二式对应左行波, 因 $\cos\theta_4$ 恒大于零, 所以当 $x \to +\infty$ 时, 右行波场在所求解区域外以指数形式衰减, 当 $x \to -\infty$ 时, 左行波场在所求解区域外也以指数形式衰减, 具体计算中可通过适当选择 $\sigma(x)$ 来达到目的.

3.3.3   数值计算

我们先用两个理论模型来验证方法或算法的正确性: 一是对点脉冲响应的偏移, 另一是对横向变速模型的偏移, 最后对实际资料作试算.

模型 1. 设有一脉冲响应记录, 脉冲位于 $N_x = 32$, $N_t = 50$ 的位置. 模型范围 $N_x \times N_z = 64 \times 64$, 空间采样 $\Delta x = \Delta z = 10\mathrm{m}$, 时间采样 $\Delta t = 4\mathrm{ms}$, 时间采样数

$N_t = 250$, 速度为 $4000 + x + z$(m/s). 图 3.22 是未加吸收边界条件的偏移结果, 其中图 3.22(a) 是混合法的偏移结果, 图 3.22(b) 是通常的频率空间域偏移结果, 可以看到两者结果非常相近, 且均有较强的边界反射. 图 3.23 是混合法加吸收边界条件之后的偏移结果, 可以看到边界反射已明显消除.

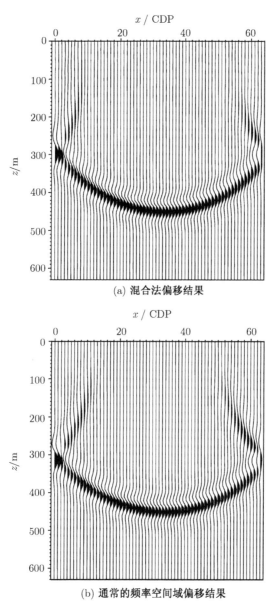

(a) 混合法偏移结果

(b) 通常的频率空间域偏移结果

图 3.22　未加吸收边界条件的脉冲响应偏移结果

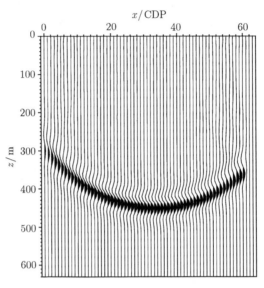

图 3.23   加吸收边界条件之后的混合法偏移结果

模型 2.   如图 3.24 所示, 模型由两个界面组成, 速度分布函数为 $v(x, z) = 3000 + 2x + 2z$(m/s), 模型在横向和垂向均有较大速度变化. 取震源主频 35Hz. 图 3.25 是用射线追踪法合成的零偏移距记录, 由于速度不均匀, 第一个界面的两个倾斜面的反射波形并不对称, 第二个界面的同相轴也向上倾斜. 计算中空间采样率 $\Delta x = \Delta z = 10$m, 采样点数 $N_x \times N_z = 64 \times 64$. 时间采样 2ms 和样点数 200.

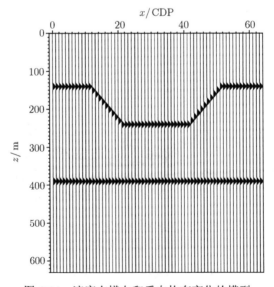

图 3.24   速度在横向和垂向均有变化的模型

图 3.26 是最后的混合法偏移结果, 可以看到弯曲界面和水平界面都得到很好成像, 计算中已加吸收边界条件.

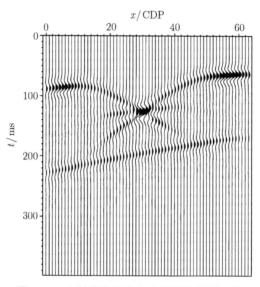

图 3.25 由射线追踪法合成的零偏移距记录

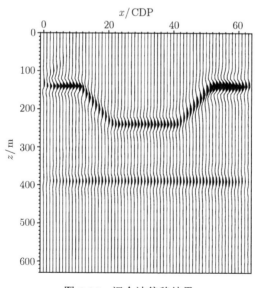

图 3.26 混合法偏移结果

模型 3. 如图 3.27 所示是某一地区的一条实际地震叠加剖面, 共有 256 道, 时间采样率为 4ms, 采样点数为 512 个. 图 3.28 是其对应的成像结果, 可以看到, 陡倾构造得到了良好恢复.

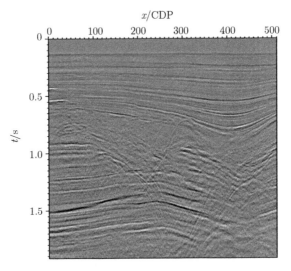

图 3.27　某地区的一条实际地震叠加剖面

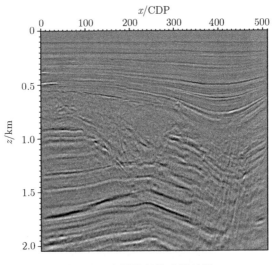

图 3.28　实际资料的成像结果

　　混合法偏移兼有频率波数域偏移和有限差分偏移两者的优点, 即既有较好的稳定性, 又能适应较大横向变速情况. 计算交替在频率波数域和频率空间域中进行, 提出的吸收边界处理方法在频率域中实现计算, 适应不规则区域, 易统一编程. 数值算例说明了混合法偏移算法及吸收边界条件具有切实可行的特点.

第4章 复杂构造叠前深度成像

在复杂构造地区, 为了进行精确成像, 进行叠前深度偏移是必要的. 目前工业上普遍使用的叠前深度偏移方法是 Kirchhoff 积分法, 该方法具有计算速度快, 对观测系统适应性强的优点, 但对复杂地质构造, 人们已经认识到, 采用 Kirchhoff 积分法难以进行精确成像, 需要研究新的方法, 如在对 Marmousi 复杂构造进行成像时, Bevc 采用了半循环 Kirchhoff 方法[18].

炮集偏移是精度最高的叠前成像方法之一. 4.1 节就 Marmousi 复杂构造模型进行了炮集叠前深度成像. 为了提高计算效率, 计算采用了以炮集为并行的 MPI 并行算法来实现. 数值计算表明, 炮集偏移是一种精度很高的成像方法, 不足之处是计算量较大.

4.2 节研究了一种新的叠前偏移方法, 称之为裂步 Hartley 变换 (SSH) 法. 这是一种基于 Hartley 变换的叠前深度偏移方法. 根据傅里叶变换与 Hartley 变换的内在关系, 具体推导了裂步 Hartley 变换的叠前深度成像公式, 对 Marmousi 复杂构造模型和某区的实际资料进行了计算, 成像效果良好.

4.3 节介绍了相位编码叠前深度偏移. 主要思想是为节省计算量, 将若干炮的记录合成后再进行类似于炮集流程的偏移. 但将一系列炮记录合成后再偏移, 在不相关的炮和记录之间会产生交叉项成像结果, 造成假像. 相位编码方法就是通过设计特定的相位函数来消除这些假像. 然而, 这些交叉假像只能一定程度上消除, 计算表明, 当炮数合成得越多时, 交叉像越难消除, 成像的效果也变差. 而且, 不相关的炮和记录之间会产生交叉项成像, 对成像质量的影响浅层比深层大. 因此, 在相位编码波场合成偏移计算中, 合成的炮数以少量为宜.

4.4 节研究了波场合成叠前偏移. 与炮集偏移一样, 波场合成偏移原理上也对应一个物理实验, 满足波动方程, 其理论是完整严格的. 该方法要首先形成一个组合震源及与其相对应的组合震源记录, 两者分别是炮集震源和炮集记录的推广, 然后再进行波场外推, 最后应用成像原理得到成像结果. 我们对 Marmousi 复杂模型进行了成像计算, 计算表明一次波场合成叠前偏移的计算量与一次叠后偏移的计算量相当, 成像精度良好; 采用控制照明技术后, 震源可布置在地下任何深度, 布置成任何形状, 震源上各点的激发时间的延迟可以任意安排, 从而可对目标区进行精细成像.

4.1 炮集叠前深度偏移及其并行实现

炮集偏移是一种高精度的叠前成像方法. 叠前成像较早已有一些研究, 如 Popovici 研究了共偏移距裂步双平方根算子叠前成像[102], Bevc 研究了有限差分法叠前成像[18]. 这里采用频率空间 ω-x 域有限差分法、裂步傅里叶法及傅里叶有限差分法进行炮集叠前深度成像计算. 波场延拓的基本方法或算法前面已有介绍.

4.1.1 理论方法

计算总体上包括两步: 第一步是波场延拓, 即将震源波场 P_s 在时间的正方向向下延拓 (震源激发时刻为零时刻), 将震源波场引起的记录波场 P_r 在时间的反方向向下延拓; 第二步是应用成像条件获得成像结果. 考虑相关型成像条件, 对第 n 炮, 在位置 (x, z) 处的成像在频率域可以表示为

$$I_n(x, z) = \sum_{\omega} P_s(x, z, \omega) * P_r(x, z, \omega) \tag{4.1.1}$$

其中 $I_n(x, z)$ 表示第 n 炮在 (x, z) 处的成像结果, ω 表示频率, n 表示炮号. 最后, 对所有炮集的成像结果求和叠加就得到最终的成像结果, 即

$$I_{\text{total}}(x, z) = \sum_{n} I_n(x, z) \tag{4.1.2}$$

其中 I_{total} 表示最后的输出剖面.

下面推导另一种成像条件, 即反射率成像条件. 对某炮记录, 其单色波的正演模拟可以写成

$$g(z_0) = F(z_0, z_0)s(z_0) \tag{4.1.3}$$

其中

$$F(z_0, z_0) = \sum_{n=1}^{N} W(z_0, z_n)R(z_n)W(z_n, z_0) \tag{4.1.4}$$

这里, $s(z_0)$ 和 $g(z_0)$ 分别表示在地下 $z = z_0$ 处的震源波场和记录波场, $W(z_0, z_n)$ 和 $W(z_n, z_0)$ 分别表示向下 (从 z_0 至 z_n) 和向上 (从 z_n 至 z_0) 的传播算子, 它们定量化全部的传播影响. $R(z_n)$ 表示反射率矩阵, 由 z_n 处的不均匀性引起, 刻画与角度有关的弹性反射特征. 在物理上, 传播算子 W 应当是波场在时间上的外推, 但计算中常用高效的深度外推来代替, 不过深度外推不能正确模拟波场的振幅, 因为波场的能量在耗散介质中在时间上可以保幅, 在深度上则不能.

在炮集叠前成像中, 第一步是震源和检波器波场的外推, 震源和检波器波场从 z_m 到 z_n 的外推可分别用如下公式表示

$$s(z_n) = W(z_n, z_m)s(z_m) \tag{4.1.5}$$

$$g(z_n) = W^*(z_n, z_m)g(z_m) \tag{4.1.6}$$

其中 $*$ 表示共轭, 表示检波器波场是按逆时的方向外推, 将 (4.1.5) 式和 (4.1.6) 式代入 (4.1.3) 的正演方程中, 可得

$$g(z_n) = W^*(z_n, z_0)W(z_0, z_n)R(z_n)W(z_n, z_0)s(z_0) \tag{4.1.7}$$

显然 $W(z, z)$ 是一个单位算子, 则由方程 (4.1.7) 可得

$$g(z_n) = R(z_n)s(z_n) \tag{4.1.8}$$

于是得反射率矩阵

$$R(z_n) = \frac{g(z_n)}{s(z_n)} \tag{4.1.9}$$

该式就是反射率成像条件. 由 (4.1.9) 式可以恢复每个深度上的反射率, 对各炮的反射率作叠加后, 最终得到反射率成像剖面.

4.1.2 成像计算

Marmousi 模型数据是由有限差分法声波方程数值模拟产生的二维叠前数据体, 该数据体包含 240 个炮, 每炮 96 道, 每道 750 个采样点, 道间距是 25m, 时间采样是 4ms, 深度采样是 4m. Marmousi 速度模型如图 2.17 所示, 其范围为 $x_{\max}$=9200m, $z_{\max}$=3000m, 模型有 $N_x \times N_z = 369 \times 751$ 个网格点.

1. $\omega\text{-}x$ 域有限差分偏移

图 4.1 是频率空间 $\omega\text{-}x$ 域有限差分法的偏移结果, 计算频带为 2~100Hz, 与原模型比较, 该成像结果中有一定噪音.

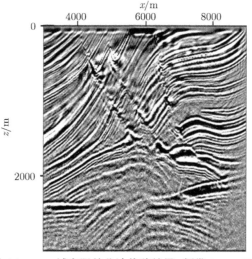

图 4.1 $\omega\text{-}x$ 域有限差分法偏移结果, 频带 2~100Hz

2. 裂步傅里叶法偏移

图 4.2 是裂步傅里叶法的偏移结果, 计算频带为 2~150Hz, 该图的成像精度比图 4.1 有较大提高.

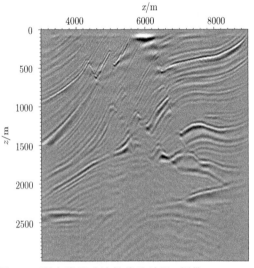

图 4.2　裂步傅里叶法的偏移结果, 频带 2~150Hz

3. 傅里叶有限差分法偏移

图 4.3 是 FFD 法的偏移结果, 计算频带为 5~80Hz, 该图的效果比图 4.2 又有改善, 构造界面更加清晰.

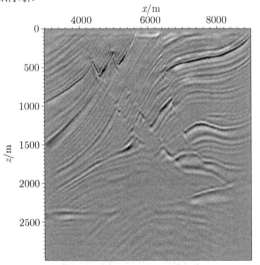

图 4.3　傅里叶有限差分法的偏移结果, 频带 5~80Hz

上面的三个计算均采用了 MPI 并行计算, 总的 CPU 时间比例分别为 15%(ω-x), 42%(SSF), 43%(FFD); 单个频率的 CPU 时间比例分别为 15%(ω-x), 29%(SSF), 59%(FFD). 由此可以看到, 裂步傅里叶方法的计算量约是 ω-x 域有限差分方法的两倍, 而傅里叶有限差分法的计算量约是裂步傅里叶方法的两倍.

在实际情况中, 由于观测条件的限制, 经常出现缺省炮记录或炮记录中缺道的情况, 下面考虑这两种情况下的偏移.

4. 缺省炮的偏移

图 4.4 是缺第 98 炮、99 炮、100 炮时的 SSF 法的偏移结果, 图 4.5 是缺第 98 炮、99 炮、100 炮时的 FFD 法的偏移结果, 可以看到, 缺省少数炮集时与不缺省炮时的成像结果基本一致.

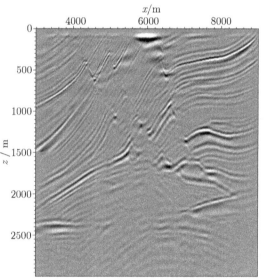

图 4.4 缺第 98 炮、99 炮、100 炮时裂步傅里叶法的偏移结果, 计算频带 2~150Hz

5. 缺省道的偏移

在野外记录中经常会有坏道、空道等情况出现, 现考虑缺道情况的偏移. 图 4.6 是缺第 98 道、99 道、100 道时的裂步傅里叶法的偏移结果, 图 4.7 是对应的傅里叶有限差分法的偏移结果, 可以看到, 缺少数几道时对成像结果影响很小.

6. 速度模型平滑后的偏移

现考虑速度模型光滑化后对偏移结果的影响. 图 4.8 是 Marmousi 速度模型九点平滑后的模型, 图 4.9 是裂步傅里叶法的偏移结果, 图 4.10 是对应的傅里叶有限差分法的偏移结果, 可以看到, 用光滑速度模型与用精确速度模型的成像结果基本一致.

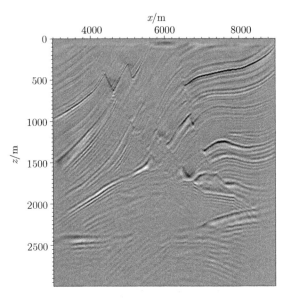

图 4.5　缺第 98 炮、99 炮、100 炮时傅里叶有限差分法
的偏移结果, 计算频带 5～80Hz

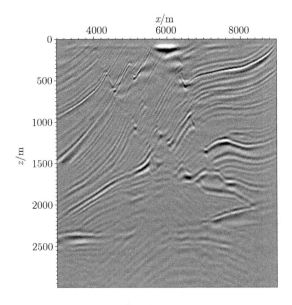

图 4.6　缺第 98 道、99 道、100 道时裂步傅里叶法
的偏移结果, 计算频带 2～150Hz

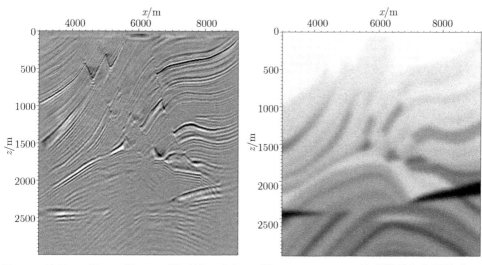

图 4.7 缺第 98 道、99 道、100 道时傅里叶有限差分法的偏移结果, 计算频带 5~80Hz

图 4.8 Marmousi 速度模型九点平滑后的模型

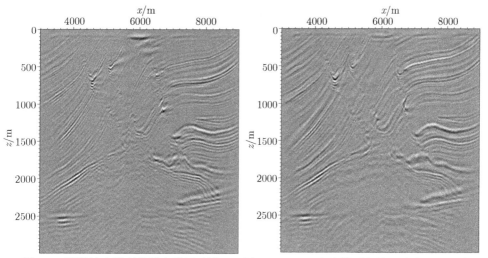

图 4.9 平滑速度模型的裂步傅里叶法的偏移结果, 计算频带 2~150Hz

图 4.10 平滑速度模型的傅里叶有限差分法的偏移结果, 计算频带 5~80Hz

7. 反射率偏移结果

图 4.11 是裂步傅里叶法的反射率偏移结果, 图 4.12 是傅里叶有限差分法的反射率偏移结果, 与相关型成像条件的偏移结果相比, 图像显得更为精细, 但有时也易受噪声影响. 图 4.13 是 Marmousi 模型的 Kirchhoff 成像结果[18], 是通过旁轴走

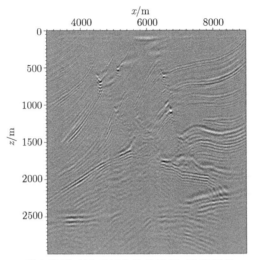

图 4.11　裂步傅里叶法反射率偏移结果, 计算频带 5~80Hz

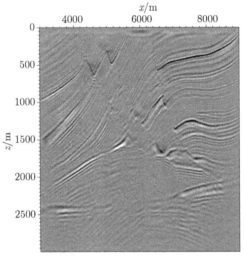

图 4.12　傅里叶有限差分法反射率偏移结果, 计算频带 2~150Hz

时计算得到的最好的成像结果. 比较可知, 除了三个倾斜界面不如炮集成像的结果清晰外, 下部的背斜和圈闭构造也不甚清晰, 因此, 对于复杂构造模型, 普通的 Kirchhoff 法难以精确成像.

8. 效率分析

设 T_1 为串行算法在单机上的运行时间, T_p 为并行算法在 p 个处理器上的运行时间, 则一个并行算法的加速比定义为

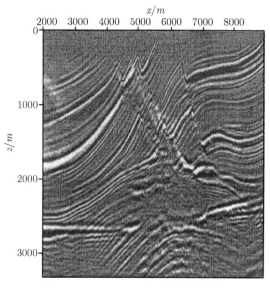

图 4.13 Kirchhoff 积分法偏移结果

$$S_p = \frac{T_1}{T_p} \tag{4.1.10}$$

该算法的效率定义为

$$E_p = \frac{S_p}{p} \tag{4.1.11}$$

以傅里叶有限差分法的成像 (频带 5~80Hz) 为例, 我们采用 8 个结点和 16 个结点进行计算, 所得的并行效率分别为 98.75% 和 98.23%, 加速比几乎线性.

4.2 双平方根算子叠前深度偏移

4.2.1 双平方根算子

如图 4.14, 考虑一个沿 x 轴方向传播的平面波 $e^{i(k_x x - \omega t)}$, 传播方向与 x 轴的夹角为 θ, 传播速度为 v, 经过距离 dx 后所用时间为 dt, 则

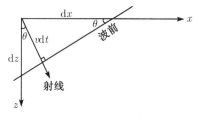

图 4.14 平面波与 x 轴成 θ 的夹角沿 x 轴方向传播

$$\sin\theta = \frac{v\mathrm{d}t}{\mathrm{d}x} \tag{4.2.1}$$

即

$$\frac{\partial t}{\partial x} = \frac{\sin\theta}{v} \tag{4.2.2}$$

若考虑的是上行波场 U, 则应满足

$$\frac{\partial t}{\partial z} = -\frac{\cos\theta}{v} = -\sqrt{\frac{1}{v^2} - \left(\frac{\partial t}{\partial x}\right)^2} \tag{4.2.3}$$

由于

$$\frac{\partial U}{\partial z} = -\frac{\partial t}{\partial z}\frac{\partial U}{\partial t} \tag{4.2.4}$$

将 (4.2.3) 代入上式可得

$$\frac{\partial U}{\partial z} = \sqrt{\frac{1}{v^2} - \left(\frac{\partial t}{\partial x}\right)^2}\frac{\partial U}{\partial t} \tag{4.2.5}$$

将上式返回到频率波数域, 利用对应关系

$$\frac{\partial}{\partial t} \leftrightarrow -\mathrm{i}\omega, \qquad \frac{\partial}{\partial x} \leftrightarrow \mathrm{i}k_x$$

得到

$$\frac{\partial U}{\partial z} = -\mathrm{i}\omega\sqrt{\frac{1}{v^2} - \frac{k_x^2}{\omega^2}}U \tag{4.2.6}$$

由上可知, 当仅接收点下移距离 $\mathrm{d}z_r$, 则上行波的走时变化满足

$$\frac{\partial t}{\partial z_r} = -\sqrt{\frac{1}{v^2} - \left(\frac{\partial t}{\partial x_r}\right)^2}\frac{\partial U}{\partial t} \tag{4.2.7}$$

当仅源点下移距离 $\mathrm{d}z_s$, 则上行波的走时变化满足

$$\frac{\partial t}{\partial z_s} = -\sqrt{\frac{1}{v^2} - \left(\frac{\partial t}{\partial x_s}\right)^2}\frac{\partial U}{\partial t} \tag{4.2.8}$$

当源点和接收点同时下移 $\mathrm{d}z = \mathrm{d}z_r = \mathrm{d}z_s$ 时, 则上行波的走时变化应为

$$\mathrm{d}t = \frac{\partial t}{\partial z_r}\mathrm{d}z_r + \frac{\partial t}{\partial z_s}\mathrm{d}z_s \tag{4.2.9}$$

或

$$\frac{\partial U}{\partial z} = -\left\{\sqrt{\frac{1}{v^2} - \left(\frac{\partial t}{\partial x_r}\right)^2} + \sqrt{\frac{1}{v^2} - \left(\frac{\partial t}{\partial x_s}\right)^2}\right\}\frac{\partial U}{\partial t} \tag{4.2.10}$$

将上式返回到频率波数域, 这时 $U(x_r, x_s, t)$ 对应 $U(k_r, k_s, \omega)$, 满足

$$\frac{\partial U}{\partial z} = -\mathrm{i}\omega \left\{ \sqrt{\frac{1}{v^2} - \left(\frac{k_r}{\omega}\right)^2} + \sqrt{\frac{1}{v^2} - \left(\frac{k_s}{\omega}\right)^2} \right\} U \tag{4.2.11}$$

其中 k_r 和 k_s 分别对应 x_r 和 x_s 的波数. 在频率空间域中可以写成

$$\frac{\partial U}{\partial z} = -\mathrm{i}\omega \left\{ \frac{1}{v_r} \sqrt{1 + \frac{v_r^2}{\omega^2} \frac{\partial^2}{\partial x_r^2}} + \frac{1}{v_s} \sqrt{1 + \frac{v_s^2}{\omega^2} \frac{\partial^2}{\partial x_s^2}} \right\} U \tag{4.2.12}$$

其中 $v_s = v(x_s, z), v_r = v(x_r, z)$. 式 (4.2.11) 或 (4.2.12) 就是以源点和接收点坐标表示的双平方根算子方程. 双平方根算子方程也可用中心点 x_m 和半炮检距 x_h 坐标来表示, 利用关系式

$$x_m = \frac{x_r + x_s}{2}, \qquad x_h = \frac{x_r - x_s}{2} \tag{4.2.13}$$

可得

$$\frac{\partial t}{\partial x_r} = \frac{\partial t}{\partial x_m} \frac{\partial x_m}{\partial x_r} + \frac{\partial t}{\partial x_h} \frac{\partial x_h}{\partial x_r} = \frac{1}{2} \left(\frac{\partial t}{\partial x_m} + \frac{\partial t}{\partial x_h} \right) \tag{4.2.14}$$

$$\frac{\partial t}{\partial x_s} = \frac{\partial t}{\partial x_m} \frac{\partial x_m}{\partial x_s} + \frac{\partial t}{\partial x_h} \frac{\partial x_h}{\partial x_s} = \frac{1}{2} \left(\frac{\partial t}{\partial x_m} - \frac{\partial t}{\partial x_h} \right) \tag{4.2.15}$$

于是频率空间域中的以中心点 x_m 和半炮检距 x_h 表示的双程波波动方程为

$$\frac{\partial U}{\partial z} = -\mathrm{i}\omega \left\{ \frac{1}{v_r} \sqrt{1 + \frac{v_r^2}{4\omega^2} \left(\frac{\partial}{\partial x_m} + \frac{\partial}{\partial x_h} \right)^2} + \frac{1}{v_s} \sqrt{1 + \frac{v_s^2}{4\omega^2} \left(\frac{\partial}{\partial x_m} - \frac{\partial}{\partial x_h} \right)^2} \right\} U \tag{4.2.16}$$

同样, 也可得到相应的频率波数域中的双程波波动方程. 将 $U(x_s, x_r, z, \omega)$ 看成 $U(x_m, x_h, z, \omega)$, 结合 (4.2.13), 有

$$\frac{\partial U}{\partial x_s} = \frac{\partial U}{\partial x_m} \frac{\partial x_m}{\partial x_s} + \frac{\partial U}{\partial x_h} \frac{\partial x_h}{\partial x_s} = \frac{1}{2} \left(\frac{\partial U}{\partial x_m} - \frac{\partial U}{\partial x_h} \right) \tag{4.2.17}$$

$$\frac{\partial U}{\partial x_r} = \frac{\partial U}{\partial x_m} \frac{\partial x_m}{\partial x_r} + \frac{\partial U}{\partial x_h} \frac{\partial x_h}{\partial x_r} = \frac{1}{2} \left(\frac{\partial U}{\partial x_m} + \frac{\partial U}{\partial x_h} \right) \tag{4.2.18}$$

将式 (4.2.17) 和 (4.2.18) 变回到波数域, 可知有

$$k_s = \frac{1}{2}(k_m - k_h), \qquad k_r = \frac{1}{2}(k_m + k_h) \tag{4.2.19}$$

其中 k_m 和 k_h 分别对应 x_m 和 x_h 的波数. 将 (4.2.19) 代入 (4.2.11), 得到频率波数域中以中心点波数 k_m 和半炮检距波数 k_h 表示的双平方根算子方程

$$\frac{\partial U}{\partial z} = -\mathrm{i} \left\{ \frac{\omega}{v} \sqrt{1 - \frac{v^2}{4\omega^2}(k_m + k_h)^2} + \frac{\omega}{v} \sqrt{1 - \frac{v^2}{4\omega^2}(k_m - k_h)^2} \right\} U \tag{4.2.20}$$

4.2.2　双平方根算子波场外推

双平方根算子的波场外推可以用频率空间域的有限差分及混合法来实现, 都可以在炮点-检波点域中实现, 也可在中心点-半炮检距域中实现. 下面分别给出相应的计算格式. 在计算中, 记录 $U(x_s, x_r, z = 0, \omega)$ 或 $U(x_m, x_h, z = 0, \omega)$ 是已知的, 成像原理是 $\sum_\omega U(x_m, x_h = 0, z, \omega)$, 因此计算只要对记录 U 进行外推即可.

1. 频率空间域有限差分法

考虑频率空间域中的有限差分法, 根据单平方根算子的近似, 可将 (4.2.12) 式近似为

$$\frac{\partial U}{\partial z} = -\mathrm{i} \left\{ \left(\frac{\omega}{v_s} + \frac{\omega}{v_r} \right) + \frac{\omega}{v_s} \frac{a \dfrac{v_s^2}{\omega^2} \dfrac{\partial^2}{\partial x_s^2}}{1 + b \dfrac{v_s^2}{\omega^2} \dfrac{\partial^2}{\partial x_s^2}} + \frac{\omega}{v_r} \frac{a \dfrac{v_r^2}{\omega^2} \dfrac{\partial^2}{\partial x_s^2}}{1 + b \dfrac{v_r^2}{\omega^2} \dfrac{\partial^2}{\partial x_r^2}} \right\} U \tag{4.2.21}$$

其中 a 和 b 是适当的系数, 若取 $a = \dfrac{1}{2}, b = \dfrac{1}{4}$, 即是 45° 近似. 方程 (4.2.21) 可以用分裂法分三步求解:

$$\frac{\partial U}{\partial z} = -\mathrm{i} \left(\frac{\omega}{v_s} + \frac{\omega}{v_r} \right) U \tag{4.2.22}$$

$$\frac{\partial U}{\partial z} = -\mathrm{i} \frac{\omega}{v_s} \frac{a \dfrac{v_s^2}{\omega^2} \dfrac{\partial^2}{\partial x_s^2}}{1 + b \dfrac{v_s^2}{\omega^2} \dfrac{\partial^2}{\partial x_s^2}} U \tag{4.2.23}$$

$$\frac{\partial U}{\partial z} = -\mathrm{i} \frac{\omega}{v_r} \frac{a \dfrac{v_r^2}{\omega^2} \dfrac{\partial^2}{\partial x_s^2}}{1 + b \dfrac{v_r^2}{\omega^2} \dfrac{\partial^2}{\partial x_r^2}} U \tag{4.2.24}$$

方程 (4.2.22) 对应相移运算

$$U(x_s, x_r, z + \Delta z, \omega) = U(x_s, x_r, z, \omega) \mathrm{e}^{-\mathrm{i}(\frac{\omega}{v_s} + \frac{\omega}{v_r}) \Delta z} \tag{4.2.25}$$

方程 (4.2.23) 和 (4.2.24) 用差分法求解, 以方程 (4.2.23) 为例, 有

$$\left[1 + \left(b \frac{v_s^2}{\omega^2 \Delta^2 s} + \mathrm{i} \frac{a v_s \Delta z}{2 \omega \Delta^2 s} \right) \delta_s^2 \right] U_{j,k}^{n+1} = \left[1 + \left(b \frac{v_s^2}{\omega^2 \Delta^2 s} - \mathrm{i} \frac{a v_s \Delta z}{2 \omega \Delta^2 s} \right) \delta_s^2 \right] U_{j,k}^n \tag{4.2.26}$$

其中 Δs 为炮点间距, 及

$$\delta_s^2 U_{j,k}^n = U_{j+1,k}^n - 2 U_{j,k}^n + U_{j-1,k}^n, \quad U_{j,k}^n = U(j \Delta x_s, k \Delta x_r, n \Delta z, \omega) \tag{4.2.27}$$

类似地, 有关于检波点的差分方程

$$\left[1 + \left(b\frac{v_r^2}{\omega^2\Delta^2 r} + \mathrm{i}\frac{av_r\Delta z}{2\omega\Delta^2 r}\right)\delta_r^2\right]U_{j,k}^{n+1} = \left[1 + \left(b\frac{v_r^2}{\omega^2\Delta^2 r} - \mathrm{i}\frac{av_r\Delta z}{2\omega\Delta^2 r}\right)\delta_r^2\right]U_{j,k}^n$$

$$(4.2.28)$$

其中 Δr 为检波点间距.

在中心点-半炮检距域中, 频率空间域中所求解的方程为

$$\frac{\partial U}{\partial z} = -\mathrm{i}\left\{\left(\frac{\omega}{v_s} + \frac{\omega}{v_r}\right) + \frac{\omega}{v_s}\frac{a\dfrac{v_s^2}{4\omega^2}\left(\dfrac{\partial}{\partial x_m} - \dfrac{\partial}{\partial x_h}\right)^2}{1 + b\dfrac{v_s^2}{4\omega^2}\left(\dfrac{\partial}{\partial x_m} - \dfrac{\partial}{\partial x_h}\right)^2}\right.$$

$$\left.+ \frac{\omega}{v_r}\frac{a\dfrac{v_r^2}{4\omega^2}\left(\dfrac{\partial}{\partial x_m} + \dfrac{\partial}{\partial x_h}\right)^2}{1 + b\dfrac{v_r^2}{4\omega^2}\left(\dfrac{\partial}{\partial x_m} + \dfrac{\partial}{\partial x_h}\right)^2}\right\}U \qquad (4.2.29)$$

同样可类似求解如下三个方程:

$$U(x_m, x_h, z + \Delta z, \omega) = U(x_m, x_h, z, \omega)\mathrm{e}^{-\mathrm{i}\left(\frac{\omega}{v_s} + \frac{\omega}{v_r}\right)\Delta z} \qquad (4.2.30)$$

$$\left[1 + \left(b\frac{v_s^2}{4\omega^2} + \mathrm{i}\frac{av_s\Delta z}{8\omega}\right)\left(\frac{\delta_m^+}{\Delta x_m} - \frac{\delta_h^+}{\Delta x_h}\right)^2\right]U_{j,k}^{n+1}$$

$$= \left[1 + \left(b\frac{v_s^2}{4\omega^2} - \mathrm{i}\frac{av_s\Delta z}{8\omega}\right)\left(\frac{\delta_m^+}{\Delta x_m} - \frac{\delta_h^+}{\Delta x_h}\right)^2\right]U_{j,k}^n \qquad (4.2.31)$$

$$\left[1 + \left(b\frac{v_r^2}{4\omega^2} + \mathrm{i}\frac{av_r\Delta z}{8\omega}\right)\left(\frac{\delta_m^+}{\Delta x_m} + \frac{\delta_h^+}{\Delta x_h}\right)^2\right]U_{j,k}^{n+1}$$

$$= \left[1 + \left(b\frac{v_r^2}{4\omega^2} - \mathrm{i}\frac{av_r\Delta z}{8\omega}\right)\left(\frac{\delta_m^+}{\Delta x_m} + \frac{\delta_h^+}{\Delta x_h}\right)^2\right]U_{j,k}^n \qquad (4.2.32)$$

其中 δ_m^+ 和 δ_h^+ 分别为 x_m 和 x_h 方向的一阶向前差分算子, 即 $\delta_m^+ U_{j,k}^n = U_{j+1,k}^n - U_{j,k}^n$, $\delta_h^+ U_{j,k}^n = U_{j,k+1}^n - U_{j,k}^n$.

2. 混合法

类似单平方根算子的混合法, 对双平方根算子, 炮点-检波点域中的混合法波场外推公式为

$$\frac{\partial U}{\partial z} = -\mathrm{i}\omega\left\{\frac{1}{v_0}\left[\sqrt{1 + \frac{v_0^2}{\omega^2}\frac{\partial^2}{\partial x_s^2}} + \sqrt{1 + \frac{v_0^2}{\omega^2}\frac{\partial^2}{\partial x_r^2}}\right] + \left[\frac{1}{v_s} + \frac{1}{v_r} - \frac{2}{v_0}\right]\right.$$

$$+\left[\frac{1}{v_s}\left(1-\frac{v_0}{v_s}\right)\frac{a\frac{v_s^2}{\omega^2}\frac{\partial^2}{\partial x_s^2}}{1+b\frac{v_s^2}{\omega^2}\frac{\partial^2}{\partial x_s^2}}+\frac{1}{v_r}\left(1-\frac{v_0}{v_r}\right)\frac{a\frac{v_r^2}{\omega^2}\frac{\partial^2}{\partial x_r^2}}{1+b\frac{v_r^2}{\omega^2}\frac{\partial^2}{\partial x_r^2}}\right]\right\}U \quad (4.2.33)$$

其中 v_0 是参考速度. 在中心点-半偏移距域中, 对应的混合法的波场外推公式为

$$\frac{\partial U}{\partial z}=-\mathrm{i}\omega\left\{\frac{1}{v_0}\left[\sqrt{1+\frac{v_0^2}{4\omega^2}\left(\frac{\partial}{\partial x_m}-\frac{\partial}{\partial x_h}\right)^2}+\sqrt{1+\frac{v_0^2}{4\omega^2}\left(\frac{\partial}{\partial x_m}+\frac{\partial}{\partial x_h}\right)^2}\right]\right.$$

$$+\left[\frac{1}{v_s}+\frac{1}{v_r}-\frac{2}{v_0}\right]+\left[\frac{1}{v_s}\left(1-\frac{v_0}{v_s}\right)\frac{a\frac{v_s^2}{4\omega^2}\left(\frac{\partial}{\partial x_m}-\frac{\partial}{\partial x_h}\right)^2}{1+b\frac{v_s^2}{4\omega^2}\left(\frac{\partial}{\partial x_m}-\frac{\partial}{\partial x_h}\right)^2}\right.$$

$$\left.\left.+\frac{1}{v_r}\left(1-\frac{v_0}{v_r}\right)\frac{a\frac{v_r^2}{4\omega^2}\left(\frac{\partial}{\partial x_m}+\frac{\partial}{\partial x_h}\right)^2}{1+b\frac{v_r^2}{4\omega^2}\left(\frac{\partial}{\partial x_m}+\frac{\partial}{\partial x_h}\right)^2}\right]\right\}U \quad (4.2.34)$$

方程 (4.2.33) 和 (4.2.34) 可用分裂法求解.

4.2.3　成像计算

对 Marmousi 模型分别用有限差分法、裂步傅里叶法和傅里叶有限差分法进行了双平方根方程的成像计算. 图 4.15 是频率空间域有限差分法叠前成像结果. 图 4.16 是裂步傅里叶法叠前成像结果. 图 4.17 是傅里叶有限差分法叠前成像结果.

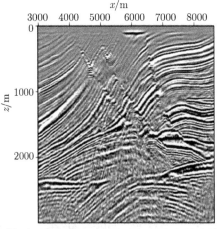

图 4.15　Marmousi 模型双平方根算子频率空间域有限差分法叠前深度成像结果

可以看到, 双平方根方程的成像也具有很高的精度, 效果与单平方根方程的成像结果相当.

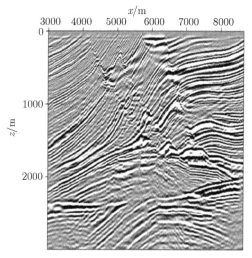

图 4.16　Marmousi 模型双平方根算子裂步傅里叶法叠前深度成像结果

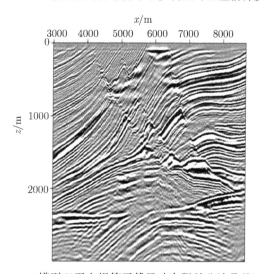

图 4.17　Marmousi 模型双平方根算子傅里叶有限差分法叠前深度成像结果

4.3　裂步 Hartley 变换叠前深度偏移

我们已讨论了一些典型的波场外推方法, 如有限差分法、频率波数域方法、混合法等, 这些方法均以快速傅里叶变换为基础, 我们知道, 傅里叶变换的积分核具有 $e^{i\omega t}$ 或 e^{ikx}(即时间或空间) 的形式, 因此, 傅里叶变换的数据运算都是复数之间的运算, 一个复数占有两个实数的空间, 而且两个复数的一次乘法包含四次实数乘法和两次加法. 在实际计算中, 本来是实数的地震道需转换成复数参加运算, 导致计算机内存的增加.

本节研究基于 Hartley 变换的叠前深度成像. Hartley 变换早在 1942 年由 Hartley 所提出[72], Bracewell 于 1983 年讨论了其离散算法[30], 并于 1986 年给出了快速 Hartley 变换的实现方法[31], 证明了它的运算量约快速傅里叶的一半. Hartley 变换在信号处理和图像处理中已得到广泛应用, 在地球物理中, Hartley 变换也有所应用, 主要用于波场正演模拟[111,112]. 事实上, 傅里叶变换和 Hartley 变换有着本质的联系, 从这种联系出发, Hartley 变换完全可用于基于傅里叶变换的叠前偏移方法中, 与基于快速傅里叶变换的叠前偏移相比, 基于快速 Hartley 变换的叠前偏移完全在实数域中运算, 具有节省计算机内存和简化复数运算的优点.

4.3.1　理论方法

1. Hartley 变换定义

首先给出 Hartley 变换的定义. 假定 $f(x)$ 为实函数, 其一维正反 Hartley 变换为

$$H(k_x) = \frac{1}{\sqrt{2\pi}} \int \mathrm{cas}(k_x x) \mathrm{d}x \tag{4.3.1}$$

$$f(x) = \frac{1}{\sqrt{2\pi}} \int \mathrm{cas}(k_x x) \mathrm{d}k_x \tag{4.3.2}$$

其中

$$\mathrm{cas}(k_x x) = \cos(k_x x) + \sin(k_x x) \tag{4.3.3}$$

这里为简单起见, 如不特指, 积分区间均从 $-\infty$ 到 $+\infty$. 可以看到, Hartley 变换的正反变换相同. 在偏移中, 地震信号是空间和时间的变量. 函数 $f(x,t)$ 关于空间和时间的二维 Hartley 变换定义为

$$H(k_x, \omega) = \frac{1}{\sqrt{2\pi}} \int \int f(x,t) \mathrm{cas}(k_x x) \mathrm{cas}(\omega t) \mathrm{d}x \mathrm{d}t \tag{4.3.4}$$

$$f(x,t) = \frac{1}{\sqrt{2\pi}} \int \int H(k_x, \omega) \mathrm{cas}(k_x x) \mathrm{cas}(\omega t) \mathrm{d}k_x \mathrm{d}\omega \tag{4.3.5}$$

根据三角函数的性质, 上述二维 Hartley 变换等于对其两个变量依次变换的结果, 这样做便于应用. 关于高维 Hartley 变换, 可类似地得到. 快速离散 Hartley 变换与复数快速傅里叶算法相类似, 其离散公式从略. 假定 $f_n (n = 0, \cdots, N-1)$ 是一组离散值, $H_k (k = 0, \cdots, N-1)$ 是其离散 Hartley 变换, 则离散 Hartley 变换有如下重要性质:

(1) 如果 $H_k(\omega_k)$, 则 $H_{N-k} = H(-\omega_k)$;

(2) $H_k = H_{lN+k}$, $l = 0, \pm 1, \pm 2, \pm 3, \cdots$.

这是离散 Hartley 变换的两个最重要的性质.

2. 傅里叶变换和 Hartley 变换的关系

傅里叶变换和 Hartley 变换具有内在的联系, 假定 $f(t)$ 的 Hartley 变换可写成偶部和奇部之和

$$H(\omega) = e(\omega) + o(\omega) \tag{4.3.6}$$

其中

$$e(\omega) = \frac{1}{\sqrt{2\pi}} \int f(t)\cos(\omega t)\mathrm{d}t \tag{4.3.7}$$

$$o(\omega) = \frac{1}{\sqrt{2\pi}} \int f(t)\sin(\omega t)\mathrm{d}t \tag{4.3.8}$$

而 $f(t)$ 的傅里叶变换为

$$F(\omega) = \frac{1}{\sqrt{2\pi}} \int f(t)\mathrm{e}^{-\mathrm{i}\omega t}\mathrm{d}t = \frac{1}{\sqrt{2\pi}} \int f(t)[\cos(\omega t) - \mathrm{i}\sin(\omega t)]\mathrm{d}t \tag{4.3.9}$$

于是可用 Hartley 变换的偶部和奇部表示 $F(\omega)$ 为

$$F(\omega) = e(\omega) - \mathrm{i}o(\omega) \tag{4.3.10}$$

同样, 可用 $f(t)$ 的傅里叶变换的实部和虚部表示 $H(\omega)$ 为

$$H(\omega) = \mathrm{Re}[F(\omega)] - \mathrm{Im}[F(\omega)] \tag{4.3.11}$$

其中 $\mathrm{Re}[\cdot]$ 和 $\mathrm{Im}[\cdot]$ 分别表示取复数的实部和虚部. 对二维函数 $f(x, t)$, 其二维傅里叶变换定义为

$$F(k_x, \omega) = \frac{1}{2\pi} \int \int f(x, t)\mathrm{e}^{-\mathrm{i}(\omega t + k_x x)}\mathrm{d}x\mathrm{d}t \tag{4.3.12}$$

将 (4.3.12) 式与 (4.3.4) 式分别展开并比较可知, $f(x, t)$ 的二维 Hartley 变换 $H(k_x, \omega)$ 也可用其二维傅里叶变换表示为

$$H(k_x, \omega) = \mathrm{Re}[F(-k_x, \omega)] - \mathrm{Im}[F(k_x, \omega)] \tag{4.3.13}$$

3. 波场外推

考虑频率空间域中的声波下行波方程

$$\frac{\partial P(x, z, \omega)}{\partial z} = \frac{\mathrm{i}\omega}{v(x, z)} \sqrt{1 + \frac{v(x, z)^2}{\omega^2}\frac{\partial^2}{\partial x^2}} P(x, z, \omega) \tag{4.3.14}$$

其中 $P(x, z, \omega)$ 是下行波场, $v(x, z)$ 是介质速度. 为适应横向变速介质, 引进参考速度 $v_0(z)$, 则将波场从 z 外推到 $z + \Delta z$ 处可一般表示为

$$P(x, z + \Delta z, \omega) = P(x, z, \omega) \mathrm{e}^{\mathrm{i}(A_1 + A_2 + A_3)\Delta z} \tag{4.3.15}$$

其中

$$A_1 = \frac{\omega}{v_0} \sqrt{1 + \left(\frac{v_0 \partial}{\omega \partial x}\right)^2}, \quad A_2 = \omega \left(\frac{1}{v} - \frac{1}{v_0}\right)$$

$$A_3 = \frac{2\omega}{\pi} \int_0^1 \left[\frac{\left(v \dfrac{\partial}{\partial x}\right)^2}{\omega^2 + \left(sv \dfrac{\partial}{\partial x}\right)^2} - \frac{\left(v_0 \dfrac{\partial}{\partial x}\right)}{\omega^2 + \left(sv_0 \dfrac{\partial}{\partial x}\right)^2} \right] \sqrt{1 - s^2} \mathrm{d}s \tag{4.3.16}$$

这里利用了平方根算子的积分形式. 为简单起见, 并考虑到计算效率, 下面考虑算子 A_1 和 A_2 的作用, 即相移和时移运算或裂步傅里叶法[118], 就能得到良好的成像效果. 用 Hartley 变换对算子 A_1 和 A_2 实现波场外推分两步计算, 第一步是相移运算, 即

$$P_1(k_x, z, \omega) = P(k_x, z, \omega) \cos(k_{z_0} \Delta z) - P(k_x, z, -\omega) \sin(k_{z_0} \Delta z) \tag{4.3.17}$$

其中 $k_{z_0} = \dfrac{\omega}{v_0} \sqrt{1 - \dfrac{v_0^2 k_x^2}{\omega^2}}$, 第二步是时移校正运算, 即

$$P(k_x, z + \Delta z, \omega) = P_1(x, z, \omega) \cos \left(\omega \left(\frac{1}{v} - \frac{1}{v_0} \Delta z \right) \right)$$

$$- P_1(x, z, -\omega) \sin \left(\omega \left(\frac{1}{v} - \frac{1}{v_0} \right) \Delta z \right) \tag{4.3.18}$$

其中在第一步计算后要将波场 $P_1(k_x, z, \omega)$ 返回到空间域波场 $P_1(x, z, \omega)$, 这里 (4.3.17), (4.3.18) 式中的波场均在 Hartley 变换的频率空间域, 并称利用 (4.3.17), (4.3.18) 式进行波场外推的方法为裂步 Hartley 法[145].

下面首先推导相移算子. 在下面的推导中, 为简单起见, 均省略 Hartley (或傅里叶) 变换积分号前面的常数, 即 $\dfrac{1}{\sqrt{2\pi}}$ 或 $\dfrac{1}{2\pi}$, 这并不影响结果.

傅里叶域中的相移运算为

$$P_F(k_x, z + \Delta z, \omega) = P_F(k_x, z, \omega) \mathrm{e}^{\mathrm{i}k_{z_0}\Delta z} \tag{4.3.19}$$

其中下标 F 表示傅里叶域中的结果, 于是

$$P_F(k_x, z + \Delta z, \omega)$$

$$= e^{ik_{z_0}\Delta z} \int \int p(x, z, t) e^{-i(k_x x + \omega t)} dx dt$$

$$= \left[\cos(k_{z_0}\Delta z) + i\sin(k_{z_0}\Delta z) \right] \left[\int \int p(x, z, t) \cos(k_x x + \omega t) dx dt \right.$$

$$\left. - i \int \int p(x, z, t) \sin(k_x x + \omega t) dx dt \right]$$

$$= \cos(k_{z_0}\Delta z) \int \int p(x, z, t) \left[\cos(\omega t) \cos(k_x x) - \sin(\omega t) \sin(k_x x) \right] dx dt$$

$$+ \sin(k_{z_0}\Delta z) \int \int p(x, z, t) \left[\sin(\omega t) \cos(k_x x) + \cos(\omega t) \sin(k_x x) dx dt \right]$$

$$+ i \left\{ \sin(k_{z_0}\Delta z) \int \int p(x, z, t) \left[\cos(\omega t) \cos(k_x x) - \sin(\omega t) \sin(k_x x) \right] dx dt \right.$$

$$\left. - \cos(k_{z_0}\Delta z) \int \int p(x, z, t) \left[\sin(\omega t) \cos(k_x x) + \cos(\omega t) \sin(k_x x) dx dt \right] \right\}$$

$$(4.3.20)$$

由 (4.3.13) 式知

$$P_H(k_x, z + \Delta, \omega) = \text{Re}[P_F(-k_x, z + \Delta z, \omega)] - \text{Im}[P_F(k_x, z + \Delta z, \omega)] \qquad (4.3.21)$$

其中下标 H 表示 Hartley 域中的结果, 故由 (4.3.20) 式计算得

$$P_H(k_x, z + \Delta z, \omega) = \cos(k_{z_0}\Delta z) \int \int p(x, z, t) \left[\cos(\omega t) \cos(k_x x) + \sin(\omega t) \sin(k_x x) \right.$$

$$\left. + \sin(\omega t) \cos(k_x x) + \cos(\omega t) \sin(k_x x) \right] dx dt$$

$$- \sin(k_{z_0}\Delta z) \int \int p(x, z, t) \left[\cos(\omega t) \cos(k_x x) - \sin(\omega t) \sin(k_x x) \right.$$

$$\left. - \sin(\omega t) \cos(k_x x) + \cos(\omega t) \sin(k_x x) \right] dx dt$$

$$= \cos(k_{z_0}\Delta z) P_H(k_x, z, \omega) - \sin(k_{z_0}\Delta z) P_H(k_x, z, -\omega) \qquad (4.3.22)$$

即

$$P_H(k_x, z + \Delta z, \omega) = \cos(k_{z_0}\Delta z) P_H(k_x, z, \omega) - \sin(k_{z_0}\Delta z) P_H(k_x, z, -\omega) \qquad (4.3.23)$$

此即 (4.3.17) 式.

下面推导时移算子. 傅里叶域中的时移运算为

$$P_F(x, z + \Delta z, \omega) = P_F(x, z, \omega) e^{i\omega(\frac{1}{v} - \frac{1}{v_0})\Delta z} \qquad (4.3.24)$$

即

$$P_F(x, z + \Delta z, \omega) = \mathrm{e}^{\mathrm{i}\omega(\frac{1}{v} - \frac{1}{v_0})\Delta z} \int p(x, z, t) \mathrm{e}^{-\mathrm{i}\omega t} \mathrm{d}t$$

$$= \cos\left(\omega\left(\frac{1}{v} - \frac{1}{v_0}\right)\Delta z\right) \int p(x, z, t) \cos(\omega t) \mathrm{d}t$$

$$+ \sin\left(\omega\left(\frac{1}{v} - \frac{1}{v_0}\right)\Delta z\right) \int p(x, z, t) \sin(\omega t) \mathrm{d}t$$

$$+ \mathrm{i}\Big[\sin\left(\omega\left(\frac{1}{v} - \frac{1}{v_0}\right)\Delta z\right) \int p(x, z, t) \cos(\omega t) \mathrm{d}t$$

$$- \cos\left(\omega\left(\frac{1}{v} - \frac{1}{v_0}\right)\Delta z\right) \int p(x, z, t) \sin(\omega t) \mathrm{d}t\Big] \quad (4.3.25)$$

由 (4.3.11) 式知

$$P_H(x, z + \Delta z, \omega) = \mathrm{Re}[P_F(x, z + \Delta z, \omega] - \mathrm{Im}[P_F(x, z + \Delta z, \omega)] \quad (4.3.26)$$

故由 (4.3.25) 式得

$$P_H(x, z + \Delta z, \omega) = \cos\left(\omega\left(\frac{1}{v} - \frac{1}{v_0}\right)\Delta z\right) \int p(x, z, t)\big[\cos(\omega t) + \sin(\omega t)\big]\mathrm{d}t$$

$$- \sin\left(\omega\left(\frac{1}{v} - \frac{1}{v_0}\right)\Delta z\right) \int p(x, z, t)\big[\cos(\omega t) - \sin(\omega t)\big]\mathrm{d}t$$

$$= \cos\left(\omega\left(\frac{1}{v} - \frac{1}{v_0}\right)\Delta z\right) P_H(x, z, \omega)$$

$$- \sin\left(\omega\left(\frac{1}{v} - \frac{1}{v_0}\right)\Delta z\right) P_H(x, z, -\omega) \quad (4.3.27)$$

即

$$P_H(x, z + \Delta z, \omega) = P_H(x, z, \omega) \cos\left(\omega\left(\frac{1}{v} - \frac{1}{v_0}\right)\Delta z\right)$$

$$- P_H(x, z, -\omega) \sin\left(\omega\left(\frac{1}{v} - \frac{1}{v_0}\right)\Delta z\right) \quad (4.3.28)$$

此即 (4.3.18) 式.

4.3.2   成像计算

1. Marmousi 模型

图 4.18 是裂步 Hartley(SSH) 法的叠前深度偏移结果, 与前面的裂步傅里叶 (SSF) 法比较可知, SSH 法对 Marmousi 模型也有较好的成像效果.

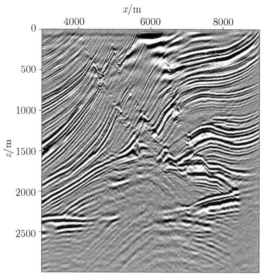

图 4.18 Marmousi 模型裂步 Hartley 法叠前深度成像结果

2. 实际资料

选取某地区的一条实际炮集记录进行计算, 所用的数据集共有 482 个 CMP 道集, 对应的炮集中有很多缺炮, 每炮 196 道接收, 最小偏移距 −4875m, 炮间距 50m, 道间距 50m, 记录采样 4ms, 记录中有相当噪音, 低频面波也很严重. 图 4.19 是第 100 炮的记录, 记录中可见到严重的面波干扰和相当的噪音, 图 4.20 和图 4.21 分别

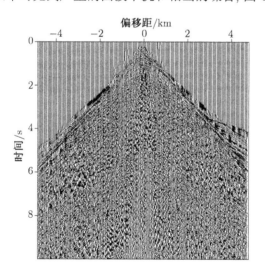

图 4.19 实际资料的第 100 炮的炮记录

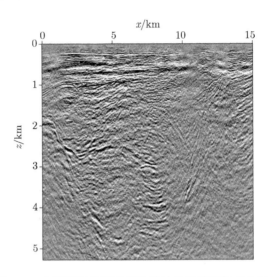

图 4.20　实际资料的裂步傅里叶法的叠前炮集成像结果

是 SSF 法和 SSH 法的炮集叠前深度偏移结果. 由于是数值试验, 在偏移中未对原始数据作任何数据处理. 比较图 4.20 和图 4.21 可以看出, 两种方法的成像效果相当, 成像结果较好反映了地下的构造形态, 上部地层比较平缓, 成像中的倾斜断面也明显可见. 尽管由于数据有一定量的缺炮, 缺炮量占达 19%, 但从成像结果可看出, 缺炮对成像的影响不大, 尤其是对中深层成像的影响, 这是因为当地层倾斜时, 深层的成像信息由成像点非正上方位置处所采集的数据决定.

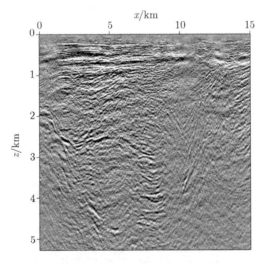

图 4.21　实际资料的裂步 Hartley 法的叠前炮集成像结果

4.4 相位编码叠前深度偏移

炮集偏移的计算量与炮数及每炮偏移的计算量的乘积成正比. 减少偏移的炮数是减少计算量的另一种措施. 相位编码通过对若干炮集求和叠加来减少计算量. 当炮记录叠加时, 不相关的炮与不相关的记录会产生交叉成像. 假如炮的空间分布足够大, 这些相关像会很小, 但实际计算中都是相邻炮集叠加在一起. 采用相位编码可以一定程度消除这些交叉像的产生. Remero 等首先研究了相位编码成像方法[110].

4.4.1 交叉成像的产生

设 $S_n(x,y,z=0,\omega)$ 和 $R_n(x,y,z=0,\omega)$ 是频率域中的震源子波和记录, n 表示炮号. 将源和记录分别作外推, 设外推后的波场值分别为 $S_n(\boldsymbol{x},\omega)$ 和 $R_n(\boldsymbol{x},\omega)$, 其中 $\boldsymbol{x}=(x,y,z)$ 是位置矢量. 利用相关成像条件

$$I_n(\boldsymbol{x}) = \sum_{k=1}^{N_\omega} W(\omega_k) S_n^*(\boldsymbol{x},\omega_k) R_n(\boldsymbol{x},\omega_k) \tag{4.4.1}$$

其中 ω_k 是当前所处理的频率, N_ω 是频率数目, W 是用于改善成像条件的加权因子, S_n^* 是 S_n 的复共轭, 最终的成像结果取 $I_n(\boldsymbol{x})$ 的实部. W 可设为 1. 在时间域中, 方程 (4.4.1) 表示信号的互相关.

由于求解 $S_n(\boldsymbol{x},\omega)$ 和 $R_n(\boldsymbol{x},\omega)$ 的单程波方程是线性偏微分方程, 因此, 对求和或合成后的波场仍可一样求解, 考虑波场合成

$$S_{\mathrm{sum}}(\boldsymbol{x},\omega) = \sum_n a_n(\omega) S_n(\boldsymbol{x},\omega) \tag{4.4.2}$$

$$R_{\mathrm{sum}}(\boldsymbol{x},\omega) = \sum_n a_n(\omega) R_n(\boldsymbol{x},\omega) \tag{4.4.3}$$

系数 $a_n(\omega)$ 待定, 后面将给出. 在地表有

$$S_{\mathrm{sum}}(x,y,z=0,\omega) = \sum_n a_n(\omega) S_n(x,y,z=0,\omega) \tag{4.4.4}$$

$$R_{\mathrm{sum}}(x,y,z=0,\omega) = \sum_n a_n(\omega) R_n(x,y,z=0,\omega) \tag{4.4.5}$$

基于波场外推, 由式 (4.4.4) 和 (4.4.5) 可以得到在任何深度上的波场 $S_{\mathrm{sum}}(\boldsymbol{x},\omega)$ 和 $R_{\mathrm{sum}}(\boldsymbol{x},\omega)$. 然而, 当将 $S_{\mathrm{sum}}(\boldsymbol{x},\omega)$ 和 $R_{\mathrm{sum}}(\boldsymbol{x},\omega)$ 用于成像条件时, 会产生交叉成

像, 即不相关的炮和不相关的记录之间的成像. 例如, 将两炮 $(n=2)$ 求和后应用成像条件, 可得

$$I_n(\boldsymbol{x}) = |a_1|^2 I_1(\boldsymbol{x}) + |a_2|^2 I_2(\boldsymbol{x}) + \sum_k S_1^*(\boldsymbol{x}, \omega_k) R_2(\boldsymbol{x}, \omega_k) a_1^* a_2$$
$$+ \sum_k S_2^*(\boldsymbol{x}, \omega_k) R_1(\boldsymbol{x}, \omega_k) a_2^* a_1 \tag{4.4.6}$$

若 $|a_n(\omega)| = 1(n = 1, 2)$, 则上式右端前两项是单个炮集的成像结果, 后两项是需要去掉的交叉成像. 如果引进相位函数 $\gamma_n(\omega)$, 并令 $a_n(\omega) = \mathrm{e}^{\mathrm{i}\gamma_n(\omega)}$, 则有

$$I_n(\boldsymbol{x}) = I_1(\boldsymbol{x}) + I_2(\boldsymbol{x}) + \sum_k S_1^*(\boldsymbol{x}, \omega_k) R_2(\boldsymbol{x}, \omega_k) \mathrm{e}^{\mathrm{i}(\gamma_2(\omega_k) - \gamma_1(\omega_k))}$$
$$+ \sum_k S_2^*(\boldsymbol{x}, \omega_k) R_1(\boldsymbol{x}, \omega_k) \mathrm{e}^{\mathrm{i}(\gamma_1(\omega_k) - \gamma_2(\omega_k))} \tag{4.4.7}$$

在上式中, 相位函数 $\gamma_n(n = 1, 2)$ 出现在后两项中, 在 I_1 和 I_2 中没有. 我们可以通过选择函数 $\gamma_n(\omega)$ 使得在所有的频率求和之后, 去掉不希望出现的能量. 可以看到, 两炮合成后再偏移的计算量与每炮分别偏移的计算量几乎一样. 当更多炮出现在一起时, 情况也类似, 只不过出现的交叉项更难去掉.

4.4.2　相位编码的特性

在叠前深度偏移中, 炮记录为单个脉冲的成像可以表示为

$$I(\boldsymbol{x}) = \int_{-\infty}^{+\infty} \mathrm{e}^{-\mathrm{i}\omega\psi(\boldsymbol{x})} F(\omega) \mathrm{d}\omega \tag{4.4.8}$$

其中 $F(\omega)$ 为脉冲记录的频谱. 我们感兴趣的 $\psi(\boldsymbol{x}) = 0$ 的值, 而 $\psi(\boldsymbol{x})$ 的取值范围为

$$-\tau_{\max} \leqslant \psi(\boldsymbol{x}) \leqslant \tau_{\max} \tag{4.4.9}$$

其中 $\tau_{\max}$ 是最大的记录时间. 实际计算中都是有限采样, 为保证没有假频造成的假像, 应满足

$$\frac{2\pi}{\Delta\omega} > \tau_{\max} \tag{4.4.10}$$

其中 $\Delta\omega$ 为频率采样.

在互相关成像条件中, 每一项所产生的像可表示为

$$I_c(\boldsymbol{x}) = \int_{-\infty}^{+\infty} \mathrm{e}^{-\mathrm{i}\omega\psi_c(\boldsymbol{x})} \mathrm{e}^{\mathrm{i}\gamma(\omega)} F(\omega) \mathrm{d}\omega \tag{4.4.11}$$

其中 $\psi_c(\boldsymbol{x})$ 是互相关后的交叉项所产生的相位, $\gamma(\omega)$ 是待设计的期望消去能量之相位. 如果相位 $\gamma(\omega)$ 为零, 就得到 $\psi_c(\boldsymbol{x})$ 处的成像结果, 这将作为一个错误的结果给出. 我们希望对任何相位 $\psi_c(\boldsymbol{x})$, 处理后对 $I_c(\boldsymbol{x})$ 影响不大.

首先说明, 由于有限采样, 不可能使 $I_c(\boldsymbol{x})$ 任意小, 为此分析如下函数

$$C(\alpha) = \int_{-\infty}^{+\infty} \mathrm{e}^{-\mathrm{i}\omega\alpha}\mathrm{e}^{\mathrm{i}\gamma(\omega)}F(\omega)\mathrm{d}\omega \tag{4.4.12}$$

通过选择相位函数 $\gamma(\omega)$ 来最小化 $C(\alpha)$, 使得 $C(\alpha)$ 的最大值尽量小. 考虑 (4.4.12) 式的离散形式

$$C_{\Delta\omega}(\alpha) = \Delta\omega \sum_{k=-\infty}^{+\infty} \mathrm{e}^{-\mathrm{i}k\Delta\omega\alpha}\mathrm{e}^{\mathrm{i}\gamma(k\Delta\omega)}F(k\Delta\omega) \tag{4.4.13}$$

利用Parseval 等式, 即假定 $f(x)$ 是周期为 $2T$ 的周期函数, 则有

$$f(x) = \sum_{k=-\infty}^{+\infty} a_k\mathrm{e}^{\mathrm{i}k_x\frac{\pi}{T}} \tag{4.4.14}$$

$$\frac{1}{2T} \int_{-T}^{T} |f(x)|^2\mathrm{d}x = \sum_{k=-\infty}^{+\infty} |a_k|^2 \tag{4.4.15}$$

由于 $C_{\Delta\omega}(\alpha)$ 以 $\dfrac{2\pi}{\Delta\omega}$ 为周期, 于是

$$\frac{\Delta\omega}{2\pi} \int_{-\pi/\Delta\omega}^{\pi/\Delta\omega} |C_{\Delta\omega}(\alpha)|^2\mathrm{d}\alpha = (\Delta\omega)^2 \sum_{k=-\infty}^{+\infty} |F(k\Delta\omega)|^2 \tag{4.4.16}$$

该式表明, 可以减小 $|C_{\Delta\omega}(\alpha)|^2$ 以使它小于某常数 $H_{\Delta\omega}$, 其中

$$(H_{\Delta\omega})^2 = (\Delta\omega)^2 \sum_{k=-\infty}^{+\infty} |F(k\Delta\omega)|^2 \tag{4.4.17}$$

若

$$F(\omega) = \begin{cases} 1, & |\omega| < \omega_0 \\ 0, & \text{其他} \end{cases} \tag{4.4.18}$$

则由 (4.4.17) 式得到

$$(H_{\Delta\omega})^2 = 2\omega_0\Delta\omega \tag{4.4.19}$$

如果不用相位编码, 即 $\gamma(\omega) = 0$, 由 (4.4.12) 式知, $C(\alpha)$ 的最大值在 $\alpha = 0$ 时给出, 这时最大值为 $2\omega_0$, 因此

$$H_0 = \left[\frac{\omega}{2\pi} \int_{-\pi/\Delta\omega}^{\pi/\Delta\omega} (2\omega_0)^2\mathrm{d}\alpha\right]^{\frac{1}{2}} = 2\omega_0$$

其中 H_0 表示无相位编码时的结果. 于是

$$\frac{H_{\Delta\omega}}{H_0} = \sqrt{\frac{\Delta\omega}{2\omega_0}} \tag{4.4.20}$$

由于采样有限, $H_{\Delta\omega}$ 不可能为零. 在实际中, 通常

$$\omega_0\delta t \approx 2\pi, \quad \Delta\omega\tau_{\max} \approx 2\pi \tag{4.4.21}$$

其中 δt 是脉冲宽度, 通常为数个时间采样, $\tau_{\max}$ 是最大记录时间. 从而

$$H_{\Delta\omega} \approx H_0\sqrt{\frac{\delta t}{\tau_{\max}}} \tag{4.4.22}$$

因此可以通过补零道增加记录时间来压制交叉项能量.

Remero 等 (2000) 研究了四种相位编码方法[110]. 这四种方法是

(1) 线性相位编码

设 $K \geqslant 2$ 是一次所合成的炮数, 选择 $\gamma(\omega)$ 为 ω 的线性函数, 即

$$\gamma_j(\omega) = \frac{Tj\omega}{K-1}, \quad j = 0, \cdots, K-1$$

其中 j 是炮数, T 是傅里叶变换的时间长度. 该方法使得各相位 γ_j 线性叠加后可以写成 $t_0\omega$ 的形式, 其中 t_0 足够大 ($> \tau_{\max}$) 以使交叉成像不出现在成像区域中. 由 (4.4.10) 式知, t_0 需满足

$$\tau_{\max} < t_0 < \frac{2\pi}{\Delta\omega} - \tau_{\max}$$

以防止假频造成的假像.

(2) 随机相位编码

选择 $\gamma(\omega)$ 为 $0 \sim 2\pi$ 之间的 j 个随机数 ($j = 0, \cdots, K-1$). 若无相位编码, 即 $\gamma(\omega) = 0$, 则 (4.4.11) 的最大值在 $\psi_c(\boldsymbol{x}) = 0$ 时取得为 N_ω. 当 $\gamma(\omega)$ 为随机相位时, $I_c(\boldsymbol{x})$ 的最大值为 $\sqrt{N_\omega}$, 因此, 编码前后交叉项的最大值之比为 $\sqrt{N_\omega}$.

(3) 调频相位编码

选择 $\gamma(\omega)$ 为

$$\gamma_j(\omega) = j\beta\omega^2, \quad j = 0, \cdots, K-1$$

为防止假频, β 应满足

$$\beta < \frac{\pi}{(K-1)\omega_0\Delta\omega}$$

由稳相法可知, 对 (4.4.18) 式的 $F(\omega)$, 编码前后交叉项的振幅比为

$$\frac{2\omega_0}{\sqrt{\omega_0\Delta w}} = 2\sqrt{\frac{\omega_0}{\Delta\omega}} = 2\sqrt{N_\omega}$$

(4) 修正的调频相位编码

需要已知 $F(\omega)$ 才能确定 β. 该方法不易被应用.

4.4.3 成像计算

下面对 Marmousi 模型用相位编码波场合成的方法进行成像. 图 4.22 是 2 炮合成后的成像结果, 其中图 4.22(a) 是线性相位编码方法, 图 4.22(b) 是随机相位编码方法, 图 4.22(c) 是调频相位编码方法, 比较该四图可看到, 线性相位编码和随机相位编码的效果相对较好. 图 4.23 是 3 炮合成后的成像结果, 其中图 4.23(a) 采用了线性相位编码, 图 4.23(b) 采用了随机相位编码方法. 图 4.24 是 6 炮合成后的成像结果, 其中图 4.24(a) 采用了线性相位编码, 图 4.24(b) 采用了随机相位编码方法.

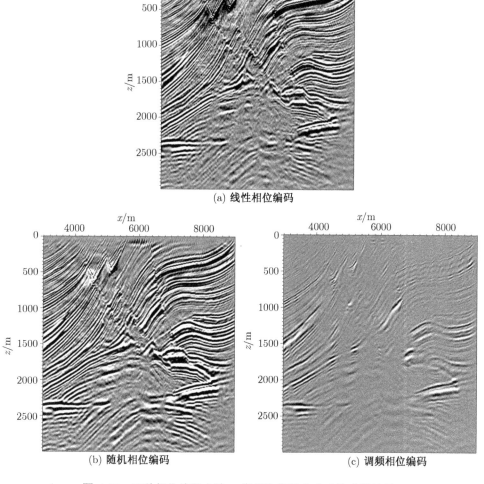

(a) 线性相位编码

(b) 随机相位编码

(c) 调频相位编码

图 4.22 三种相位编码方法 2 炮相位编码合成后的成像结果

由图 4.23 和图 4.24 可以看到, 随机相位编码方法成像效果比线性相位编码方法的成像效果好. 图 4.25 和图 4.26 分别是 12 炮和 24 炮随机相位编码合成后的成像结果. 由这些计算计算可看到, 当炮数合成得越多时, 成像的效果就变得越差, 而且, 不相关的炮和记录之间可产生的交叉项成像浅层比深层的成像影响较大. 因此, 相位编码波场合成方法合成的炮数以少量为宜, 特别当针对三维复杂构造成像时. 下一节的平面波波场合成成像方法不受此限制.

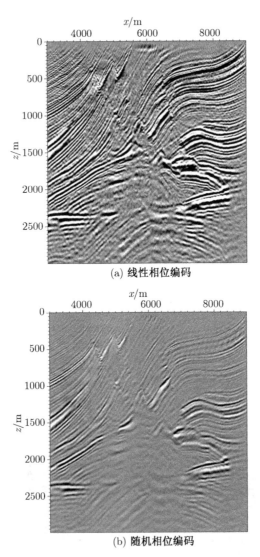

(a) 线性相位编码

(b) 随机相位编码

图 4.23　两种相位编码方法 3 炮相位编码合成后的成像结果

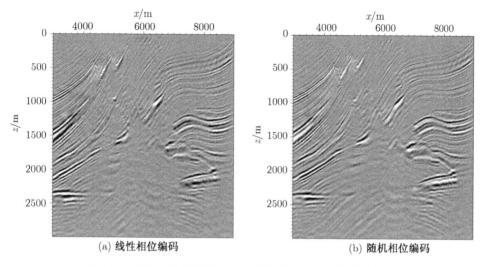

(a) 线性相位编码　　　　　　　　　　(b) 随机相位编码

图 4.24　两种相位编码方法 6 炮相位编码合成后的成像结果

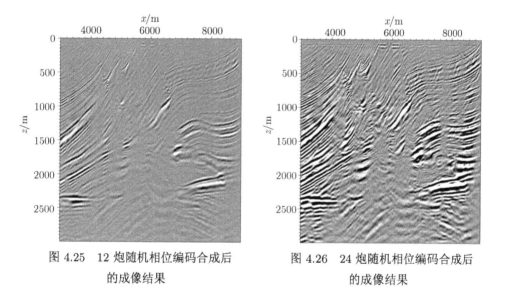

图 4.25　12 炮随机相位编码合成后　　　图 4.26　24 炮随机相位编码合成后
的成像结果　　　　　　　　　　　　的成像结果

4.5　平面波波场合成叠前深度偏移及其并行实现

波场合成偏移的思想很早就提出过, 1978 年, Schultz 和 Claerbout 提出了地表平面波合成的偏移[116]. 后来, Rietveld 等提出了控制照明技术[105,106], 该技术可以将震源放在目标层上, 且震源能布置成任何形状, 震源上各点的激发时间的延迟可以任意安排, 最终可对目标层进行精细成像, 这样使得波场合成偏移更具优越性. 波场合成偏移的基本原理同炮集偏移相同, 实质上波场合成偏移包含了炮集偏移.

这里简要给出波场合成炮偏移的公式, 对其物理含义作一描述, 然后用 MPI 并行算法对 Marmousi 数据作了计算, 并与炮集偏移结果作了比较[133]. 研究表明, 采用控制照明技术的波场合成偏移是一种非常有潜力的叠前深度成像方法.

4.5.1　波场合成偏移方法

波场合成偏移的实现首先要形成合成震源及与其对应的合成记录, 然后作波场外推, 即对合成震源作正向外推, 对合成记录则作反向外推, 最后应用成像原理得到成像结果. 波场合成计算通常在傅里叶域中进行, 在时间域中则改为褶积运算即可. 设 $S(\omega)$ 表示震源子波的傅里叶变换, $S_{\mathrm{syn}}(z_0)$ 表示地表的合成震源, 则

$$S_{\mathrm{syn}}(z_0) = S(\omega)H(z_0) \tag{4.5.1}$$

其中 $H(z_0)$ 称为地表 $(z_0 = 0)$ 的合成算子, 假设 $x_i(i = 1, \cdots, n)$ 为炮点坐标, 则在地表, 当要合成具有射线参数为 p 的平面波时, $H(z_0)$ 可表示为

$$H(z_0) = (\exp(\mathrm{i}\omega px_1), \exp(\mathrm{i}\omega px_2), \cdots, \exp(\mathrm{i}\omega px_n)) \tag{4.5.2}$$

其中 $p = \sin\alpha/v(z_0)$, $v(z_0)$ 表示近地表速度, α 是平面波的出射角. 利用合成算子 $H(z_0)$ 可得与合成震源 $S_{\mathrm{syn}}(z_0)$ 相对应的合成记录, 记为 $P_{\mathrm{syn}}(z)$. 假定 $P(z_0)$ 表示傅里叶变换后的在地面所接收的共炮点记录, 则与 $S_{\mathrm{syn}}(z_0)$ 相对应的合成记录为

$$P_{\mathrm{syn}}(z_0) = P(z_0)H(z_0) \tag{4.5.3}$$

上式理解为每个炮记录与合成算子作乘积后再叠加.

4.5.2　控制照明技术

为了对目标层域进行精细成像, 可采用控制照明技术[105]. 在知道上覆地层速度的情况下, 可以求得这样一个合成算子, 该算子将震源波场以特定的方式合成, 使合成震源的波前以特定的形态到达目的层. 假定在目标层处所期望的波场是 $S_{\mathrm{syn}}(z_m)$, z_m 表示目标层的深度变化, 则通过对波场延拓, 将其逆向传播到地面, 这时所得的波场即为地表合成震源, 记为 $\bar{S}_{\mathrm{syn}}(z_0)$. 为了得到合成算子, 应将 $S_{\mathrm{syn}}(z_m)$ 替换成脉冲类型的波场形式, 同样将其反延拓到地表, 在地表所得的延拓波场即为合成算子. 求出合成算子后, 类似于 (4.5.3) 式, 作用于炮点记录, 则可求得与合成震源 $\bar{S}_{\mathrm{syn}}(z_0)$ 相对应的合成记录 $\bar{P}_{\mathrm{syn}}(z_0)$. 至此求得了 $\bar{S}_{\mathrm{syn}}(z_0)$ 和 $\bar{P}_{\mathrm{syn}}(z_0)$, 类似于地表的合成震源 $S_{\mathrm{syn}}(z_0)$ 和合成记录 $P_{\mathrm{syn}}(z_0)$, 下面可以同样计算, 最终得到成像结果.

4.5.3 成像计算

Marmousi 数据是一个二维合成共炮点道集, 由法国石油研究院所产生, 用来测试偏移成像和速度估计方法的能力. 某些成像方法如共偏移距裂步双平方根法[102] 和半循环Kirchhoff 积分法[18] 对Marmousi数据的偏移结果已经较早发表.

下面看针对 Marmousi 模型数据的波场合成的结果. 图 4.27 是在 $z = 0$ 处的合成震源 (或合成算子), 其中 $p = 0(\mathrm{s/m})$; 用该合成算子对 Marmousi 模型的记录进行波场合成, 所得的合成记录见图 4.28. 图 4.29 是在 $z = 0$ 处的 $p = 0.0001(\mathrm{s/m})$ 时的合成震源, 该合成震源对应的合成记录见图 4.30. 合成震源的位置可以任意选取. 图 4.31 是在 $z = 1200(\mathrm{m})$ 处的 $p = 0(\mathrm{s/m})$ 时的合成震源, 该合成震源对应的合成记录见图 4.32. 图 4.33 是在 $z = 1200(\mathrm{m})$ 处的 $p = 0.0001(\mathrm{s/m})$ 时的合成震源, 该合成震源对应的合成记录见图 4.34.

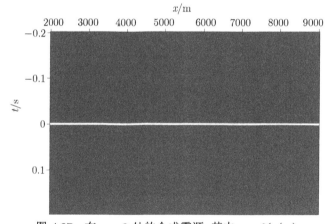

图 4.27 在 $z = 0$ 处的合成震源, 其中 $p = 0(\mathrm{s/m})$

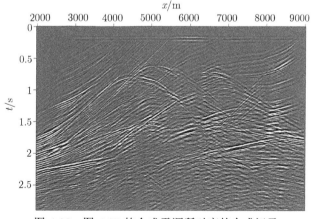

图 4.28 图 4.27 的合成震源所对应的合成记录

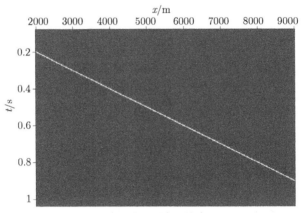

图 4.29   在 $z=0$ 处的合成震源, 其中 $p=0.0001(\mathrm{s/m})$

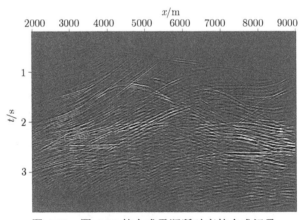

图 4.30   图 4.29 的合成震源所对应的合成记录

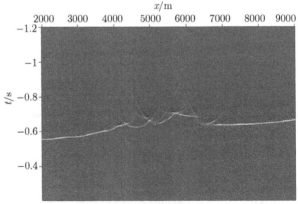

图 4.31   在 $z=1200\ (\mathrm{m})$ 处的合成震源, 其中 $p=0.0$. 用于对目标层控制照明

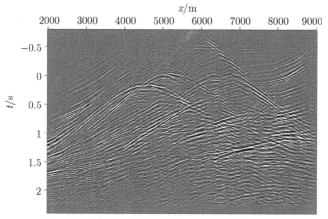

图 4.32 图 4.31 的合成震源所对应的合成记录

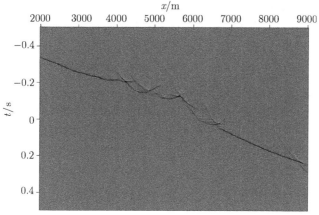

图 4.33 在 $z = 1200$ (m) 处的合成震源, 其中 $p = 0.0001(\mathrm{s/m})$. 用于对目标层控制照明

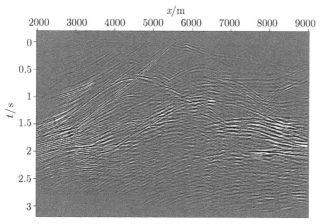

图 4.34 图 4.33 的合成震源所对应的合成记录

在上面平面波波场合成的基础上, 下面进行平面波波场合成偏移, 为了比较, 也给出炮集偏移结果. 如图 4.35 是 Marmousi 速度模型, 该模型的最大范围为 $x = 9200$m 和 $z = 3000$m, 模型被 $Nx=369$ 和 $Nz=751$ 的网格所网格化. 数据集包含了 240 炮记录, 每炮 96 道, 每道 725 个采样点, 炮点和检波点间隔都是 25m, 最小偏移距是 200m, 外推步长是 4m. 图 4.36 是地表照明成像结果, 由 21 个不同 p 值的偏移结果叠加而成, 波场外推方法采用的是裂步傅里叶方法, 其中 p 的范围为 $[-250, 250]$ (单位: 10^{-6}s/m, 下同), p 的采样是 25, 采用了 MPI 并行算法. 图 4.37 也是地表照明成像, 仍是由 21 个不同 p 值的偏移结果叠加而成, 不同的是采用了傅里叶有限差分法波场延拓方法. 比较图 4.36 与图 4.37 可知, 图 4.37 具有更好的成像精度, 但计算量为 SSF 的 1.5 倍多. 与前面的炮集偏移结果比较可知, 炮集偏移的计算量比波场合成偏移的计算量多得多, 对裂步傅里叶法, 炮集偏移的计算量是波场合成偏移的近 7 倍, 对傅里叶有限差分法, 炮集偏移的计算量是波场合成偏移的 8 倍多; 就精度而言, 21 个射线参数的波场合成偏移结果已经完全可以和炮集偏移的结果相比较. 图 4.36 和图 4.37 中储集层构造的成像已经很好, 不足之处是在模型 2200m 深上下的一个背斜内部成像较模糊, 对炮集成像结果而言, 也是如此. 为此, 我们采用了控制照明的波场合成偏移, 图 4.38 是合成震源位于 $z=2200$m 的水平深度处的裂步傅里叶法的波场合成偏移结果, 用了 21 个射线参数 p, p 的范围为 $[-250, 250]$, p 的采样是 25, 计算频带是 5~150Hz. 图 4.39 是相应的傅里叶有限差分法的波场合成偏移结果, 合成震源也位于 $z=2200$m 的水平深度

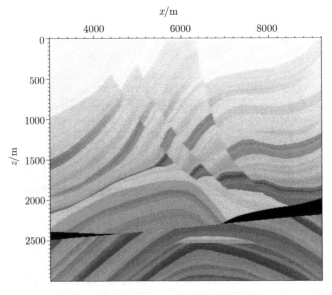

图 4.35   Marmousi 数据的速度模型

处, p 的参数同图 4.38, 计算频带是 5~100Hz, 成像结果有所改善. 图 4.40 是将震源布置成弯曲折线状后的波场合成傅里叶有限差分法成像结果, 折线由点 (3.0, 2.3), (6.0, 2.0), (6.8, 2.3) 和 (9.0, 2.3) 连接而成 (坐标单位: km/s). 与前面的结果比较, 在深度 z=2200m 左右的背斜构造内部已经非常清楚.

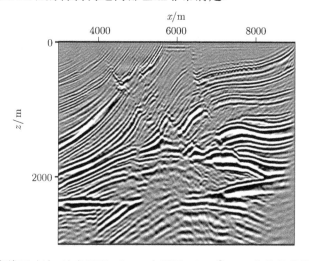

图 4.36　裂步傅里叶法, 地表照明, 由 21 个不同 $p(10^{-6}\text{s/m})$ 值的偏移结果叠加而成, $p \in [-250, 250], \Delta p = 25$

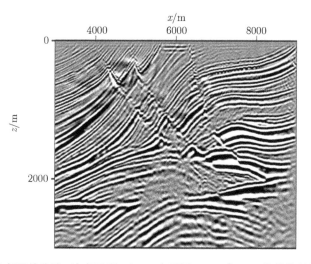

图 4.37　傅里叶有限差分法, 地表照明, 由 21 个不同 $p(10^{-6}\text{s/m})$ 值的偏移结果叠加而成, $p \in [-250, 250], \Delta p = 25$

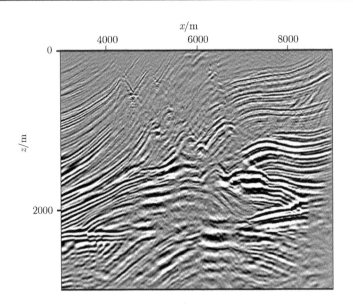

图 4.38　控制照明, $z = 2200$ m, 裂步傅里叶法偏移结果, 21 个 p,
$p \in [-250, 250], \Delta p = 25$

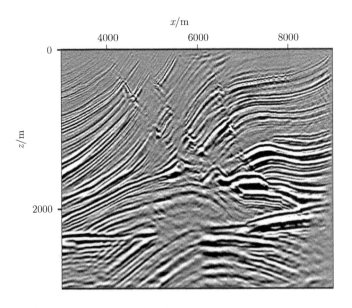

图 4.39　控制照明, $z = 2200$ m, 傅里叶有限差分法偏移结果, 21 个 p,
$p \in [-250, 250], \Delta p = 25$

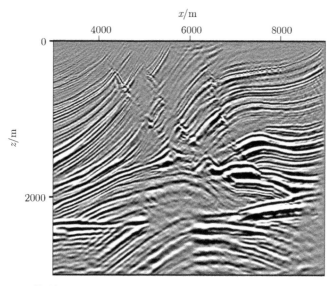

图 4.40 控制照明, 震源为折线, 傅里叶有限差分法偏移结果, 21 个 p,
$p \in [-250, 250], \Delta p = 25$

第5章　三维多方向分裂隐式波场外推

三维单程波方程的深度外推可在频率空间域 ω-x-y 中用隐式差分格式完成. 三维隐式差分将导致带状的对角方程组, 由于求解该方程组计算量巨大, 常采用分裂技术, 即将全三维外推算子作分裂, 用二维算子交替实现. 然而, 即使是常速, 两个方向分裂也将导致数值各向异性: 比起 0° 和 90° 方位, 波场在其他方位传播的速度慢. 这种方位各向异性会导致成像误差, 该误差在 45° 和 135° 的方位上达到最大.

本章讨论波动方程多方向分裂技术. 5.1 节首先介绍波动方程的旁轴近似, 然后给出频率空间域中波场外推的基本算法以及波场外推中的吸收边界条件. 5.2 节介绍多方向分裂方法, 首先理论上说明达到 N 阶精度所需要的分裂方向数目, 然后基于泰勒展开用待定系数法推导多方向分裂结果. 5.3 节从 Helmholtz 方程的 Kirchhoff 积分解导出混合法偏移公式. 5.4 节研究混合法四方向分裂偏移, 即用混合法波场外推来消除数值各向异性, 并对误差作定量分析, 说明多方向分裂方法不但可在频率空间域中进行, 而且可用混合法交替在频率空间域和频率波数域中实现.

5.1　交替方向隐格式

三维单程波方程用稳定的隐式有限差分格式直接离散将导致计算量的大量增加. 为克服这一困难, 差分方程被近似分裂成两个方程. 我们首先介绍波动方程的旁轴近似, 然后给出波场外推的基本格式以及波场外推中的吸收边界条件.

5.1.1　旁轴近似

频率空间域中的三维上行波方程为

$$\frac{\partial p(x,y,z,\omega)}{\partial z} = \frac{\mathrm{i}\omega}{v}\sqrt{1 + \frac{v^2}{\omega^2}\left(\frac{\partial^2}{\partial x^2} + \frac{\partial^2}{\partial y^2}\right)}\, p(x,y,z,\omega) \tag{5.1.1}$$

其中 p 是波场, ω 是频率, x 是横测线方向坐标, y 是纵测线 (垂直于横测线) 方向坐标, z 是深度, $v = v(x,y,z)$ 是介质速度, $\mathrm{i} = \sqrt{-1}$.

假定 v 是常速, 定义函数 $f(x,y,z,t)$ 的四重傅里叶变换 $F(k_x,k_y,k_z,\omega)$ 为

$$F(k_x,k_y,k_z,\omega) = \int\int\int\int f(x,y,z,t)\mathrm{e}^{\mathrm{i}(k_x x + k_y y - k_z z - \omega t)}\mathrm{d}x\mathrm{d}y\mathrm{d}z\mathrm{d}t \tag{5.1.2}$$

则平方根算子所对应的傅里叶变换为

$$\sqrt{1 + \frac{v^2}{\omega^2}\left(\frac{\partial^2}{\partial x^2} + \frac{\partial^2}{\partial y^2}\right)} \Longleftrightarrow \sqrt{1 - S_x^2 - S_y^2} \tag{5.1.3}$$

式中

$$S_x^2 = \frac{v^2}{\omega^2}k_x^2, \quad S_y^2 = \frac{v^2}{\omega^2}k_y^2$$

这里 $\Longleftrightarrow$ 表示频率域与空间域的对偶, 易知有

$$\frac{\partial^2}{\partial x^2} \Longleftrightarrow -k_x^2, \quad \frac{\partial^2}{\partial y^2} \Longleftrightarrow -k_y^2$$

其中 k_x 和 k_y 分别是 x 和 y 方向的波数.

由于方程 (5.1.1) 含有一个非局部的拟微分算子, 不能直接进行计算, 首先要对平方根算子作近似. 基本思想是用多项式或连分数的形式来近似, 使新的波动方程成为一个局部偏微分方程.

抛物型或 15° 旁轴波动方程是基于如下泰勒近似

$$\sqrt{1 - (S_x^2 + S_y^2)} \approx 1 - \frac{1}{2}(S_x^2 + S_y^2) \tag{5.1.4}$$

近似误差为 $O((S_x^2 + S_y^2)^2)$. 由此可得频率波数域中的单程波 (上行) 方程

$$\frac{\partial p}{\partial z} = \frac{\mathrm{i}\omega}{v}\left[1 - \frac{1}{2}\frac{v^2}{\omega^2}(k_x^2 + k_y^2)\right]p \tag{5.1.5}$$

在空间频率域可表示为

$$\frac{\partial p}{\partial z} = \frac{\mathrm{i}\omega}{v}\left[1 + \frac{1}{2}\frac{v^2}{\omega^2}\left(\frac{\partial^2}{\partial x^2} + \frac{\partial^2}{\partial y^2}\right)\right]p \tag{5.1.6}$$

在时间域中表示一个二阶偏微分方程

$$\frac{\partial^2 p}{\partial t^2} - v\frac{\partial^2 p}{\partial t\partial z} - \frac{v^2}{2}\left(\frac{\partial^2 p}{\partial x^2} + \frac{\partial^2 p}{\partial y^2}\right) = 0 \tag{5.1.7}$$

这就是 15° 旁轴波动方程. 高阶泰勒近似会引起不稳定, 不宜采用.

更精确的近似可通过一阶 Padé 近似得到, 利用

$$\sqrt{1 - (S_x^2 + S_y^2)} \approx \frac{1 - \frac{3}{4}(S_x^2 + S_y^2)}{1 - \frac{1}{4}(S_x^2 + S_y^2)} \tag{5.1.8}$$

近似误差为 $O((S_x^2 + S_y^2)^3)$. 类似可得频率空间域中相应的单程波 (上行) 方程

$$\frac{\partial p}{\partial z} = \frac{\mathrm{i}\omega}{v} \frac{1 + \dfrac{3}{4}\dfrac{v^2}{\omega^2}\left(\dfrac{\partial^2}{\partial x^2} + \dfrac{\partial^2}{\partial y^2}\right)}{1 + \dfrac{1}{4}\dfrac{v^2}{\omega^2}\left(\dfrac{\partial^2}{\partial x^2} + \dfrac{\partial^2}{\partial y^2}\right)} p \tag{5.1.9}$$

在时间域中, 表示一个三阶偏微分方程, 被称为 45° 旁轴波动方程

$$\frac{\partial^3 p}{\partial t^3} - v\frac{\partial^3 p}{\partial t^2 \partial z} + \frac{v^3}{4}\frac{\partial}{\partial z}\left(\frac{\partial^2 p}{\partial x^2} + \frac{\partial^2 p}{\partial y^2}\right) - \frac{3v^2}{4}\frac{\partial}{\partial t}\left(\frac{\partial^2 p}{\partial x^2} + \frac{\partial^2 p}{\partial y^2}\right) = 0 \tag{5.1.10}$$

图 5.1 是平方根算子的精确值 15° 和 45° 旁轴近似的相对百分误差, 其中图 5.1(a) 是精确值, 图 5.1(b) 和 (c) 分别表示由 15° 和 45° 近似引起的相对百分误差. 在计算中, 假定速度 $v = 1$ 速度单位. 比较可知, 图 5.1(c) 的 10% 所围成的区域明显比图 5.1(b) 的 10% 所围成的区域大, 表明 45° 旁轴近似有更高的精度.

一般地, 更高阶的近似可以表示为

$$\sqrt{1 - (S_x^2 + S_y^2)} \approx 1 - \sum_{l=1}^{L} \frac{\beta_l(S_x^2 + S_y^2)}{1 - \alpha_l(S_x^2 + S_y^2)}$$

$$\alpha_l \geqslant 0, \quad \beta_l \geqslant 0, \quad l = 1, \cdots, L \tag{5.1.11}$$

其中 L 与近似精度有关, α_l 和 β_l 是可调系数, 以得到最佳的近似. 对于 Padé 近似为

$$\alpha_l = \cos^2\left(\frac{l\pi}{2L+1}\right), \quad \beta_l = \frac{2}{2L+1}\sin^2\left(\frac{l\pi}{2L+1}\right) \tag{5.1.12}$$

近似误差为 $O((S_x^2 + S_y^2)^{2L+1})$. 当 $L = 1$ 时, 得到 45° 旁轴近似波动方程.

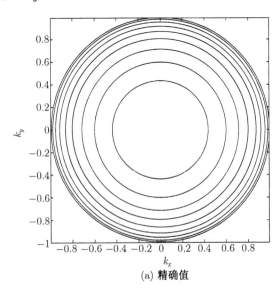

(a) 精确值

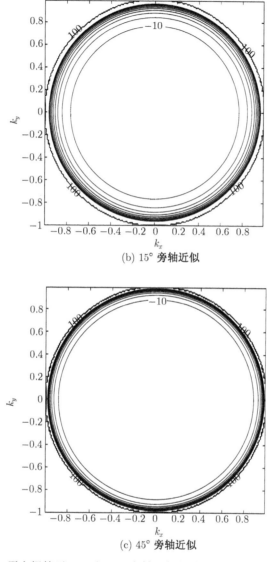

(b) 15° 旁轴近似

(c) 45° 旁轴近似

图 5.1 平方根算子 15° 和 45° 旁轴近似与精确值的相对百分误差

同理, 在频率空间域中, 由 (5.1.11) 式可得到一个高阶近似的单程波方程

$$\frac{\partial p}{\partial z} = \frac{\mathrm{i}\omega}{v}\left[1 + \sum_{l=1}^{L}\frac{\beta_l\frac{v^2}{\omega^2}\left(\frac{\partial^2}{\partial x^2} + \frac{\partial^2}{\partial y^2}\right)}{1 + \alpha_l\frac{v^2}{\omega^2}\left(\frac{\partial^2}{\partial x^2} + \frac{\partial^2}{\partial y^2}\right)}\right]p, \quad l = 1, \cdots, L \qquad (5.1.13)$$

可以用一个附助函数将该方程改写成一系列二阶偏微分方程. 引进辅助函数

$$\phi_l = -\frac{\dfrac{v^2}{\omega^2}\left(\dfrac{\partial^2}{\partial x^2} + \dfrac{\partial^2}{\partial y^2}\right)}{1 + \alpha_l \dfrac{v^2}{\omega^2}\left(\dfrac{\partial^2}{\partial x^2} + \dfrac{\partial^2}{\partial y^2}\right)} p \tag{5.1.14}$$

则方程 (5.1.13) 在时间空间域中可以表示为

$$\frac{\partial p}{\partial t} - v\frac{\partial p}{\partial z} - \sum_{l=1}^{L} \beta_l \frac{\partial \phi_l}{\partial t} = 0, \quad l = 1, \cdots, L$$

$$\frac{\partial^2 \phi_l}{\partial t^2} - v^2 \alpha_l \left(\frac{\partial^2 \phi_l}{\partial x^2} + \frac{\partial^2 \phi_l}{\partial y^2}\right) = v^2 \left(\frac{\partial^2 p}{\partial x^2} + \frac{\partial^2 p}{\partial y^2}\right), \quad l = 1, \cdots, L \tag{5.1.15}$$

方程组 (5.1.15) 描述了均匀介质中的高阶旁轴波动方程, 如果 α_l 和 β_l 都选择为正数, 则该问题是一个良态问题.

下面给出两个方向的波场外推算法. 由上面平方根算子的近似可知, 三维频率空间域的上行波方程可表示为

$$\frac{\partial p}{\partial z} = \frac{\mathrm{i}\omega}{v}\left[1 + \frac{\alpha\left(\dfrac{v^2}{\omega^2}\dfrac{\partial^2}{\partial x^2} + \dfrac{v^2}{\omega^2}\dfrac{\partial^2}{\partial y^2}\right)}{1 + \beta\left(\dfrac{v^2}{\omega^2}\dfrac{\partial^2}{\partial x^2} + \dfrac{v^2}{\omega^2}\dfrac{\partial^2}{\partial y^2}\right)}\right]p \tag{5.1.16}$$

其中 α 和 β 是系数. 当取 $\alpha = \dfrac{1}{2}$, $\beta = \dfrac{1}{4}$, 即是 $45°$ 方程. 用分裂法计算. 第一步计算 $\dfrac{\partial p}{\partial z} = \dfrac{\mathrm{i}\omega}{v}p$, 从略. 第二步利用交替方向隐式有限差分方法, 可得沿 z 方向外推的方程为

$$\left[1 + (\beta - \alpha\xi)\left(\frac{v^2}{\omega^2}\frac{\partial^2}{\partial x^2} + \frac{v^2}{\omega^2}\frac{\partial^2}{\partial y^2}\right)\right]p^{n+1}$$

$$= \left[1 + (\beta + \alpha\xi)\left(\frac{v^2}{\omega^2}\frac{\partial^2}{\partial x^2} + \frac{v^2}{\omega^2}\frac{\partial^2}{\partial y^2}\right)\right]p^n \tag{5.1.17}$$

这里 $\xi = \dfrac{\mathrm{i}\omega\Delta z}{2v}$. p^n 表示深度 n 处的波场. 考虑在 x 和 y 方向进行分裂, 将方程 (5.1.17) 改写成

$$\left[1 + (\beta - \alpha\xi)\frac{v^2}{\omega^2}\frac{\partial^2}{\partial x^2}\right]\left[1 + (\beta - \alpha\xi)\frac{v^2}{\omega^2}\frac{\partial^2}{\partial y^2}\right]p^{n+1}$$

$$= \left[1 + (\beta + \alpha\xi)\frac{v^2}{\omega^2}\frac{\partial^2}{\partial x^2}\right]\left[1 + (\beta + \alpha\xi)\frac{v^2}{\omega^2}\frac{\partial^2}{\partial y^2}\right]p^n \tag{5.1.18}$$

记

$$\left[1 + (\beta - \alpha\xi)\frac{v^2}{\omega^2}\frac{\partial^2}{\partial y^2}\right]p^{n+1} = q^{n+1} \tag{5.1.19}$$

则

$$\left[1 + (\beta - \alpha\xi)\frac{v^2}{\omega^2}\frac{\partial^2}{\partial x^2}\right]q^{n+1} = \left[1 + (\beta + \alpha\xi)\frac{v^2}{\omega^2}\frac{\partial^2}{\partial x^2}\right]\left[1 + (\beta + \alpha\xi)\frac{v^2}{\omega^2}\frac{\partial^2}{\partial y^2}\right]p^n \tag{5.1.20}$$

方程 (5.1.19) 和 (5.1.20) 构成三维 45° 方程的交替方向的有限差分波场外推公式.

5.1.2 吸收边界条件

Dirichlet 和 Neumann 边界条件在三维波场外推中会产生人为边界反射, 这些边界反射会影响成像质量. 为了消除边界反射, 需要考虑吸收边界条件. 下面根据标量波动方程旁轴近似后的频散关系来考虑.

Clayton 和 Engquist[49,50] 用于设计吸收边界条件的准则是: (1) 例如对 x 边界, 边界条件应当包含 x 方向的一阶导数, 这样可以保持问题的良态性; (2) 边界方程应当与内部方程匹配, 以使入射波透过边界, 并减少边界反射系数.

三维上行波方程的频散关系为

$$\frac{vk_z}{\omega} = 1 - \frac{\alpha\left[\dfrac{v^2k_x^2}{\omega^2} + \dfrac{v^2k_y^2}{\omega^2}\right]}{1 - \beta\left[\dfrac{v^2k_x^2}{\omega^2} + \dfrac{v^2k_y^2}{\omega^2}\right]} \tag{5.1.21}$$

假定计算区域为 $(x_0 \leqslant x \leqslant x_1, y_0 \leqslant y \leqslant y_1)$, 则在 $x = x_0$ 处的三维吸收边界条件的频散关系为

$$\frac{vk_z}{\omega} = -\frac{a\dfrac{vk_x}{\omega} + \alpha\left(\dfrac{vk_y}{\omega}\right)^2}{1 - b\dfrac{vk_x}{\omega} - \beta\left(\dfrac{vk_y}{\omega}\right)^2} \tag{5.1.22}$$

其中系数 a 和 b 通过匹配边界条件的频散关系来减少反射能量.

在频率空间域中, 方程 (5.1.22) 可写成如下形式

$$\left[1 - \mathrm{i}b\frac{v}{\omega}\frac{\partial}{\partial x} + \beta\frac{v^2}{\omega^2}\frac{\partial^2}{\partial y^2}\right]\frac{\partial p}{\partial z} = \frac{\mathrm{i}\omega}{v}\left[-\mathrm{i}a\frac{v}{\omega}\frac{\partial}{\partial x} + \alpha\frac{v^2}{\omega^2}\frac{\partial^2}{\partial y^2}\right]p \tag{5.1.23}$$

其分裂后的差分格式 (仅考虑 z 方向) 是

$$\left[1 - \mathrm{i}(b - a\xi)\frac{v}{\omega}\frac{\partial}{\partial x}\right]\left[1 + (\beta - \alpha\xi)\frac{v^2}{\omega^2}\frac{\partial^2}{\partial y^2}\right]p^{n+1}$$

$$= \left[1 - \mathrm{i}(b + a\xi)\frac{v}{\omega}\frac{\partial}{\partial x}\right]\left[1 + (\beta + \alpha\xi)\frac{v^2}{\omega^2}\frac{\partial^2}{\partial y^2}\right]p^n \tag{5.1.24}$$

该式可以写成

$$\left[1 - i(b - a\xi)\frac{v}{\omega}\frac{\partial}{\partial x}\right]q^{n+1} = \left[1 - i(b + a\xi)\frac{v}{\omega}\frac{\partial}{\partial x}\right]\left[1 + (\beta + \alpha\xi)\frac{v^2}{\omega^2}\frac{\partial^2}{\partial y^2}\right]p^n \quad (5.1.25)$$

其中

$$\xi = i\frac{\omega\Delta z}{2v}, \quad \left[1 + (\beta - \alpha\xi)\frac{v^2}{\omega^2}\frac{\partial^2}{\partial y^2}\right] = q^{n+1} \quad (5.1.26)$$

方程 (5.1.25) 就是在 $x = x_0$ 处的吸收边界方程. 在 $x = x_1$ 处的吸收边界方程只要在方程 (5.1.24) 和 (5.1.25) 中作替代 $a \Rightarrow -a$ 和 $\alpha \Rightarrow -\alpha$ 即可.

同理, 在边界 $y = y_0$ 处的吸收条件的频散关系为

$$\frac{vk_z}{\omega} = -\frac{a\frac{v}{\omega}k_y + \alpha\left(\frac{vk_x}{\omega}\right)^2}{1 - b\frac{vk_y}{\omega} - \beta\left(\frac{vk_x}{\omega}\right)^2} \quad (5.1.27)$$

返回到频率空间域中, 类似得到

$$\left[1 - ib\frac{v}{\omega}\frac{\partial}{\partial y} + \beta\frac{v^2}{\omega^2}\frac{\partial^2}{\partial x^2}\right]\frac{\partial p}{\partial z} = \frac{i\omega}{v}\left[-ia\frac{v}{\omega}\frac{\partial}{\partial y} + \alpha\frac{v^2}{\omega^2}\frac{\partial^2}{\partial x^2}\right]p \quad (5.1.28)$$

其分裂后的差分格式是

$$\left[1 - i(b - a\xi)\frac{v}{\omega}\frac{\partial}{\partial y}\right]\left[1 + (\beta - \alpha\xi)\frac{v^2}{\omega^2}\frac{\partial^2}{\partial x^2}\right]p^{n+1}$$

$$= \left[1 - i(b + a\xi)\frac{v}{\omega}\frac{\partial}{\partial y}\right]\left[1 + (\beta + \alpha\xi)\frac{v^2}{\omega^2}\frac{\partial^2}{\partial x^2}\right]p^n \quad (5.1.29)$$

记

$$\left[1 + (\beta - \alpha\xi)\frac{v^2}{\omega^2}\frac{\partial^2}{\partial x^2}\right]p^{n+1} = q^{n+1} \quad (5.1.30)$$

则

$$\left[1 - i(b - a\xi)\frac{v}{\omega}\frac{\partial}{\partial y}\right]q^{n+1} = \left[1 - i(b + a\xi)\frac{v}{\omega}\frac{\partial}{\partial y}\right]\left[1 + (\beta + \alpha\xi)\frac{v}{\omega}\frac{\partial^2}{\partial x^2}\right]p^n \quad (5.1.31)$$

方程 (5.1.30) 可看作在 $y = y_0$ 处的吸收边界条件. 在 $y = y_1$ 处的吸收边界方程只要在方程 (5.1.30) 和 (5.1.31) 中作替代 $a' \Rightarrow -a'$, $\alpha' \Rightarrow -\alpha'$ 和 $\beta' = -\beta'$ 即可.

在区域角点处的吸收条件的频散关系为

$$\frac{vk_z}{\omega} = -\frac{a\frac{vk_x}{\omega} + a'\frac{vk_y}{\omega}}{1 - b\frac{vk_x}{\omega} - b'\frac{vk_y}{\omega}} \quad (5.1.32)$$

其中 $a = \pm a'$, $b = \pm b'$. 符号的选择取决于两个边在角点的方向, 例如, $a = +a'$, $b = +b'$ 表示在角 $x = x_0$, $y = y_0$ 处. 在右上角点即 $x = x_0$, $y = y_0$ 处的差分方程可以表示为

$$\left[1 - \frac{\mathrm{i}bv}{\omega}\left(\frac{\partial}{\partial x} + \frac{\partial}{\partial y}\right)\right]\frac{\partial p}{\partial z} = -\mathrm{i}a\left(\frac{\partial}{\partial x} + \frac{\partial}{\partial y}\right)p \qquad (5.1.33)$$

记

$$\xi = \mathrm{i}\frac{\omega\Delta z}{2v}, \quad \left[1 - \mathrm{i}(b - a\xi)\frac{v}{\omega}\frac{\partial}{\partial y}\right]p^{n+1} = q^{n+1} \qquad (5.1.34)$$

则差分格式是

$$\left[1 - \mathrm{i}(b - a\xi)\frac{v}{\omega}\frac{\partial}{\partial x}\right]q^{n+1} = \left[1 - \mathrm{i}(b + a\xi)\frac{v}{\omega}\frac{\partial}{\partial x}\right]\left[1 - \mathrm{i}(b + a\xi)\frac{v}{\omega}\frac{\partial}{\partial y}\right]p^n \qquad (5.1.35)$$

该式就是在 $x = x_0, y = y_0$ 处的吸收边界条件.

系数 a 和 b 的选择不是一个关键的问题, 对于单色平面波, 可以选择 a 和 b 以完全消除在给定反射角上的能量. 如图 5.2 所示, 考虑一个上行单色平面波, 入射在边界 $x = x_0$ 上并产生反射. 入射波场为

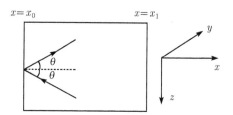

图 5.2　入射在边界 $x = x_0$ 上的平面波

$$P_I = \mathrm{e}^{\mathrm{i}(-k_x x + k_y y - k_z z - \omega t)} \qquad (5.1.36)$$

反射波场为

$$P_R = \mathrm{e}^{\mathrm{i}(k_x x + k_y y - k_z z - \omega t)} \qquad (5.1.37)$$

设 R 是有效反射系数, 于是, 在边界附近的总入射场 $P_I + P_R$ 满足内部外推的方程及边界条件

$$B(P_I + P_R) = 0 \qquad (5.1.38)$$

假定算子 B 是线性的, 可得有效反射系数为

$$R = -\frac{B(P_I)}{B(P_R)} = -\frac{B(k_x, k_y, \omega)}{B(-k_x, k_y, \omega)} \qquad (5.1.39)$$

其中

$$B(k_x, k_y, \omega) = \frac{vk_z}{\omega}\left[1 - b\frac{vk_x}{\omega} - \beta\left(\frac{vk_y}{\omega}\right)^2\right] + \left[a\frac{vk_x}{\omega} + \alpha\left(\frac{vk_y}{\omega}\right)^2\right] \tag{5.1.40}$$

$$B(-k_x, k_y, \omega) = \frac{vk_z}{\omega}\left[1 + b\frac{vk_x}{\omega} - \beta\left(\frac{vk_y}{\omega}\right)^2\right] + \left[-a\frac{vk_x}{\omega} + \alpha\left(\frac{vk_y}{\omega}\right)^2\right] \tag{5.1.41}$$

这是因为我们要求在边界 $x = x_0$ 处入射波和反射波场的频散关系均要满足吸收边界条件式 (5.1.22). 根据关系

$$\frac{vk_x}{\omega} = \sin\theta\cos\phi, \qquad \frac{vk_y}{\omega} = \sin\theta\sin\phi \tag{5.1.42}$$

其中 θ 是入射角 (与垂直方向的夹角), ϕ 是方位角 (x 轴和反射面倾向之间的夹角). 将式 (5.1.40)~(5.1.42) 代入式 (5.1.39), 得到

$$R = -\frac{\cos\theta + (a - b\cos\theta)\sin\theta\cos\phi + (\alpha - \beta\cos\theta)\sin^2\theta\sin^2\phi}{\cos\theta - (a - b\cos\theta)\sin\theta\cos\phi + (\alpha - \beta\cos\theta)\sin^2\theta\sin^2\phi} \tag{5.1.43}$$

可以通过使 R 为零或极小来近似求得系数 a 和 b.

5.2　三维频率空间域多方向分裂

通常, 波场外推公式采用两个方向的算子分裂来进行. 两个方向的波场外推在并行于坐标的方向上没有方位误差, 但在其他方位上, 即使是常速情况, 也会产生方位误差或数值各向异性. 下面讨论的多方向分裂算法可以有效地消除波场外推或波场传播中的方位误差.

5.2.1　高阶近似与分裂方向数目的选择

现将算子 $\sqrt{1 - (S_x^2 + S_y^2)}$ 在 J 个方向上分裂

$$0 \leqslant \theta_j < \pi, \quad j = 1, \cdots, J \tag{5.2.1}$$

并取 θ_j 角等间隔分布

$$\theta_j = \frac{(j - 1)\pi}{J} \tag{5.2.2}$$

记

$$n_j = (\cos\theta_j, \sin\theta_j), \quad j = 1, \cdots, J \tag{5.2.3}$$

$$D_j = (S_x, S_y) \cdot n_j = (S_x, S_y) \cdot (\cos\theta_j, \sin\theta_j), \quad j = 1, \cdots, J \tag{5.2.4}$$

其中 $S_x = \dfrac{v}{\omega}k_x$, $S_y = \dfrac{v}{\omega}k_y$. 寻找下列形式的近似

$$\sqrt{1 - (S_x^2 + S_y^2)} \approx 1 - \frac{2}{J}\sum_{l=1}^{L}\beta_l\left(\sum_{j=1}^{J}\frac{D_j^2}{1 - \alpha_l D_j^2}\right) \tag{5.2.5}$$

这里 D_j 表示分裂的方向, L 表示所取的基本二维算子的个数, α_l 和 $\beta_l(l = 1, \cdots, L)$ 是 $2L$ 个未知数. 选择方向数 J 和参数 (L, α_l, β_l) 使该式能达到 N 阶精度的近似.

定义极坐标

$$S_x = r\cos\theta, \quad S_y = r\sin\theta \tag{5.2.6}$$

代入到式 (5.2.5) 中并作泰勒展开, 得到

$$\sqrt{1 - (S_x^2 + S_y^2)} \approx 1 - \frac{2}{J}\sum_{l=1}^{L}\beta_l\sum_{j=1}^{J}D_j^2(1 + \alpha_l D_j^2 + \alpha_l^2 D_j^4 + \alpha_l^3 D_j^6 + \cdots)$$

$$= 1 - \frac{2}{J}\sum_{l=1}^{L}\beta_l\sum_{j=1}^{J}\sum_{n=0}^{+\infty}\alpha_l^n D_j^{2n+2}$$

$$= 1 - \frac{2}{J}\sum_{n=0}^{+\infty}\sum_{l=1}^{L}\beta_l\alpha_l^n\left(\sum_{j=1}^{J}D_j^{2n+2}\right) \tag{5.2.7}$$

即

$$\sqrt{1 - (S_x^2 + S_y^2)} \approx 1 - \sum_{n=0}^{+\infty}A_n\left(\sum_{j=1}^{J}D_j^{2n+2}\right), \quad A_n = \frac{2}{J}\sum_{l=1}^{L}\beta_l\alpha_l^n \tag{5.2.8}$$

如果对 n 取前 N 项求和, 则近似误差为 $O(D_j^{2N+4})$. 由于

$$D_j = (S_x, S_y) \cdot n_j = (r\cos\theta, r\sin\theta) \cdot (\cos\theta_j, \sin\theta_j) = r\cos(\theta - \theta_j) \tag{5.2.9}$$

所以

$$\sqrt{1 - (S_x^2 + S_y^2)} \approx 1 - \sum_{n=0}^{+\infty}A_n r^{2n+2}\sum_{j=1}^{J}\cos^{2n+2}(\theta - \theta_j) \tag{5.2.10}$$

由于

$$\cos^{2n+2}(\theta - \theta_j) = \frac{1}{2^{2n+1}}\left[\sum_{k=0}^{n}C_{2n+2}^{k}\cos[(2n + 2 - 2k)(\theta - \theta_j)] + \frac{1}{2}C_{2n+2}^{n+1}\right]$$

$$= \sum_{k=0}^{n}g_k\cos[(2n + n - 2k)(\theta - \theta_j)] + h_{n+1} \tag{5.2.11}$$

其中

$$g_k = \frac{C_{2n+2}^{k}}{2^{2n+1}}, \quad k = 0, 1, \cdots, n$$

$$h_{n+1} = \frac{C_{2n+2}^{n+1}}{2^{2n+2}}$$

因此

$$\sqrt{1-(S_x^2+S_y^2)} = 1 - \frac{2}{J}\sum_{n=0}^{+\infty} A_n r^{2n+2} \sum_{j=1}^{J}\left(\sum_{k=0}^{n} g_k \cos[(2n+2-2k)(\theta-\theta_j)] + h_{n+1}\right)$$

$$= 1 - \frac{2}{J}\sum_{n=0}^{+\infty} A_n r^{2n+2}\left(\sum_{k=0}^{n}\sum_{j=1}^{J} g_k \cos[(2n+2-2k)(\theta-\theta_j)] + Jh_{n+1}\right)$$

$$(5.2.12)$$

利用关系式 $\cos x = \mathrm{Re}(\mathrm{e}^{\mathrm{i}x})$, 有

$$\sqrt{1-(S_x^2+S_y^2)} = 1 - \frac{2}{J}\sum_{n=0}^{+\infty} A_n r^{2n+2}\left\{\mathrm{Re}\left[\sum_{k=0}^{n}\rho_k(g_k\mathrm{e}^{\mathrm{i}(2n+2-2k)\theta})\right] + Jh_{n+1}\right\} \quad (5.2.13)$$

其中

$$\rho_k = \sum_{j=1}^{J}\mathrm{e}^{-\mathrm{i}(2n+2-2k)\theta_j}$$

显然, 要使误差达到 $O(r^{2N+4})$ 即精确到 $O(r^{2N+2})$ 阶, 必须使

$$\rho_k = 0, \quad k = 0, 1, \cdots, N+1$$

由于 $\theta_j = \dfrac{(n-1)\pi}{J}(j = 1, \cdots, J)$ 等间隔选择, 利用等比级数求和公式

$$\sum_{j=0}^{m} a^j = \frac{1-a^{m+1}}{1-a}, \quad a \neq 0$$

有

$$\rho_k = \begin{cases} \dfrac{1-\mathrm{e}^{-\mathrm{i}2(n+1-k)\pi}}{1-\mathrm{e}^{-\mathrm{i}2(n+1-k)\pi/J}} = 0, & \dfrac{n+1-k}{J} \notin N \\[4mm] J, & \dfrac{n+1-k}{J} \in N \end{cases}$$

因此, 要使误差达到 $O(r^{2N+4})$, 要满足 $J > N+1$, 可取 $J = N+2$, 即需要 $N+2$ 个方向. 例如, 要得到 $O(r^6)$, 则需三个方向; 而要得到 $O(r^8)$, 则要四个方向. 或者说, 要精确到 $O((S_x^2+S_y^2)^{N+1})$ 阶精度, 需要 $N+2$ 个方向. 因此

$$\sqrt{1-(S_x^2+S_y^2)} = 1 - \sum_{n=0}^{N}\frac{C_{2n+2}^{n+1}}{2^{2n+1}}(S_x^2+S_y^2)^{n+1} + O(S_x^2+S_y^2)^{N+2} \quad (5.2.14)$$

可以精确到 $N+1$ 阶.

5.2.2 近似系数的确定

可以用待定系数法来确定式 (5.2.8) 和 $2L$ 个系数 α_l 和 β_l. 首先给出平方根算子的泰勒展开式

$$\sqrt{1-(S_x^2+S_y^2)}=\sum_{n=0}^{+\infty}\binom{\frac{1}{2}}{n}(S_x^2+S_y^2)^n$$

$$=1-\sum_{n=0}^{N}\gamma_n(S_x^2+S_y^2)^{n+1}+O((S_x^2+S_y^2)^{N+2}) \qquad (5.2.15)$$

其中

$$\gamma_n=\begin{cases}\dfrac{1}{2} & n=0 \\[2mm] \dfrac{1\cdot 3\cdot 5\cdots(2n-1)}{2^{n+1}(n+1)!} & n=1,\cdots,N\end{cases} \qquad (5.2.16)$$

将式 (5.2.14) 与式 (5.2.15) 比较就可以得到方程

$$\sum_{l=1}^{L}\beta_l\alpha_l^n=\gamma_n\frac{2^{2n+1}}{C_{2n+2}^{n+1}}, \quad 0\leqslant n\leqslant N \qquad (5.2.17)$$

取定 L, 由 (5.2.17) 式即可解得 α_l 和 β_l. 于是由 (5.2.5) 可得相应的旁轴方程是

$$\frac{\partial p}{\partial z}=\frac{\mathrm{i}\omega}{v}\left(1-\sum_{l=1}^{L}\beta_l\sum_{j=1}^{J}\frac{v^2[(k_x,k_y)\cdot(\cos\theta_j,\sin\theta_j)]^2}{\omega^2-\alpha_l v^2[(k_x,k_y)\cdot(\cos\theta_j,\sin\theta_j)]^2}\right)p \qquad (5.2.18)$$

定义微分算子

$$E_j=n_j\cdot\nabla=\cos(\theta_j)\frac{\partial}{\partial x}+\sin(\theta_j)\frac{\partial}{\partial y} \qquad (5.2.19)$$

并引进辅助波场

$$\hat{\varphi}_{l,j}=\frac{[(k_x,k_y)\cdot(\cos\theta_j,\sin\theta_j)]^2}{\omega^2-\alpha_l v^2[(k_x,k_y)\cdot(\cos\theta_j,\sin\theta_j)]^2}p$$

$$j=1,\cdots,J; \quad l=1,\cdots,L \qquad (5.2.20)$$

再变换到时间空间域, 得到

$$\frac{\partial p}{\partial t}-v\frac{\partial p}{\partial z}-v^2\sum_{l=1}^{L}\sum_{j=1}^{J}\beta_l\frac{\partial\varphi_{l,j}}{\partial t}=0 \qquad (5.2.21)$$

$$\frac{\partial^2\varphi_{l,j}}{\partial t^2}-\alpha_l v^2 E_j^2\varphi_{l,j}=E_j^2 p, \quad j=1,\cdots,J; l=1,\cdots,L. \qquad (5.2.22)$$

其中 $\varphi_{l,j}$ 表示 $\hat{\varphi}_{l,j}$ 的空间逆傅里叶变换, $p(k_x, k_y, z, \omega)$ 的三重逆傅里叶变换仍用 p 表示.

因为方程 (5.2.22) 有 $2L$ 个未知数, 这要求 $N+1 \leqslant 2L$. 分裂之后将导致 $(N+2)L \approx \dfrac{N^2}{2}(N \to +\infty)$ 个中间步骤. 这意味着计算量与近似阶数 N 的平方成正比, 而通常的经典旁轴近似与 N 成正比, 这意味着实际计算中不要选择太大的 N, 以使方法保持较好的效率.

5.2.3　二、三、四、六、八方向上的算子分裂

上面的推导说明要精确 $O((S_x^2 + S_y^2)^{N+1})$ 阶精度, 需要 $N+2$ 个方向. 下面简要介绍二、三、四、六、八这四方向的分裂结果. 由于我们已推导出系数求解的一般表达式 (5.2.17), 因此计算比 Ristow 的推导更容易和一般. 在计算中, 基本方向的算子数 $L = \left[\dfrac{J}{2}\right]$, 这里 [ ] 表示取整.

1. 二方向分裂

取 $J = 2, L = 1$, 这时 $\theta_1 = 0, \theta_2 = \dfrac{\pi}{2}$. 由式 (5.2.5) 得到

$$
\begin{aligned}
\sqrt{1 - (S_x^2 + S_y^2)} &\approx 1 - \beta_1 \left(\sum_{j=1}^{2} \frac{D_j^2}{1 - \alpha_1 D_j^2} \right) \\
&= 1 - \frac{\beta_1 D_1^2}{1 - \alpha_1 D_1^2} - \frac{\beta_1 D_2^2}{1 - \alpha_1 D_2^2} \\
&\approx 1 - \beta_1(S_x^2 + S_y^2) - \alpha_1\beta_1(S_x^4 + S_y^4) \quad (5.2.23)
\end{aligned}
$$

比较式 (5.2.23) 和式 (5.2.15) 得

$$
\beta_1 = \frac{1}{2}, \qquad \alpha_1 = 0 \quad (5.2.24)
$$

该近似可以精确到 $(S_x^2 + S_y^2)$.

2. 三方向分裂

取 $J = 3, L = 1$, 这时 $\theta_1 = 0, \theta_2 = \dfrac{\pi}{3}, \theta_3 = \dfrac{2\pi}{3}$. 由式 (5.2.5) 式得到

$$
\begin{aligned}
\sqrt{1 - (S_x^2 + S_y^2)} &\approx 1 - \frac{2}{3}\beta_1 \left(\sum_{j=1}^{3} \frac{D_j^2}{1 - \alpha_1 D_j^2} \right) \\
&= 1 - \frac{2}{3} \left\{ \frac{\beta_1 D_1^2}{1 - \alpha_1 D_1^2} + \frac{\beta_1 D_2^2}{1 - \alpha_1 D_2^2} + \frac{\beta_1 D_3^2}{1 - \alpha_1 D_3^2} \right\} \\
&\approx 1 - \beta_1(S_y^2 + S_y^2) - \frac{3}{4}\alpha_1\beta_1(S_x^2 + S_y^2)^2 \quad (5.2.25)
\end{aligned}
$$

比较方程 (5.2.15) 和 (5.2.25), 得到关于 α_1, β_1 的两个方程为

$$\beta_1 = \frac{1}{2}, \quad \frac{3}{4}\alpha_1\beta_1 = \frac{1}{8} \tag{5.2.26}$$

从而

$$\beta_1 = \frac{1}{2}, \quad \alpha_1 = \frac{1}{3} \tag{5.2.27}$$

精确到 $(S_x^2 + S_y^2)^2$.

3. 四方向分裂

取 $J = 4, L = 2$, 这时 $\theta_1 = 0, \theta_2 = \dfrac{\pi}{4}, \theta_3 = \dfrac{\pi}{2}, \theta_4 = \dfrac{3\pi}{4}$. 由式 (5.2.5) 得到

$$\sqrt{1 - (S_x^2 + S_y^2)} \approx 1 - \frac{2}{4}\sum_{l=1}^{2}\beta_l\left(\sum_{j=1}^{4}\frac{D_j^2}{1 - \alpha_l D_j^2}\right)$$

$$\approx 1 - (\beta_1 + \beta_2)(S_x^2 + S_y^2) - \frac{3}{4}(\beta_1\alpha_1 + \beta_2\alpha_2)(S_x^2 + S_y^2)^2$$

$$- \frac{5}{8}(\beta_1\alpha_1^2 + \beta_2\alpha_2^2)(S_x^2 + S_y^2)^3 \tag{5.2.28}$$

比较方程 (5.2.15) 和 (5.2.28) 的系数可得到如下方程

$$\beta_1 + \beta_2 = \frac{1}{2}, \quad \frac{3}{4}(\beta_1\alpha_1 + \beta_2\alpha_2) = \frac{1}{8}, \quad \frac{5}{8}(\beta_1\alpha_1^2 + \beta_2\alpha_2^2) = \frac{1}{16} \tag{5.2.29}$$

由此解得 (取自由系数 $\alpha_1 = 0$)

$$\beta_1 = \frac{2}{9}, \quad \beta_2 = \frac{5}{18}, \quad \alpha_1 = 0, \quad \alpha_2 = \frac{3}{5} \tag{5.2.30}$$

精确到 $(S_x^2 + S_y^2)^3$.

4. 六方向分裂

取 $J = 6, L = 3$, 这时 $\theta_1 = 0, \theta_2 = \dfrac{\pi}{6}, \theta_3 = \dfrac{2\pi}{6}, \theta_4 = \dfrac{3\pi}{6}, \theta_5 = \dfrac{4\pi}{6}, \theta_6 = \dfrac{5\pi}{6}$. 由式 (5.2.5) 得到

$$\sqrt{1 - (S_x^2 + S_y^2)} \approx 1 - \frac{1}{3}\sum_{l=1}^{3}\sum_{j=1}^{6}\frac{\beta_l D_j^2}{1 - \alpha_l D_j^2}$$

$$\approx \begin{cases} 1 - (\beta_1 + \beta_2 + \beta_3)(S_x^2 + S_y^2) \\[2mm] -\dfrac{3}{4}(\beta_1\alpha_1 + \beta_2\alpha_2 + \beta_3\alpha_3)(S_x^2 + S_y^2)^2 \\[2mm] -\dfrac{5}{8}(\beta_1\alpha_1^2 + \beta_2\alpha_2^2 + \beta_3\alpha_3^2)(S_x^2 + S_y^2)^3 \\[2mm] -\dfrac{35}{64}(\beta_1\alpha_1^3 + \beta_2\alpha_2^3 + \beta_3\alpha_3^3)(S_x^2 + S_y^2)^4 \\[2mm] -\dfrac{63}{128}(\beta_1\alpha_1^4 + \beta_2\alpha_2^4 + \beta_3\alpha_3^4)(S_x^2 + S_y^2)^5 \end{cases} \tag{5.2.31}$$

将式 (5.2.15) 与式 (5.2.31) 比较, 得

$$
\begin{cases}
\beta_1 + \beta_2 + \beta_3 = \dfrac{1}{2} \\[2mm]
\beta_1\alpha_1 + \beta_2\alpha_2 + \beta_3\alpha_3 = \dfrac{1}{6} \\[2mm]
\beta_1\alpha_1^2 + \beta_2\alpha_2^2 + \beta_3\alpha_3^2 = \dfrac{1}{10} \\[2mm]
\beta_1\alpha_1^3 + \beta_2\alpha_2^3 + \beta_3\alpha_3^3 = \dfrac{1}{14} \\[2mm]
\beta_1\alpha_1^4 + \beta_2\alpha_2^4 + \beta_3\alpha_3^4 = \dfrac{1}{18}
\end{cases}
\tag{5.2.32}
$$

由此解得 (取自由参数 $\alpha_1 = 0$)

$$
\beta_1 = \frac{32}{225}, \quad \beta_2 = \frac{161}{900} \mp \frac{13\sqrt{70}}{1800}, \quad \beta_3 = \frac{161}{900} \mp \frac{13\sqrt{70}}{1800}
$$

$$
\alpha_1 = 0, \qquad \alpha_2 = \frac{5}{9} \mp \frac{2\sqrt{70}}{63}, \qquad \alpha_3 = \frac{5}{9} \pm \frac{2\sqrt{70}}{63}
$$

两组解可任取一组, 精确到 $(S_x^2 + S_y^2)^5$.

5. 八方向分裂

取 $J = 8, L = 4$, 这时 $\theta_1 = 0, \theta_2 = \dfrac{\pi}{8}, \theta_3 = \dfrac{\pi}{4}, \theta_4 = \dfrac{3\pi}{8}, \theta_5 = \dfrac{\pi}{2}, \theta_6 = \dfrac{5\pi}{8}, \theta_7 = \dfrac{7\pi}{8}$, 且有如下展开式

$$
\sqrt{1 - (S_x^2 + S_y^2)} \approx 1 - \frac{1}{4}\sum_{l=1}^{4}\sum_{j=1}^{8} \frac{\beta_l D_j^2}{1 - \alpha_l D_j^2}
$$

$$
\approx
\begin{cases}
1 - (\beta_1 + \beta_2 + \beta_3 + \beta_4)(S_x^2 + S_y^2) \\[2mm]
-\dfrac{3}{4}(\beta_1\alpha_1 + \beta_2\alpha_2 + \beta_3\alpha_3 + \beta_4\alpha_4)(S_x^2 + S_y^2)^2 \\[2mm]
-\dfrac{5}{8}(\beta_1\alpha_1^2 + \beta_2\alpha_2^2 + \beta_3\alpha_3^2 + \beta_4\alpha_4^2)(S_x^2 + S_y^2)^3 \\[2mm]
-\dfrac{35}{64}(\beta_1\alpha_1^3 + \beta_2\alpha_2^3 + \beta_3\alpha_3^3 + \beta_4\alpha_4^3)(S_x^2 + S_y^2)^4 \\[2mm]
-\dfrac{63}{128}(\beta_1\alpha_1^4 + \beta_2\alpha_2^4 + \beta_3\alpha_3^4 + \beta_4\alpha_4^4)(S_x^2 + S_y^2)^5 \\[2mm]
-\dfrac{231}{512}(\beta_1\alpha_1^5 + \beta_2\alpha_2^5 + \beta_3\alpha_3^5 + \beta_4\alpha_4^5)(S_x^2 + S_y^2)^6 \\[2mm]
-\dfrac{429}{1024}(\beta_1\alpha_1^6 + \beta_2\alpha_2^6 + \beta_3\alpha_3^6 + \beta_4\alpha_4^6)(S_x^2 + S_y^2)^7
\end{cases}
\tag{5.2.33}
$$

比较系数, 可得

$$
\begin{cases}
\beta_1 + \beta_2 + \beta_3 + \beta_4 = \dfrac{1}{2} \\[2mm]
\beta_1\alpha_1 + \beta_2\alpha_2 + \beta_3\alpha_3 + \beta_4\alpha_4 = \dfrac{1}{6} \\[2mm]
\beta_1\alpha_1^2 + \beta_2\alpha_2^2 + \beta_3\alpha_3^2 + \beta_4\alpha_4^2 = \dfrac{1}{10} \\[2mm]
\beta_1\alpha_1^3 + \beta_2\alpha_2^3 + \beta_3\alpha_3^3 + \beta_4\alpha_4^3 = \dfrac{1}{14} \\[2mm]
\beta_1\alpha_1^4 + \beta_2\alpha_2^4 + \beta_3\alpha_3^4 + \beta_4\alpha_4^4 = \dfrac{1}{18} \\[2mm]
\beta_1\alpha_1^5 + \beta_2\alpha_2^5 + \beta_3\alpha_3^5 + \beta_4\alpha_4^5 = \dfrac{1}{22} \\[2mm]
\beta_1\alpha_1^6 + \beta_2\alpha_2^6 + \beta_3\alpha_3^6 + \beta_4\alpha_4^6 = \dfrac{1}{26}
\end{cases}
\tag{5.2.34}
$$

若同前面一样再令自由参数 $\alpha_1 = 0$, 则由 7 个方程可解得 7 个未知数: $\beta_1, \beta_2, \beta_3, \beta_4,$ $\alpha_2, \alpha_3, \alpha_4$. 但均是极其复杂的复数表达式. 为简化计算, 现取式 (5.2.34) 中前 6 个方程进行求解, 并取自由参数 $\alpha_1 = 0, \alpha_4 = 1/2$, 由此解得

$$
\begin{aligned}
&\beta_1 = 0.0890, \quad \beta_2 = 0.0749, \quad \beta_3 = 0.1832, \quad \beta_4 = 0.1529 \\
&\alpha_1 = 0, \qquad\quad \alpha_2 = 0.8851, \quad \alpha_3 = 0.1309, \quad \alpha_4 = 1/2
\end{aligned}
$$

或

$$
\begin{aligned}
&\beta_1 = 0.0890, \quad \beta_2 = 0.1832, \quad \beta_3 = 0.0749, \quad \beta_4 = 0.1529 \\
&\alpha_1 = 0, \qquad\quad \alpha_2 = 0.1309, \quad \alpha_3 = 0.8851, \quad \alpha_4 = 1/2
\end{aligned}
$$

这时均精确到 $(S_x^2 + S_y^2)^6$.

上面用待定系数的方法, 求得了各系数. Ristow 等采用优化系数的方法, 得到了三、四、六个方向分裂的优化系数[107].

为了给出多方向近似所能达到的最大偏移倾角, 定义误差函数

$$
\varepsilon(S_x, S_y) = \sqrt{1 - (S_x^2 + S_y^2)} - \left[1 - \frac{2}{J} \sum_{l=1}^{L} \beta_l \left(\sum_{j=1}^{J} \frac{D_j^2}{1 - \alpha_l D_j^2} \right) \right]
\tag{5.2.35}
$$

将 S_x 和 S_y 用倾角 θ 和方位角 ϕ 表示

$$
S_x = \cos\phi \sin\theta, \quad S_y = \sin\phi \sin\theta
\tag{5.2.36}
$$

并定义相对误差

$$
\rho(\theta, \phi) = \frac{\varepsilon(S_x, S_y)}{\sqrt{1 - (S_x^2 + S_y^2)}} = \frac{\varepsilon(\theta, \phi, \alpha_l, \beta_l)}{\sqrt{1 - \sin^2\theta}}
\tag{5.2.37}
$$

计算相对误差, 选取相对误差绝对值小于 1% 的最大倾角作为最大的偏移倾角, 其结果如表 5-1 所示 (其中 T 表示二方向分裂波场外推的计算量)

表 5-1　不同分裂数目的误差阶、最大偏移倾角和计算量

分裂数目	误差阶	最大偏移倾角	计算量
二方向	$O(S_x^2 + S_y^2)^2$	29°	T
三方向	$O(S_x^2 + S_y^2)^3$	41°	$1.5T$
四方向	$O(S_x^2 + S_y^2)^4$	48°	$4T$
六方向	$O(S_x^2 + S_y^2)^6$	53°	$9T$
八方向	$O(S_x^2 + S_y^2)^7$	75°	$16T$

对于三方向和六方向分裂公式, 计算时必须对原来的矩形或正方形网格上的数据重新排列, 排列到一个六边形采样网格点上. 对四方向分裂, 在正方形网格上由 (5.2.28) 式计算, 计算精确到 3 阶精度. 四方向分裂计算量是原来二方向分裂计算量的两倍, 因为从 z 到 $z + \Delta z$ 的下延过程中, 先在沿着测线和垂直测线的方向计算, 然后再在两个对角方向计算. 我们可通过下面的方法来减少计算量, 在从 z 到 $z + \Delta z$ 的下延过程中, 先在两个正交方向计算, 然后在从 $z + \Delta z$ 到 $z + 2\Delta z$ 的波场下延过程中, 再在两个对角方向计算, 这样总的计算量与经典的两个正交方向的分裂计算量一样. 另外, 若基本算子的数目 L 小于 $\left[\dfrac{J}{2}\right]$, 则可类似导出新的分裂公式, 但精度与 $L = \left[\dfrac{J}{2}\right]$ 的情况相比, 将会降低.

5.3　由 Kirchhoff 积分解导出偏移公式

基于波场外推的偏移, 不论是频率空间域有限差分法还是傅里叶有限差分法都可以从 Helmholtz 方程的 Kirchhoff 积分解导出, 裂步傅里叶法就是这样导出的 [118]. 在推导中, 将慢度场分解成常数参考慢度和慢度扰动, 慢度扰动看作二次源.

在非均匀介质中的 Helmholtz 方程是

$$\nabla^2 p + \omega^2 s^2 p = 0 \tag{5.3.1}$$

其中 $p(x, y, z, \omega)$ 表示频率空间域 (或相应域中) 的波场, $s(x, y, z) = 1/v(x, y, z)$ 是慢度. 将慢度 s 分解成参考慢度 $s_0(z)$ 和扰动 $\Delta s(x, y, z)$ 两部分

$$s(x, y, z) = s_0(z) + \Delta s(x, y, z) \tag{5.3.2}$$

并代入 Helmholtz 方程, 得到

$$\nabla^2 p + \omega^2 s_0^2 p = -g(x, y, z, \omega) \tag{5.3.3}$$

该式即是均匀介质中的 Helmholtz 方程, 其中 $g(x, y, z, \omega)$ 是二次源, 为

$$g(x, y, z, \omega) = 2\omega^2 s_0(z) \Delta s(x, y, z) \left(1 + \frac{\Delta s(x, y, z)}{2s_0}\right) p(x, y, z, \omega) \tag{5.3.4}$$

对方程 (5.3.3) 作关于空间 x, y 的傅里叶变换, 得

$$\frac{\partial^2 P}{\partial z^2} + k_{z_0}^2 P = -G(k_x, k_y, z, \omega) \tag{5.3.5}$$

若 P 是上行波场, 并假设波场在延拓中没有多次波的作用, 则波场延拓可以表示成

$$P(k_x, k_y, z_{n+1}, \omega) = P(k_x, k_y, z_n, \omega) \mathrm{e}^{\mathrm{i}k_{z_0}\Delta z} - \int_{z_n}^{z_{n+1}} \frac{\mathrm{e}^{\mathrm{i}k_{z_0}(z_{z+1}-z')}}{2\mathrm{i}k_{z_0}} G(k_x, k_y, z', \omega) \mathrm{d}z' \tag{5.3.6}$$

其中 $\Delta z = z_{n+1} - z_n$. 垂直波数 k_{z_0} 为

$$k_{z_0} = \sqrt{\omega^2 s_0^2 - k_x^2 - k_y^2} \tag{5.3.7}$$

式 (5.3.6) 是在水平波数域中非均匀介质的 Kirchhoff 积分表示[15]. 第一项表示通过常数慢度介质的下延拓, 来自于在地表记录到的散射场的面积分 (二维为线积分); 第二项表示在 Δz 内由二次源产生的附加波场, 表示二次源的体积分 (二维为面积分). 积分中的第一项是常数慢度介质中 Green 函数的傅里叶变换, 在二维情况下, 该 Green 函数是第一类 Hankel 函数.

下面假设慢度的横向变化相对两倍的参考慢度是小量, 即

$$\left|\frac{\Delta s}{2s_0}\right| = \left|\frac{s - s_0}{2s_0}\right| \ll 1 \tag{5.3.8}$$

Ristow 等指出[107], 参考慢度必须是在 Δz 内的最大值, 即

$$s_0 = \max_{\Delta z} s(x, y, z) \tag{5.3.9}$$

这蕴含在弱横向变速介质中 $\dfrac{s}{s_0}$ 趋于 1, 在强横向变速介质中 $\dfrac{s}{s_0}$ 趋于 0.

在 (5.3.4) 中忽略 Δs 的二阶项, 得

$$g(x, y, z, \omega) = 2\omega^2 s_0(z) \Delta s(x, y, z) p(x, y, z, \omega) \tag{5.3.10}$$

在这里 p 仍然理解成上行波场而非总场. 式 (5.3.10) 对应的空间傅里叶变换是

$$G(k_x, k_y, z, \omega) = 2\omega^2 s_0(z) \int_{-\infty}^{+\infty} \int_{-\infty}^{+\infty} \Delta s(k_x', k_y', z) P(k_x - k_x', k_y - k_y', z, \omega) \mathrm{d}k_x' \mathrm{d}k_y' \tag{5.3.11}$$

记 (5.3.6) 式中的积分为 I, 则由 (5.3.4) 和 (5.3.11) 式知

$$
\begin{aligned}
I ={} & \int_{z_n}^{z_{n+1}} \frac{e^{i\omega s_0 \sqrt{1-\left(\frac{k_x}{\omega s_0}\right)^2-\left(\frac{k_y}{\omega s_0}\right)^2}(z_{n+1}-z')}}{2i\omega s_0 \sqrt{1-\left(\dfrac{k_x}{\omega s_0}\right)^2-\left(\dfrac{k_y}{\omega s_0}\right)^2}} dz' \\
& \times 2\omega^2 s_0(z') \int_{-\infty}^{+\infty}\int_{-\infty}^{+\infty} \Delta s(k'_x,k'_y,z')P(k_x-k'_x,k_y-k'_y,z',\omega)dk'_x k'_y \\
\approx{} & -i\omega \int_{z_n}^{z_{n+1}} dz' \int_{-\infty}^{+\infty}\int_{-\infty}^{+\infty} \Delta s(k'_x,k'_y,z')P(k_x-k'_x,k_y-k'_y,z',\omega)dk'_x dk'_y \\
& \times e^{ik_{z_0}(z_{n+1}-z')}\left[1+\frac{1}{2}\frac{1}{\omega^2 s_0^2}(k_x^2+k_y^2)+\frac{3}{8}\frac{1}{\omega^4 s_0^4}(k_x^2+k_y^2)^2+\cdots\right]
\end{aligned} \tag{5.3.12}
$$

引进相移波场 P_1 为

$$
P_1(k_x-k'_x,k_y-k'_y,z',\omega;d_{n+1}) = P(k_x-k'_x,k_y-k'_y,z',\omega)e^{ik_{z_0}d_{n+1}} \tag{5.3.13}
$$

其中 $d_{n+1}=z_{n+1}-z'$. 将 (5.3.6) 式返回到频率空间域中, 再由 (5.3.12) 式可得

$$
\begin{aligned}
p(x,y,z_{n+1},\omega) ={} & p_1(x,y,z_n,\omega;\Delta z)+i\omega\int_{z_n}^{z_{n+1}} dz' \Delta s(x,y,z')p_1(x,y,z',\omega;z_{n+1}-z') \\
& \times\left[1-\frac{1}{2}\frac{1}{\omega^2 s_0^2}\left(\frac{\partial^2}{\partial x^2}+\frac{\partial^2}{\partial y^2}\right)+\frac{3}{8\omega^4 s_0^4}\left(\frac{\partial^2}{\partial x^2}+\frac{\partial^2}{\partial y^2}\right)^2+\cdots\right]
\end{aligned} \tag{5.3.14}
$$

近似计算其中的积分, 得

$$
\begin{aligned}
p(x,y,z_{n+1},\omega) ={} & p_1(x,y,z_n,\omega;\Delta z) \\
& +i\omega\frac{\Delta z}{2}\Bigg\{\Delta s(x,y,z_{n+1})p(x,y,z_{n+1},\omega) \\
& \times\left[1-\frac{1}{2}\frac{1}{\omega^2 s_0^2}\left(\frac{\partial^2}{\partial x^2}+\frac{\partial^2}{\partial y^2}\right)+\frac{3}{8\omega^4 s_0^4}\left(\frac{\partial^2}{\partial x^2}+\frac{\partial^2}{\partial y^2}\right)^2+\cdots\right] \\
& +\Delta s(x,y,z_n)p_1(x,y,z_n,\omega;\Delta z) \\
& \times\left[1-\frac{1}{2}\frac{1}{\omega^2 s_0^2}\left(\frac{\partial^2}{\partial x^2}+\frac{\partial^2}{\partial y^2}\right)+\frac{3}{8\omega^4 s_0^4}\left(\frac{\partial^2}{\partial x^2}+\frac{\partial^2}{\partial y^2}\right)^2+\cdots\right]\Bigg\}
\end{aligned} \tag{5.3.15}
$$

其中利用了 $p_1(x,y,z,\omega;0)=p(x,y,z,\omega)$. 方程 (5.3.15) 可以改写成

$$
\begin{aligned}
p(x,y,z_{n+1},\omega)\Bigg(& 1-i\omega\frac{\Delta z}{2}\Delta s(x,y,z_{n+1})\left[1-\frac{1}{2}\frac{1}{\omega^2 s_0^2}\left(\frac{\partial^2}{\partial x^2}+\frac{\partial^2}{\partial y^2}\right)\right. \\
& \left.+\frac{3}{8\omega^4 s_0^4}\left(\frac{\partial^2}{\partial x^2}+\frac{\partial^2}{\partial y^2}\right)^2+\cdots\right]\Bigg)
\end{aligned}
$$

$$= p_1(x, y, z_n, \omega; \Delta z) \left(1 + i\omega \frac{\Delta z}{2} \Delta s(x, y, z_n) \left[1 - \frac{1}{2} \frac{1}{\omega^2 s_0^2} \left(\frac{\partial^2}{\partial x^2} + \frac{\partial^2}{\partial y^2} \right) \right. \right.$$

$$\left. \left. + \frac{3}{8 \omega^4 s_0^4} \left(\frac{\partial^2}{\partial x^2} + \frac{\partial^2}{\partial y^2} \right)^2 + \cdots \right] \right) \tag{5.3.16}$$

即

$$p(x, y, z_{n+1}, \omega) e^{-i\omega \frac{\Delta z}{2} \Delta s(x, y, z_{n+1}) \left[1 - \frac{1}{2} \frac{1}{\omega^2 s_0^2} \left(\frac{\partial^2}{\partial x^2} + \frac{\partial^2}{\partial y^2} \right) + \frac{3}{8} \frac{1}{\omega^4 s_0^4} \left(\frac{\partial^2}{\partial x^2} + \frac{\partial^2}{\partial y^2} \right)^2 + \cdots \right]}$$

$$= p_1(x, y, z_n, \omega; \Delta z) e^{i\omega \frac{\Delta z}{2} \Delta s(x, y, z_n) \left[1 - \frac{1}{2} \frac{1}{\omega^2 s_0^2} \left(\frac{\partial^2}{\partial x^2} + \frac{\partial^2}{\partial y^2} \right) + \frac{3}{8} \frac{1}{\omega^4 s_0^4} \left(\frac{\partial^2}{\partial x^2} + \frac{\partial^2}{\partial y^2} \right)^2 + \cdots \right]} \tag{5.3.17}$$

由于在 Δz 内没有垂直慢度变化, 即 $\Delta s(x, y, z_{n+1}) = \Delta s(x, y, z_n)$, 所以

$$p(x, y, z_{n+1}, \omega)$$

$$= p_1(x, y, z_n, \omega; \Delta z) e^{i\omega \Delta z \Delta s(x, y, z_n) \left[1 - \frac{1}{2} \frac{1}{\omega^2 s_0^2} \left(\frac{\partial^2}{\partial x^2} + \frac{\partial^2}{\partial y^2} \right) + \frac{3}{8} \frac{1}{\omega^4 s_0^4} \left(\frac{\partial^2}{\partial x^2} + \frac{\partial^2}{\partial y^2} \right)^2 + \cdots \right]} \tag{5.3.18}$$

由于 p_1 是经过相移 $e^{ik_{z_0} \Delta z}$ 之后的波场, 因此, 易知方程 (5.3.18) 是下面微分方程的解

$$\frac{\partial p}{\partial z} = i \left\{ \omega s_0 \sqrt{1 + \frac{1}{\omega^2 s_0^2} \left(\frac{\partial^2}{\partial x^2} + \frac{\partial^2}{\partial y^2} \right)} + \omega \Delta s \right.$$

$$\left. - \omega \Delta s \left[\frac{1}{2} \frac{1}{\omega^2 s_0^2} \left(\frac{\partial^2}{\partial x^2} + \frac{\partial^2}{\partial y^2} \right) - \frac{3}{8} \frac{1}{\omega^4 s_0^4} \left(\frac{\partial^2}{\partial x^2} + \frac{\partial^2}{\partial y^2} \right)^2 + \cdots \right] \right\} p \tag{5.3.19}$$

将式 (5.3.19) 的平方根展开并化简:

$$\frac{\partial p}{\partial z} = i \left\{ \omega s_0 \left[1 + \frac{1}{2\omega^2 s_0^2} \left(\frac{\partial^2}{\partial x^2} + \frac{\partial^2}{\partial y^2} \right) - \frac{1}{8\omega^4 s_0^4} \left(\frac{\partial^2}{\partial x^2} + \frac{\partial^2}{\partial y^2} \right)^2 \right] + \omega \Delta s \right.$$

$$\left. - \omega \Delta s \left[\frac{1}{2\omega^2 s_0^2} \left(\frac{\partial^2}{\partial x^2} + \frac{\partial^2}{\partial y^2} \right) - \frac{3}{8\omega^4 s_0^4} \left(\frac{\partial^2}{\partial x^2} + \frac{\partial^2}{\partial y^2} \right)^2 \right] + \cdots \right\} p$$

$$= i \left\{ \omega(s_0 + \Delta s) + \frac{1}{2\omega s_0} \left(1 - \frac{\Delta s}{s_0} \right) \left(\frac{\partial^2}{\partial x^2} + \frac{\partial^2}{\partial y^2} \right) \right.$$

$$\left. - \frac{1}{8\omega^3 s_0^3} \left(1 - \frac{3\Delta s}{s_0} \right) \left(\frac{\partial^2}{\partial x^2} + \frac{\partial^2}{\partial y^2} \right)^2 + \cdots \right\} p \tag{5.3.20}$$

由于

$$s = s_0 \left(1 + \frac{\Delta s}{s_0} \right) \tag{5.3.21}$$

于是

$$\frac{1}{s^n} = \frac{1}{s_0^n} \left(1 - \frac{\Delta s}{s_0} + \cdots \right)^n \approx \frac{1}{s_0^n} \left(1 - \frac{n\Delta s}{s_0} \right), \quad \left| \frac{\Delta s}{s_0} \right| < 1 \tag{5.3.22}$$

利用式 (5.3.22), 则 (5.3.20) 可简化为

$$\frac{\partial p}{\partial z} = \mathrm{i}\omega s\left[1 + \frac{1}{2}\frac{1}{\omega^2 s^2}\left(\frac{\partial^2}{\partial x^2} + \frac{\partial^2}{\partial y^2}\right) - \frac{1}{8}\frac{1}{\omega^4 s^4}\left(\frac{\partial^2}{\partial x^2} + \frac{\partial^2}{\partial y^2}\right)^2 + \cdots\right]p \quad (5.3.23)$$

这实质是单程波方程中平方根算子的泰勒展开, 该式也可改写成

$$\frac{\partial p}{\partial z} \approx \mathrm{i}\omega s\left[1 + \frac{0.5\dfrac{1}{\omega^2 s^2}\left(\dfrac{\partial^2}{\partial x^2} + \dfrac{\partial^2}{\partial y^2}\right)}{1 + 0.25\dfrac{1}{\omega^2 s^2}\left(\dfrac{\partial^2}{\partial x^2} + \dfrac{\partial^2}{\partial y^2}\right)}\right]p \quad (5.3.24)$$

这也是单程波方程中平方根算子的连分数展开, 即频率空间域中 45° 偏移方程.

为了推导混合法偏移公式, 需要对 (5.3.19) 的最后两项化简. 由式 (5.3.22) 有

$$\frac{n\Delta s}{s_0^{n+1}} \approx \frac{1}{s_0^n} - \frac{1}{s^n}, \quad \left|\frac{\Delta s}{s_0}\right| < 1 \quad (5.3.25)$$

令 $r = \dfrac{s}{s_0}$, 对于 (5.3.19) 式右端第三项, 有

$$\begin{aligned}
-\frac{1}{2}\frac{\Delta s}{s_0}\frac{1}{\omega s_0}\left(\frac{\partial^2}{\partial x^2} + \frac{\partial^2}{\partial y^2}\right) &= -\frac{1}{2}\frac{1}{\omega}\frac{\Delta s}{s_0^2}\left(\frac{\partial^2}{\partial x^2} + \frac{\partial^2}{\partial y^2}\right)\\
&= -\frac{1}{2}\frac{1}{\omega}\left(\frac{1}{s_0} - \frac{1}{s}\right)\left(\frac{\partial^2}{\partial x^2} + \frac{\partial^2}{\partial y^2}\right)\\
&= -\frac{1}{2}\frac{1}{\omega s}(r-1)\left(\frac{\partial^2}{\partial x^2} + \frac{\partial^2}{\partial y^2}\right)\\
&= -\omega s(r-1)\frac{1}{2}\frac{1}{\omega^2 s^2}\left(\frac{\partial^2}{\partial x^2} + \frac{\partial^2}{\partial y^2}\right) \quad (5.3.26)
\end{aligned}$$

对于 (5.3.19) 式右端第四项, 有

$$\begin{aligned}
\frac{3}{8}\frac{\Delta s}{s_0}\frac{1}{\omega^3 s_0^3}\left(\frac{\partial^2}{\partial x^2} + \frac{\partial^2}{\partial y^2}\right)^2 &= \frac{1}{8}\frac{1}{\omega^3}\frac{3\Delta s}{s_0^4}\left(\frac{\partial^2}{\partial x^2} + \frac{\partial^2}{\partial y^2}\right)^2\\
&= \frac{1}{8}\frac{1}{\omega^3}\left(\frac{1}{s_0^3} - \frac{1}{s^3}\right)\left(\frac{\partial^2}{\partial x^2} + \frac{\partial^2}{\partial y^2}\right)^2\\
&= \frac{1}{8\omega^3 s^3}(r^3 - 1)\left(\frac{\partial^2}{\partial x^2} + \frac{\partial^2}{\partial y^2}\right)^2\\
&= \omega s(r-1)(r^2 + r + 1)\frac{1}{8}\frac{1}{\omega^4 s^4}\left(\frac{\partial^2}{\partial x^2} + \frac{\partial^2}{\partial y^2}\right)^2 \quad (5.3.27)
\end{aligned}$$

将 (5.3.26) 式和 (5.3.27) 式代入方程 (5.3.19) 中, 可得到

$$\frac{\partial p}{\partial z} = \mathrm{i}\left\{\omega s_0\sqrt{1 + \frac{1}{\omega^2 s_0^2}\left(\frac{\partial^2}{\partial x^2} + \frac{\partial^2}{\partial y^2}\right)} + \omega\Delta s\right.$$

$$-\omega s(r-1)\left[\frac{1}{2}\frac{1}{\omega^2 s^2}\left(\frac{\partial^2}{\partial x^2}+\frac{\partial^2}{\partial y^2}\right)\right.$$
$$\left.\left.-\frac{r^2+r+1}{8}\frac{1}{\omega^4 s^4}\left(\frac{\partial^2}{\partial x^2}+\frac{\partial^2}{\partial y^2}\right)^2-\cdots\right]\right\}p$$
$$\approx \mathrm{i}\left\{\sqrt{\frac{\omega^2}{v_0^2}+\left(\frac{\partial^2}{\partial x^2}+\frac{\partial^2}{\partial y^2}\right)}+\omega\left(\frac{1}{v}-\frac{1}{v_0}\right)\right.$$
$$\left.+\frac{\dfrac{1}{2}\dfrac{(r-1)}{\omega s}\left(\dfrac{\partial^2}{\partial x^2}+\dfrac{\partial^2}{\partial y^2}\right)}{1+\dfrac{1}{4}\dfrac{(r^2+r+1)}{\omega^2 s^2}\left(\dfrac{\partial^2}{\partial x^2}+\dfrac{\partial^2}{\partial y^2}\right)}\right\} \qquad (5.3.28)$$

该方程就是由 Ristow 和 Rühl 所导出的傅里叶有限差分法偏移公式[107]. 如果在 (5.3.28) 式中取前两项, 则得到裂步傅里叶偏移公式[118]. 在推导中利用了关系式 $\Delta s/s_0 = r - 1$.

因此, 我们从 Helmholtz 方程出发, 利用其 Kirchhoff 积分解, 导出了三维频率空间域的 45° 偏移方程 (5.3.24) 以及傅里叶有限差分法偏移方程 (5.3.28).

5.4 混合法四方向分裂偏移

5.4.1 混合法四方向分裂

前面讨论了频率空间域中的多方向分裂波场外推算法. 现在考虑混合法四方向分裂偏移的算法. 我们知道平方根算子可作如下近似

$$\sqrt{1-\frac{v^2}{\omega^2}(k_x^2+k_y^2)}\approx\sqrt{1-\frac{v^2}{\omega^2}k_x^2}+\sqrt{1-\frac{v^2}{\omega^2}k_y^2}-1$$
$$\approx\frac{1}{2}\left[\sqrt{1-\frac{v^2}{\omega^2}k_x^2}+\sqrt{1-\frac{v^2}{\omega^2}k_y^2}+\sqrt{1-\frac{v^2}{\omega^2}k_{x'}^2}+\sqrt{1-\frac{v^2}{\omega^2}k_{y'}^2}\right]-1$$

这里 k_x 和 k_y 分别是 0° 和 90° 方向的波数, $k_{x'}$ 和 $k_{y'}$ 分别是 45° 和 135° 方向的波数. 于是, 在频率空间域中四方向分裂的三维单程波方程可表示为

$$\frac{\partial P}{\partial z}\approx-\frac{\mathrm{i}\omega}{v}P+\frac{\mathrm{i}\omega}{2v}\left[\sqrt{1+\frac{v^2}{\omega^2}\frac{\partial^2}{\partial x^2}}+\sqrt{1+\frac{v^2}{\omega^2}\frac{\partial^2}{\partial y^2}}\right]P$$
$$+\frac{\mathrm{i}\omega}{2v}\left[\sqrt{1+\frac{v^2}{\omega^2}\frac{\partial^2}{\partial x'^2}}+\sqrt{1+\frac{v^2}{\omega^2}\frac{\partial^2}{\partial y'^2}}\right]P \qquad (5.4.1)$$

这里 x' 和 y' 分别是沿 45° 和 135° 方向的坐标变量. 这两个方向的变量可以由 x

和 y 表示为

$$x' = \frac{\sqrt{2}}{2}(x+y), \qquad y' = \frac{\sqrt{2}}{2}(-x+y) \tag{5.4.2}$$

如仅考虑两个方向的分裂, 则 (5.4.1) 式简化为

$$\frac{\partial P}{\partial z} \approx -\frac{\mathrm{i}\omega}{v}P + \frac{\mathrm{i}\omega}{v}\left[\sqrt{1 + \frac{v^2}{\omega^2}\frac{\partial^2}{\partial x^2}} + \sqrt{1 + \frac{v^2}{\omega^2}\frac{\partial^2}{\partial y^2}}\right]P \tag{5.4.3}$$

在频率空间域, 用方程 (5.4.1) 进行波场外推归结为依次求解下列方程

$$\frac{\partial P}{\partial z} = -\mathrm{i}\frac{\omega}{v}P \tag{5.4.4}$$

$$\frac{\partial P}{\partial z} = \mathrm{i}\frac{\omega}{2v}\sqrt{1 + \frac{v^2}{\omega^2}\frac{\partial^2}{\partial x^2}}P, \quad \frac{\partial P}{\partial z} = \mathrm{i}\frac{\omega}{2v}\sqrt{1 + \frac{v^2}{\omega^2}\frac{\partial^2}{\partial y^2}}P$$

$$\frac{\partial P}{\partial z} = \mathrm{i}\frac{\omega}{2v}\sqrt{1 + \frac{v^2}{\omega^2}\frac{\partial^2}{\partial x'^2}}P, \quad \frac{\partial P}{\partial z} = \mathrm{i}\frac{\omega}{2v}\sqrt{1 + \frac{v^2}{\omega^2}\frac{\partial^2}{\partial y'^2}}P \tag{5.4.5}$$

考虑 45° 旁轴近似, 则波场外推归结为分别求解

$$\frac{\partial P}{\partial z} = \frac{\mathrm{i}\omega}{v}P \tag{5.4.6}$$

$$\frac{\partial P}{\partial z} = \frac{\mathrm{i}\omega}{2v}\frac{\alpha\dfrac{v^2}{\omega^2}\dfrac{\partial^2}{\partial x^2}}{1 + \beta\dfrac{\partial^2}{\partial x^2}}P, \quad \frac{\partial P}{\partial z} = \frac{\mathrm{i}\omega}{2v}\frac{\alpha\dfrac{v^2}{\omega^2}\dfrac{\partial^2}{\partial y^2}}{1 + \beta\dfrac{\partial^2}{\partial y^2}}P \tag{5.4.7}$$

$$\frac{\partial P}{\partial z} = \frac{\mathrm{i}\omega}{2v}\frac{\alpha\dfrac{v^2}{\omega^2}\dfrac{\partial^2}{\partial x'^2}}{1 + \beta\dfrac{\partial^2}{\partial x'^2}}P, \quad \frac{\partial P}{\partial z} = \frac{\mathrm{i}\omega}{2v}\frac{\alpha\dfrac{v^2}{\omega^2}\dfrac{\partial^2}{\partial y'^2}}{1 + \beta\dfrac{\partial^2}{\partial y'^2}}P \tag{5.4.8}$$

其中 $\alpha = \dfrac{1}{2}$, $\beta = \dfrac{1}{4}$.

一般地, 对如下形式的方程

$$\frac{\partial P}{\partial z} = \pm\mathrm{i}LP \tag{5.4.9}$$

其中 L 是可表示为形如 $L = \displaystyle\sum_{i=1}^{N} L_i$ 的有界算子, 波场外推对应求解 N 个方程

$$\frac{\partial P}{\partial z} = \pm\mathrm{i}L_iP, \quad i = 1, \cdots, N \tag{5.4.10}$$

实际上, 方程 (5.4.9) 的精确解为

$$P(z + \Delta z) = e^{\pm iL\Delta z}P(z) \tag{5.4.11}$$

利用

$$e^{\pm iL\Delta z} = e^{\pm iL_N\Delta z}e^{\pm iL_{N-1}\Delta z}\cdots e^{\pm iL_2\Delta z}e^{\pm iL_1\Delta z} \tag{5.4.12}$$

从而

$$P(z + \Delta z) = e^{\pm iL_N\Delta z}e^{\pm iL_{N-1}\Delta z}\cdots e^{\pm iL_1\Delta z}P(z) \tag{5.4.13}$$

或

$$P_1(z + \Delta z) = e^{\pm iL_1\Delta z}P(z)$$
$$P_2(z + \Delta z) = e^{\pm iL_2\Delta z}P_1(z + \Delta z)$$
$$\cdots\cdots\cdots$$
$$P_i(z + \Delta z) = e^{\pm iL_i\Delta z}P_{i-1}(z + \Delta z)$$
$$\cdots\cdots\cdots$$
$$P_{N-1}(z + \Delta z) = e^{\pm iL_{N-1}\Delta z}P_{N-2}(z + \Delta z)$$
$$P(z + \Delta z) = e^{\pm iL_N\Delta z}P_{N-1}(z + \Delta z) \tag{5.4.14}$$

其中 $P_i(z + \Delta z)(i = 1, 2, \cdots, N - 1)$ 是中间波场. 该一系列方程即对应求解方程 (5.4.10).

引进参考速度 $v_0(z)$, 与频率空间域中的四方向分裂法相类似, 可得到混合法波场外推方程

$$\frac{\partial P}{\partial z} \approx (A_1 + A_2 + A_{31} + A_{32} + A_{41} + A_{42})P \tag{5.4.15}$$

其中

$$A_1 = \frac{i\omega}{v_0}\sqrt{1 + \frac{v_0^2}{\omega^2}\left[\frac{\partial^2}{\partial x^2} + \frac{\partial^2}{\partial y^2}\right]}, \quad A_2 = i\omega\left(\frac{1}{v} - \frac{1}{v_0}\right) \tag{5.4.16}$$

$$A_{31} = i\frac{\omega}{2v}\frac{\alpha\dfrac{v^2}{\omega^2}\dfrac{\partial^2}{\partial x^2}}{1 + \beta\dfrac{v^2}{\omega^2}\dfrac{\partial^2}{\partial x^2}}, \qquad A_{32} = i\frac{\omega}{2v}\frac{\alpha\dfrac{v^2}{\omega^2}\dfrac{\partial^2}{\partial y^2}}{1 + \beta\dfrac{v^2}{\omega^2}\dfrac{\partial^2}{\partial y^2}}$$

$$A_{41} = i\frac{\omega}{2v}\frac{\dfrac{\alpha v^2}{\omega^2}\dfrac{\partial^2}{\partial x'^2}}{1 + \beta\dfrac{v^2}{\omega^2}\dfrac{\partial^2}{\partial x'^2}}, \qquad A_{42} = i\frac{\omega}{2v}\frac{\alpha\dfrac{v^2}{\omega^2}\dfrac{\partial^2}{\partial y'^2}}{1 + \beta\dfrac{v^2}{\omega^2}\dfrac{\partial^2}{\partial y'^2}} \tag{5.4.17}$$

其中

$$\alpha = \frac{1}{2}\left(1 - \frac{v_0}{v}\right), \quad \beta = \frac{1}{4}\left(1 + \frac{v_0^2}{v^2}\right) \tag{5.4.18}$$

5.4.2　分裂误差

定义频率空间域中有限差分法四方向的分裂误差为 ε, 即

$$\varepsilon = \sqrt{1-s^2-t^2} - \frac{1}{2}\left[\sqrt{1-s^2} + \sqrt{1-t^2} + \sqrt{1-s'^2} + \sqrt{1-t'^2}\right] + 1 \quad (5.4.19)$$

其中

$$s = \frac{v}{\omega}k_x, \quad t = \frac{v}{\omega}k_y, \quad s' = \frac{v}{\omega}k_x', \quad t' = \frac{v}{\omega}k_y' \quad (5.4.20)$$

考虑 45° 旁轴近似

$$\varepsilon \approx \sqrt{1-s^2-t^2} - \frac{1}{2}\left[-\frac{\alpha s^2}{1-\beta s^2} - \frac{\alpha t^2}{1-\beta t^2} - \frac{\alpha s'^2}{1-\beta s'^2} - \frac{\alpha t'^2}{1-\beta t'^2}\right] - 1 \quad (5.4.21)$$

其中 $\alpha = \dfrac{1}{2}, \beta = \dfrac{1}{4}$. 若 s' 和 t' 分别用 s 和 t 代替, 方程 (5.4.19) 和 (5.4.21) 分别化为

$$\varepsilon = \sqrt{1-s^2-t^2} - \left[\sqrt{1-s^2} + \sqrt{1-t^2}\right] + 1 \quad (5.4.22)$$

$$\varepsilon = \sqrt{1-s^2-t^2} - \left[-\frac{\alpha s^2}{1-\beta s^2} - \frac{\alpha t^2}{1-\beta t^2}\right] - 1 \quad (5.4.23)$$

类似地, 对混合法, 四方向分裂误差为

$$\begin{aligned}\varepsilon = p\sqrt{1-s^2-t^2} - \Big[&\sqrt{1-p^2s^2-p^2t^2} + (p-1)\\ &-\frac{1}{2}\frac{\tilde{\alpha}s^2}{1-\tilde{\beta}s^2} - \frac{1}{2}\frac{\tilde{\alpha}t^2}{1-\tilde{\beta}t^2} - \frac{1}{2}\frac{\tilde{\alpha}s'^2}{1-\tilde{\beta}s'^2} - \frac{1}{2}\frac{\tilde{\alpha}t'^2}{1-\tilde{\beta}t'^2}\Big]\end{aligned} \quad (5.4.24)$$

其中 $p = v_0/v$, $\tilde{\alpha} = 0.5p(1-p)$, $\tilde{\beta} = 0.25(1+p^2)$. 若令 $s = s'$ 和 $t = t'$, 则简化为混合法两方向分裂误差

$$\begin{aligned}\varepsilon = p\sqrt{1-s^2-t^2} - \Big[&\sqrt{1-p^2s^2-p^2t^2} + (p-1)\\ &-\frac{\tilde{\alpha}s^2}{1-\tilde{\beta}s^2} - \frac{\tilde{\alpha}t^2}{1-\tilde{\beta}t^2}\Big]\end{aligned} \quad (5.4.25)$$

由此可以计算各方法的相对百分误差 (均取绝对值), 并画出等值线图. 图 5.3 是频率空间域有限差分法两方向分裂的相对百分误差等值线. 图 5.3(a) 是平方根算子未作近似的二方向分裂的相对百分误差等值线, 由 (5.4.22) 计算; 图 5.3(b) 是 45° 旁轴近似后的二方向分裂的相对百分误差等值线, 由 (5.4.23) 式计算. 图 5.4 是频率空间域有限差分法四方向分裂的相对百分误差等值线. 图 5.4(a) 是平方根算

子未作近似的四方向分裂的相对百分误差等值线, 由 (5.4.19) 式计算; 图 5.4(b) 是平方根算子作 45° 旁轴近似后的四方向分裂的相对百分误差等值线, 由 (5.4.21) 式计算. 在图 5.3 中, 二方向分裂有较大的方位误差, 在 45° 和 135° 方向达到最大, 因此图形呈菱形. 在图 5.4 中, 四方向分裂明显能减小方位误差, 图形表现出较好的圆对称性. 图 5.5~ 图 5.7 分别是三个不同 p($p = 0.2$, $p = 0.5$ 和 $p = 0.8$) 的二方向和四方向分裂的相对百分误差等值线. 这三个不同的 p 值分别对应强横向变速、中等横向变速和弱横向变速三种情况. 由这三个图可知, 混合法二方向和四方向分裂均有较好的圆对称性, 这是因为算子 $\sqrt{1 + \dfrac{v^2}{\omega^2}\left(\dfrac{\partial^2}{\partial x^2} + \dfrac{\partial^2}{\partial y^2}\right)}$ 是一个各向同性算子, 但混合法四方向分裂的误差比二方向分裂的误差小. 当没有横向变速时, 混合法没有分裂误差, 表现为一个理想的圆.

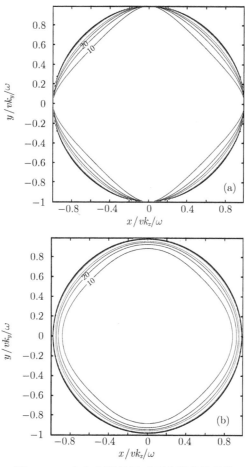

图 5.3   二方向分裂的相对百分误差等值线

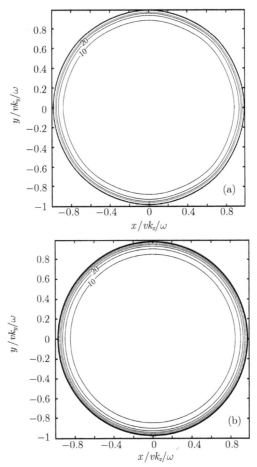

图 5.4　四方向分裂的相对百分误差等值线

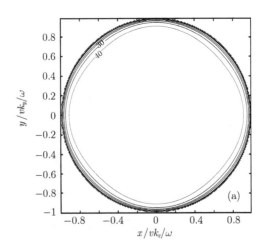

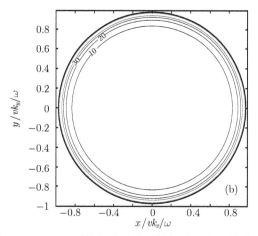

图 5.5 $p = 0.2$ 时的混合法分裂的相对百分误差等值线

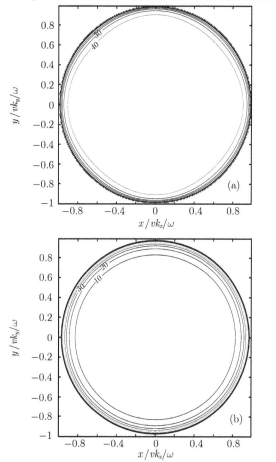

图 5.6 $p = 0.5$ 时的混合法分裂的相对百分误差等值线

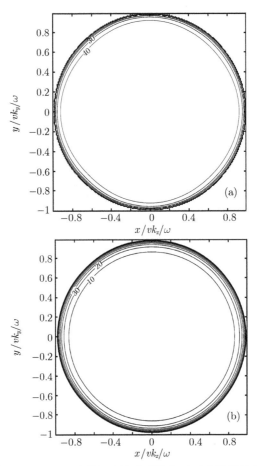

图 5.7　$p = 0.8$ 时的混合法分裂的相对百分误差等值线

5.4.3　螺旋线上的四方向波场外推

螺旋坐标由 Claerbout 提出[48], 并已用于波场传播和偏移成像中[47]. 在螺旋坐标下, 将平面上有限区域内的数据首尾连接, 就变成一条螺旋线. 螺旋线上的计算有一系列特点, 如要考虑边界吸收条件, 就只需考虑螺线上第一个边界网格点和最后一个边界网格点的边界吸收, 无需顾及其他边界点, 其他边界点都当作内部点来处理. 在这里, 我们在螺旋线上实现波场外推, 数值计算表明了算法的有效性.

由混合法外推方程 (5.4.15)~(5.4.17) 可知, 对算子 A_{31}, A_{32} 的外推归结为解如下形式的单程波方程 (x 和 y 未作分裂)

$$\frac{\partial P}{\partial z} = \mathrm{i}\frac{\alpha\dfrac{v}{\omega}\left(\dfrac{\partial^2}{\partial x^2} + \dfrac{\partial^2}{\partial y^2}\right)}{1 + \beta\dfrac{v^2}{\omega^2}\left(\dfrac{\partial^2}{\partial x^2} + \dfrac{\partial^2}{\partial y^2}\right)}P \tag{5.4.26}$$

这里 $\alpha = \frac{1}{4}\left(1 - \frac{v_0}{v}\right)$, $\beta = \frac{1}{4}\left(1 + \frac{v_0^2}{v^2}\right)$. 其有限差分离散形式为

$$[1 + (\alpha_1 - i\beta_1)\delta_x^2 + (\alpha_2 - i\beta_2)\delta_y^2]P_{k,l}^{n+1} = [1 + (\alpha_1 + i\beta_1)\delta_x^2 + (\alpha_2 + i\beta_2)\delta_y^2]P_{k,l}^n \quad (5.4.27)$$

其中 $P_{k,l}^n$ 表示 $P(k\Delta x, l\Delta y, n\Delta z, \omega)$, δ_x^2 和 δ_y^2 分别是 x 和 y 方向的差分算子, Δx, Δy 和 Δz 分别是 x, y 和 z 方向的空间步长. 系数 α_1, α_2, β_1 和 β_2 为

$$\alpha_1 = \frac{\beta v^2}{\omega^2 \Delta x^2}, \quad \alpha_2 = \frac{\beta v^2}{\omega^2 \Delta y^2}, \quad \beta_1 = \frac{\alpha \Delta z v}{2\omega \Delta x^2}, \quad \beta_2 = \frac{\alpha \Delta z v}{2\omega \Delta y^2} \quad (5.4.28)$$

方程 (5.4.27) 用交替方向有限差分格式近似

$$[1 + (\alpha_1 - i\beta_1)\delta_x^2]P_{k,l}^{n+1/2} = [1 + (\alpha_1 + i\beta_1)\delta_x^2]P_{k,l}^n \quad (5.4.29)$$

$$[1 + (\alpha_2 - i\beta_2)\delta_y^2]\tilde{P}_{k,l}^{n+1} = [1 + (\alpha_2 + i\beta_2)\delta_y^2]P_{k,l}^{n+1/2} \quad (5.4.30)$$

该式可完成 x 和 y 方向的波场外推. 类似地, x' 和 y' 两个方向的波场外推可由下式完成

$$[1 + (\gamma_1 - i\eta_1)\delta_x^2]Q_{k,l}^{n+1/2} = [1 + (\gamma_1 + i\eta_1)\delta_x^2]Q_{k,l}^n \quad (5.4.31)$$

$$[1 + (\gamma_2 - i\eta_2)\delta_y^2]Q_{k,l}^{n+1} = [1 + (\gamma_2 + i\eta_2)\delta_y^2]Q_{k,l}^{n+1/2} \quad (5.4.32)$$

其中

$$\gamma_1 = \frac{\beta v^2}{\omega^2 \Delta x'^2}, \quad \gamma_2 = \frac{\beta v^2}{\omega^2 \Delta y'^2}, \quad \eta_1 = \frac{\alpha \Delta z v}{2\omega \Delta x'^2}, \quad \eta_2 = \frac{\alpha \Delta z v}{2\omega \Delta y'^2}$$

$$Q_{k,l}^n = \tilde{P}_{k,l}^{n+1}, \quad Q_{k,l}^{n+1} = P_{k,l}^{n+1} \quad (5.4.33)$$

具体计算时首先实现相移算子 A_1 和时移算子 A_2 的计算, 然后分别将数据沿 x, y, x' 和 y' 方向排列, 形成一维的螺旋线, 然后由式 (5.4.29)~(5.4.32) 实现各个方向的波场外推计算.

5.4.4 数值计算

我们先对一个点脉冲响应进行计算. 模型的 x, y 和 z 方向的网格数均为 64, x 和 y 方向的空间步长均为 15m, 深度外推步长也为 15m, 时间采样是 4ms. 介质速度是 3000m/s. 易知, 均匀介质的脉冲响应的三维成像结果是半球面. 脉冲是主频为 20Hz 的 Ricker 子波, 位于 $(x, y, z, t) = (480m, 480m, 500ms)$ 处. 图 5.8(a) 是经典的 $0°$ 和 $90°$ 二方向分裂的频率空间域有限差分成像结果, 图中有明显的方位误差, 在 $45°$ 和 $135°$ 方位上达到最大. 图 5.8(b) 沿 $45°$ 和 $135°$ 两个对角方向分裂的

频率空间域有限差分成像结果, 其方位误差沿 $0°$ 和 $90°$ 方向最大. 图 5.8(c) 是沿 $0°$, $45°$, $90°$ 和 $135°$ 四方向分裂的频率空间域有限差分成像结果, 成像结果有很好的圆对称性, 说明方位误差得到有效消除.

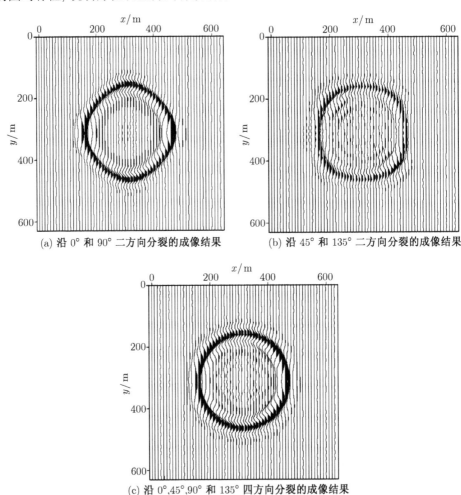

(a) 沿 $0°$ 和 $90°$ 二方向分裂的成像结果　　　　(b) 沿 $45°$ 和 $135°$ 二方向分裂的成像结果

(c) 沿 $0°$,$45°$,$90°$ 和 $135°$ 四方向分裂的成像结果

图 5.8　常数介质中脉冲响应的频率空间域三维成像结果切片

对常数介质, 由于参考速度与介质速度相等, 因此, 在混合法波场外推中, 仅有相移算子 A_1 的作用, 余下的时移算子 A_2 和有限差分算子 A_{31}, A_{32}, A_{41} 和 A_{42} 都不起作用. 在这种情况下, 精确的偏移结果是一个半圆, 因为 Laplace 算子是一个各向同性算子, 没有方位误差.

现在考虑变速情况. 假定介质速度是 $v(x,y,z) = 1600 + 3x + 3y + z(\mathrm{m/s})$, 计算可知, 混合法公式中的参数 p 的变化范围是 $0.46 \sim 0.57$. 空间采样和其他参数与频率空间域有限差分成像计算的一致. 图 5.9 是在 $z = 280m$ 时的三维成像结果的切片, 其中图 5.9(a) 是沿 0° 和 90° 二方向分裂混合法成像结果, 图 5.9(b) 是沿 45° 和 135° 两对角方向分裂混合法成像结果. 图 5.9(c) 是沿 0°, 45°, 90° 和 135° 四方向分裂混合法的成像结果.

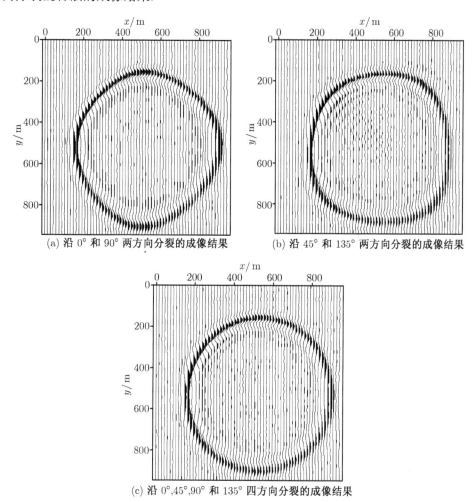

(a) 沿 0° 和 90° 两方向分裂的成像结果

(b) 沿 45° 和 135° 两方向分裂的成像结果

(c) 沿 0°,45°,90° 和 135° 四方向分裂的成像结果

图 5.9 变速介质中脉冲响应混合法三维成像结果切片

为了节省计算量, 在波场外推中可以采用下面的技巧: 在 z 到 $z + \Delta z$ 的波场下延拓中, 先沿 0° 和 90° 两个方位延拓, 在 $z + \Delta z$ 到 $z + 2\Delta z$ 的波场延拓中, 再沿 45° 和 135° 两个方位延拓, 以后依次这样交替进行. 计算经验表明, 这样的计算效果与每步都进行四个方位延拓的成像效果一样.

第6章 正多边形网格上 Laplace 算子的差分表示

波动方程的波场外推不但可以在正方形、矩形网格上实现, 也可以在正三角形或正六边形网格上实现, 而且三维波场外推在正三角形或正六边形网格上进行数值计算可以更好地保持 Laplace 算子的各向同性性质, 也就是说, Laplace 算子在规则的六边形网格上的有限差分表示能更好地近似圆对称性. 我们知道, 三维单程波方程中有 Laplace 算子, 因此进一步考虑 Laplace 算子的差分近似是有益的. 本章重点研究 Laplace 算子在正方形网格、正三角形或正六边形网格上的差分格式.

6.1 节给出一阶和二阶偏导数的中心差分算子表示. 6.2 节给出任意正多边形上 Laplace 算子的差分格式. 6.3 节介绍广义勾股定理. 由广义勾股定理结合二阶导数的中心差分算子的一般近似式可给出正多边形上的 Laplace 算子的差分格式. 6.4 节在前面三节基本方法的基础上, 详细推导 Laplace 算子在正方形和正六边形网格上的二阶、四阶和六阶精度的差分格式, 并指出在三维波场外推中的应用.

6.1 导数的中心差分算子表示

下面推导用中心差分算子表示导数的方法. 首先, 定义 $u(x)$ 的中心差分算子 δ_x:

$$\delta_x u_j = u_{j+\frac{1}{2}} - u_{j-\frac{1}{2}} \tag{6.1.1}$$

和移位算子 T_x:

$$T_x u_j = u_{j+1} \tag{6.1.2}$$

则

$$\delta_x u_j = u_{j+\frac{1}{2}} - u_{j-\frac{1}{2}} = T_x^{\frac{1}{2}} u_j - T_x^{-\frac{1}{2}} u_j = (T_x^{\frac{1}{2}} - T_x^{-\frac{1}{2}}) u_j \tag{6.1.3}$$

从而

$$\delta_x = T_x^{\frac{1}{2}} - T_x^{-\frac{1}{2}} \tag{6.1.4}$$

现将 u_{j+1} 在 u_j 处作泰勒展开, 得

$$\begin{aligned}
u_{j+1} &= u_j + h\left(\frac{\partial u}{\partial x}\right)_j + \frac{h^2}{2!}\left(\frac{\partial^2 u}{\partial x^2}\right)_j + \frac{h^3}{3!}\left(\frac{\partial^3 u}{\partial x^3}\right)_j + \cdots \\
&= \left[I + \frac{h}{1!}D_x + \frac{h^2}{2!}D_x^2 + \frac{h^3}{3!}D_x^3 + \cdots\right] u_j \\
&= \mathrm{e}^{hD_x} u_j
\end{aligned} \tag{6.1.5}$$

其中 $D_x = \dfrac{\partial}{\partial x}, D_x^2 = \dfrac{\partial^2}{\partial x^2}, \cdots$ 为各阶偏导数算子, I 为恒等算子, h 为空间步长. 于是有

$$T_x = \mathrm{e}^{hD_x} \quad \text{或} \quad D_x = \frac{1}{h}\ln T_x \tag{6.1.6}$$

由 (6.1.4) 式和 (6.1.6) 式得

$$\delta_x = \mathrm{e}^{\frac{1}{2}hD_x} - \mathrm{e}^{-\frac{1}{2}hD_x} = 2\sinh\left(\frac{h}{2}D_x\right) \tag{6.1.7}$$

从而

$$D_x = \frac{2}{h}\sinh^{-1}\left(\frac{\delta_x}{2}\right) = \frac{1}{h}\left[\delta_x - \frac{1}{24}\delta_x^3 + \frac{3}{640}\delta_x^5 - \cdots\right] \tag{6.1.8}$$

有了 D_x 的表达式, 就可得到二阶或更高阶的偏导数算子的表达式. 例如, 对二阶偏导数算子 D_x^2, 有

$$D_x^2 = D_x D_x = \frac{1}{h^2}\left(\delta_x^2 - \frac{1}{12}\delta_x^4 + \frac{1}{90}\delta_x^6 - \cdots\right) \tag{6.1.9}$$

一般地, r(偶数) 阶偏导数算子可表示为

$$D_x^r = \frac{1}{h^r}\left(\delta_x^2 - \frac{r}{24}\delta_x^{r+2} + \frac{r(5r+22)}{5760}\delta_x^{r+4} - \cdots\right) \tag{6.1.10}$$

由上面的表达式还可导出导数算子的 Padé 差分近似. 取 D_x 表达式 (6.1.10) 前两项, 可得一阶导数算子的 Padé 差分近似

$$D_x = \frac{1}{h}\left[\delta_x - \frac{1}{24}\delta_x^3 + O(\delta_x^5)\right] = \frac{1}{h}\frac{\delta_x}{1 + \dfrac{\delta_x^2}{24}} + O(h^4) \tag{6.1.11}$$

类似地, 对二阶导数算子 D_x^2, 其 Padé 差分近似为

$$D_x^2 = \frac{1}{h^2}\frac{\delta_x^2}{1 + \dfrac{1}{12}\delta_x^2} + O(h^4) \tag{6.1.12}$$

6.2　正多边形网格上的 Laplace 算子的差分表示

考虑由边长为 h 的正三角形或正六边形甚至正多边形上 Laplace 算子的差分近似. 设 x_0 是任一内结点, $x_i(i = 1, 2, \cdots, n)$ 是 x_0 的相邻结点. 从 x_0 引出 n 条射线通过 x_0 的相邻结点, 并记这些射线为 $l_1, l_2, \cdots, l_n$, 射线 l_i 与 x 轴的夹角记为

$\theta_i = \theta + (i-1)\dfrac{2\pi}{n}$, $(i = 1, 2, \cdots, n)$, 其中 θ 为初始角度. 引进 u 在 x_0 沿射线 l_i 的向前差商

$$\frac{u(x_i) - u(x_0)}{h}, \quad i = 1, 2, \cdots, n \tag{6.2.1}$$

将用这些差商的组合来近似 $\nabla^2 u(x_0)$, 即

$$\nabla^2 u(x_0) = \sum_{i=1}^{n} \frac{u(x_i) - u(x_0)}{h} \tag{6.2.2}$$

根据泰勒展开, 在点 x_0 处上式可写成

$$\nabla^2 u = \sum_{i=1}^{n} \left(\frac{\partial u}{\partial l_i} + \frac{h}{2}\frac{\partial^2 u}{\partial l_i^2} + \frac{h^2}{6}\frac{\partial^3 u}{\partial l_i^3} + \frac{h^3}{24}\frac{\partial^4 u}{\partial l_i^4} + \frac{h^4}{120}\frac{\partial^5 u}{\partial l_i^5} \right) + O(h^5) \tag{6.2.3}$$

下面用 u 关于 x 和 y 的导数来表示 (6.2.3) 中的沿 l_i 的各阶方向导数

$$\frac{\partial}{\partial l_i} = \cos\theta_i \frac{\partial}{\partial x} + \sin\theta_i \frac{\partial}{\partial y}$$

$$\frac{\partial^2}{\partial l_i^2} = \frac{1}{2}\Delta + \frac{1}{2}\cos 2\theta_i \left(\frac{\partial^2}{\partial x^2} - \frac{\partial^2}{\partial y^2} \right) + \sin 2\theta_i \frac{\partial^2}{\partial x \partial y}$$

$$\frac{\partial^3}{\partial l_i^3} = \frac{\cos 3\theta_i}{4}\left(\frac{\partial^3}{\partial x^3} - 3\frac{\partial^3}{\partial x \partial y^2} \right) + \frac{\sin 3\theta_i}{4}\left(3\frac{\partial^3}{\partial x^2 \partial y} - \frac{\partial^3}{\partial y^3} \right)$$

$$+ \frac{3}{4}\left(\cos\theta_i \frac{\partial}{\partial x} + \sin\theta_i \frac{\partial}{\partial y} \right)\Delta$$

$$\frac{\partial^4}{\partial l_i^4} = \frac{3}{8}\Delta^2 + \frac{\cos 4\theta_i}{8}\left(\Delta^2 - 8\frac{\partial^4}{\partial x^2 \partial y^2} \right) + \frac{\sin 4\theta_i}{2}\left(\frac{\partial^4}{\partial x^3 \partial y} - \frac{\partial^4}{\partial x \partial y^3} \right)$$

$$+ \frac{\cos 2\theta_i}{2}\left(\frac{\partial^4}{\partial x^4} - \frac{\partial^4}{\partial y^4} \right) + \sin 2\theta_i \frac{\partial^2}{\partial x \partial y}\Delta$$

$$\frac{\partial^5}{\partial l_i^5} = \frac{5}{8}\left(\cos\theta_i \frac{\partial}{\partial x} + \sin\theta_i \frac{\partial}{\partial y} \right)\Delta^2 + \frac{5\cos 3\theta_i}{16}\left(\frac{\partial^5}{\partial x^5} - 2\frac{\partial^5}{\partial x^3 \partial y^2} - 3\frac{\partial^5}{\partial x \partial y^4} \right)$$

$$- \frac{5\sin 3\theta_i}{16}\left(-3\frac{\partial^5}{\partial x^4 \partial y} - 2\frac{\partial^5}{\partial x^2 \partial y^3} + \frac{\partial^5}{\partial y^5} \right)$$

$$+ \frac{\cos 5\theta_i}{16}\left(\frac{\partial^5}{\partial x^5} + 5\frac{\partial^5}{\partial x \partial y^4} - 10\frac{\partial^5}{\partial x^3 y^2} \right)$$

$$+ \frac{\sin 5\theta_i}{16}\left(\frac{\partial^5}{\partial y^5} + 5\frac{\partial^5}{\partial x^4 \partial y} - 10\frac{\partial^5}{\partial x^2 \partial y^3} \right)$$

其中 $\Delta = \nabla^2$. 将上述各式代入式 (6.2.3) 中, 并注意

$$\sum_{i=1}^{n} \cos \alpha\theta_i = \cos \alpha\left(\theta + \frac{n+1}{n}\pi\right) \times \begin{cases} \dfrac{\sin \alpha\pi}{\sin \dfrac{\alpha\pi}{n}}, & \dfrac{\alpha}{n} \neq 0, \pm 1, \pm 2, \cdots \\ n(-1)^{\alpha(n+1)/n}, & \dfrac{\alpha}{n} = 0, \pm 1, \pm 2, \cdots \end{cases} \tag{6.2.4}$$

$$\sum_{i=1}^{n} \sin \alpha\theta_i = \sin \alpha\left(\theta + \frac{n-3}{n}\pi\right) \times \begin{cases} \dfrac{\sin \alpha\pi}{\sin \dfrac{\alpha\pi}{n}}, & \dfrac{\alpha}{n} \neq 0, \pm 1, \pm 2, \cdots \\ n(-1)^{\alpha(n-1)/n}, & \dfrac{\alpha}{n} = 0, \pm 1, \pm 2, \cdots \end{cases} \tag{6.2.5}$$

结果得到

$$\nabla^2 u = \frac{nh}{4}\Delta u + \frac{nh^3}{64}\Delta^2 u + \delta_{n,3}\frac{h^2}{8}\left\{ \cos 3\theta\left(\frac{\partial^3 u}{\partial x^3} - 3\frac{\partial^3 u}{\partial x\partial y^2}\right) \right.$$

$$+ \sin 3\theta\left(3\frac{\partial^3 u}{\partial x^2\partial y} - \frac{\partial^3 u}{\partial y^3}\right)\Bigg\}$$

$$- \delta_{n,4}\frac{h^3}{48}\left\{ \left(\Delta^2 u - 8\frac{\partial^4 u}{\partial x^2\partial y^2}\right)\cos 4\left(\theta + \frac{\pi}{4}\right) \right.$$

$$+ 16\left(\frac{\partial^4 u}{\partial x^3\partial y} - \frac{\partial^4 u}{\partial x\partial y^3}\right)\sin 4\left(\theta + \frac{\pi}{4}\right)\Bigg\}$$

$$+ \delta_{n,3}\frac{h^4}{120}\left\{ \frac{15\cos 3\theta}{16}\left(\frac{\partial^5}{\partial x^5} - 2\frac{\partial^5}{\partial x^3\partial y^2} - 3\frac{\partial^5}{\partial x\partial y^4}\right) \right.$$

$$\left. - \frac{15\sin 3\theta}{16}\left(\frac{\partial^5}{\partial y^5} - 2\frac{\partial^5}{\partial x^2\partial y^3} - 3\frac{\partial^5}{\partial x^4\partial y}\right)\right\}u$$

$$+ \delta_{n,5}\frac{h^4}{120}\left\{ \frac{15\cos 5\theta}{16}\left(\frac{\partial^5}{\partial x^5} + 5\frac{\partial^5}{\partial x\partial y^4} - 10\frac{\partial^5}{\partial x^3\partial y^2}\right) \right.$$

$$\left. + \frac{5\sin 3\theta}{16}\left(\frac{\partial^5}{\partial y^5} + 5\frac{\partial^5}{\partial x^4\partial y} - 10\frac{\partial^5}{\partial x^2\partial y^3}\right)\right\}u + O(h^5), \quad n \geqslant 3 \tag{6.2.6}$$

其中 $\delta_{n,i}$ 是 Kronecker 符号

$$\delta_{n,i} = \begin{cases} 1, & n = i \\ 0, & n \neq i \end{cases} \tag{6.2.7}$$

由 (6.2.6) 式推知, 对于任意 $n \geqslant 3$, 算子 ∇^2 乘以 $\dfrac{4}{nh}$ 以后将逼近 Laplace 算子. 对正三角形网格剖分, 取 $n = 6, \theta = 0$; 对正六边形网格剖分, 取 $n = 3, \theta = 0$ 或 π; 特别地, 对正方形网格剖分, 取 $n = 4, \theta = 0$. 如图 6.1, 是正三角形网格和正六边形网格的情况.

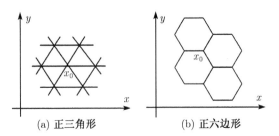

(a) 正三角形　　　　　　　(b) 正六边形

图 6.1　正三角形和正六边形上的差分网格示意图

6.3　广义勾股定理

考虑 15° 旁轴近似的三维单程波方程

$$\frac{\partial p}{\partial z} \approx \left[\frac{\mathrm{i}\omega}{v} - \frac{v}{2\mathrm{i}\omega} \nabla^2 \right] p \tag{6.3.1}$$

其精度依赖于 Laplace 算子 ∇^2 的差分近似精度. 二维 Laplace 算子通常表示成两个正交方向的一维二阶导数之和

$$\nabla^2 = \frac{\partial^2}{\partial x^2} + \frac{\partial^2}{\partial y^2} \tag{6.3.2}$$

更一般地, 可以证明, Laplace 算子还可表示成任何 n 个方向的一维二阶导数之和

$$\nabla^2 = \frac{2}{n} \sum_{i=1}^{n} \frac{\partial^2}{\partial x_i^2} := \frac{2}{n} \sum_{i=1}^{n} D_i^2, \quad n \geqslant 2 \tag{6.3.3}$$

其中 n 是对称分布方向的数目. 事实上, 注意 (6.3.3) 式在频率域中可写成

$$k^2 = \frac{2}{n} \sum_{i=1}^{n} k_i^2 := \frac{2}{n} \sum_{\alpha=0}^{n-1} k_\alpha^2 \tag{6.3.4}$$

该式表示从原点到任何一点的距离的平方等于 $\frac{2}{n}$ 倍的该距离沿 n 个对称分布方向投影距离的平方和, 这就是广义勾股定理. 考虑 n 个对称分布方向 (设第一个方向与 x 轴方向的夹角为 ϕ), 注意

$$k_\alpha = k \cos\left(\phi + \frac{\alpha\pi}{n} \right), \quad \alpha = 0, 1, \cdots, n-1 \tag{6.3.5}$$

则方程 (6.3.4) 的右端项变成

$$\frac{2k^2}{n} \sum_{\alpha=0}^{n-1} \cos^2 \left(\phi + \frac{\alpha\pi}{n} \right) = \frac{2k^2}{n} \left[\sum_{\alpha=0}^{n-1} \cos^2 \phi \cos^2 \frac{\alpha\pi}{n} + \sum_{\alpha=0}^{n-1} \sin^2 \phi \sin^2 \frac{\alpha\pi}{n} \right.$$

$$\left. -2 \sin \phi \cos \phi \sum_{\alpha=0}^{n-1} \sin \frac{\alpha\pi}{n} \cos \frac{\alpha\pi}{n} \right]$$

$$= \frac{2k^2}{n} \left[\cos^2 \phi \sum_{\alpha=0}^{n-1} \cos^2 \frac{\alpha\pi}{n} + \sin^2 \phi \sum_{\alpha=0}^{n-1} \sin^2 \frac{\alpha\pi}{n} \right]$$

$$= \frac{2k^2}{n} \left[\cos^2 \phi \sum_{\alpha=0}^{n-1} \left(\frac{1}{2} + \frac{1}{2} \cos \frac{2\alpha\pi}{n} \right) \right.$$

$$\left. + \sin^2 \phi \sum_{\alpha=0}^{n-1} \left(\frac{1}{2} - \frac{1}{2} \cos \frac{2\alpha\pi}{n} \right) \right]$$

$$= \frac{2k^2}{n} \left[\frac{n}{2} \cos^2 \phi + \frac{n}{2} \sin^2 \phi \right] = k^2 \tag{6.3.6}$$

此即方程 (6.3.4). 如图 6.2(a)~(c) 所示分别是 n 为 2, 3 和 4 的情况.

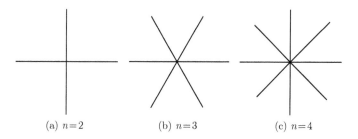

(a) $n=2$ (b) $n=3$ (c) $n=4$

图 6.2 n 个对称方向

方程 (6.3.3) 可采用如下方法离散. 首先, 由式 (6.1.9) 可知, 将 $\dfrac{\partial^2}{\partial^2 x_i}$ 表示为

$$\frac{\partial^2}{\partial x_i^2} = \frac{\delta^2}{\Delta x_i^2} - \frac{\Delta x_i^2}{12} \frac{\delta^4}{\Delta x_i^4} + \frac{\Delta x_i^4}{90} \frac{\delta^6}{\Delta x_i^6} - \cdots \tag{6.3.7}$$

这里 $\dfrac{\delta^2}{\Delta x_i^2}$, $\dfrac{\delta^4}{\Delta x_i^4}$ 和 $\dfrac{\delta^6}{\Delta x_i^6}$ 分别相当于差商算子:

$$\frac{\delta^2 u(x_i)}{\Delta x_i^2} = \frac{u_{i-1} - 2u_i + u_{i+1}}{\Delta x_i^2} \tag{6.3.8}$$

$$\frac{\delta^4 u(x_i)}{\Delta x_i^4} = \frac{u_{i-2} - 4u_{i-1} + 6u_i - 4u_{i+1} + u_{i+2}}{\Delta x_i^4} \tag{6.3.9}$$

$$\frac{\delta^6 u(x_i)}{\Delta x_i^6} = \frac{u_{i-3} - 6u_{i-2} + 15u_{i-1} - 20u_i + 15u_{i+1} - 6u_{i+2} + u_{i+3}}{\Delta x_i^6} \tag{6.3.10}$$

等等, 其中 Δx_i 是第 i 个方向上的网格采样. 因此, 在一个固定的网格上求和, 结合式 (6.1.9) 可知, Laplace 算子可以表示成如下的级数形式

$$\nabla^2 = \frac{2}{n} \sum_{i=1}^{n} \left(\frac{\delta^2}{\Delta x_i^2} - \frac{\Delta x_i^2}{12} \frac{\delta^4}{\Delta x_i^4} + \frac{\Delta x_i^4}{90} \frac{\delta^6}{\Delta x_i^6} - \cdots \right) \tag{6.3.11}$$

在式 (6.3.11) 右端截取不同的项就得到不同精度的差分格式, 例如截断到 $\frac{\delta^2}{\Delta x_i^2}$, $\frac{\delta^4}{\Delta x_i^4}$ 和 $\frac{\delta^6}{\Delta x_i^6}$ 就分别得到精确到 $O(\Delta x_i^2)$, $O(\Delta x_i^4)$ 和 $O(\Delta x_i^6)$ 的差分格式.

6.4　正方形和正六边形上的差分格式

下面在正方形和六边形上构造 Laplace 算子的长算子和紧凑算子形式的差分格式. 这里长算子是指在某一方向上用较多的网格点来达到一定精度, 而紧凑算子是指在某一方向上用较少的网格点但用较多的方向来达到相同的精度. 就总点数而言, 通常紧凑算子需要比长算子更多的点才能达到相同的精度. 差分格式可以是显式格式或隐式格式. 所有的计算都是在正方形和六边形网格上进行, 网格点如图 6.4~ 图 6.6 所示.

6.4.1　长算子

分别就正方形网格和正三角形网格构成的六边形网格, 具体推导 Laplace 算子的长算子差分格式. 由 (6.3.11) 式截断到 $\frac{\delta^2}{\delta x_i^2}$, $\frac{\delta^4}{\delta x_i^4}$ 和 $\frac{\delta^6}{\delta x_i^6}$ 就得到正方形或六边形上的三种不同精度 (精度分别为二阶、四阶和六阶) 的差分格式. 令 $\Delta x_i = \Delta x$. 在正方形网格上 $(n \equiv 2)$, 参考图 6.4(a), 二阶精度的 5 点差分格式是

$$\nabla^2 u_0 = \sum_{i=1}^{2} \frac{\delta^2}{\Delta x_i^2} u_0 = \frac{u_1 + u_2 + u_3 + u_4 - 4u_0}{\Delta x^2}$$
$$= \frac{1}{\Delta x^2} [(u_1 + u_2 + u_3 + u_4) - 4u_0] \tag{6.4.1}$$

参考图 6.5(a), 四阶精度的 9 点差分格式是

$$\nabla^2 u_0 = \sum_{i=1}^{2} \left(\frac{\delta^2}{\Delta x_i^2} - \frac{\Delta x_i^2}{12} \frac{\delta^4}{\Delta x_i^4} \right) u_0 = \frac{1}{\Delta x^2} [(u_1 + u_2 + u_3 + u_4) - 4u_0]$$
$$- \frac{1}{12\Delta x^2} [(u_7 - 4u_3 + 6u_0 - 4u_1 + u_5) + (u_8 - 4u_4 + 6u_0 - 4u_2 + u_6)]$$

$$= \frac{1}{\Delta x^2}\left[\frac{4}{3}(u_1 + u_2 + u_3 + u_4) - \frac{1}{12}(u_5 + u_6 + u_7 + u_8) - 5u_0\right]$$

$$= \frac{1}{\Delta x^2}\left[\frac{4}{3}\sum_{i=1}^{4} u_i - \frac{1}{12}\sum_{i=5}^{8} u_i - 5u_0\right] \tag{6.4.2}$$

参考图 6.6(a), 六阶精度的 13 点差分格式是

$$\nabla^2 u_0 = \sum_{i=1}^{2}\left(\frac{\delta^2}{\Delta x_i^2} - \frac{\Delta x_i^2}{12}\frac{\delta^4}{\Delta x_i^4} + \frac{\Delta x_i^4}{90}\frac{\delta^6}{\Delta x_i^6}\right) u_0$$

$$= \frac{1}{\Delta x^2}\left[\frac{4}{3}(u_1 + u_2 + u_3 + u_4) - \frac{1}{12}(u_5 + u_6 + u_7 + u_8) - 5u_0\right]$$

$$+ \frac{1}{90\Delta x^2}\big[(u_9 - 6u_5 + 15u_1 - 20u_0 + 15u_3 - 6u_7 + u_{11})$$

$$+ (u_{10} - 6u_6 + 15u_2 - 20u_0 + 15u_4 - 6u_8 + u_{12})\big]$$

$$= \frac{1}{\Delta x^2}\left[\frac{3}{2}(u_1 + u_2 + u_3 + u_4) - \frac{3}{20}(u_5 + u_6 + u_7 + u_8)\right.$$

$$\left. + \frac{1}{90}(u_9 + u_{10} + u_{11} + u_{12}) - \frac{49}{9}u_0\right]$$

$$= \frac{1}{\Delta x^2}\left[\frac{3}{2}\sum_{i=1}^{4} u_i - \frac{3}{20}\sum_{i=5}^{8} u_i + \frac{1}{90}\sum_{i=9}^{12} u_i - \frac{49}{9}u_0\right] \tag{6.4.3}$$

在由正三角形构成的正六边形网格上 $(n \equiv 3)$, 参考图 6.4(b), 二阶精度的 7 点差分格式是

$$\nabla^2 u_0 = \frac{2}{3}\sum_{i=1}^{3}\frac{\delta^2}{\Delta x_i^2} u_0$$

$$= \frac{2}{3\Delta x^2}\big[(u_1 - 2u_0 + u_4) + (u_2 - 2u_0 + u_5) + (u_3 - 2u_0 + u_6)\big]$$

$$= \frac{1}{\Delta x^2}\left[\frac{2}{3}\sum_{i=1}^{6} u_i - 4u_0\right] \tag{6.4.4}$$

参考图 6.5(b), 四阶精度的 13 点差分格式是

$$\nabla^2 u_0 = \frac{2}{3}\sum_{i=1}^{3}\left(\frac{\delta^2}{\Delta x_i^2} - \frac{\Delta x_i^2}{12}\frac{\delta^4}{\Delta x_i^4}\right) u_0$$

$$= \frac{1}{\Delta x^2} \left[\frac{2}{3} \sum_{i=1}^{6} u_i - 4u_0 \right] - \frac{2}{3} \frac{1}{12\Delta x^2} \left[(u_7 - 4u_1 + 6u_0 - 4u_4 + u_{10}) \right.$$

$$+ (u_8 - 4u_2 + 6u_0 - 4u_5 + u_{11}) + (u_9 - 4u_3 + 6u_0 - 4u_6 + u_{12}) \Big]$$

$$= \frac{1}{\Delta x^2} \left[\frac{8}{9} \sum_{i=1}^{6} u_i - \frac{1}{18} \sum_{i=7}^{12} u_i - 5u_0 \right] \tag{6.4.5}$$

参考图 6.6(b), 六阶精度的 19 点差分格式是

$$\nabla^2 u_0 = \frac{2}{3} \sum_{i=1}^{3} \left(\frac{\delta^2}{\Delta x_i^2} - \frac{\Delta x_i^2}{12} \frac{\delta^4}{\Delta x_i^4} + \frac{\Delta x_i^4}{90} \frac{\delta^6}{\Delta x_i^6} \right) u_0$$

$$= \frac{1}{\Delta x^2} \left[\frac{8}{9} \sum_{i=1}^{6} u_i - \frac{1}{18} \sum_{i=7}^{12} u_i - 5u_0 \right]$$

$$+ \frac{2}{3} \frac{1}{90\Delta x^2} \left[(u_{13} - 6u_7 + 15u_1 - 20u_0 + 15u_4 - 6u_{10} + u_{16}) \right.$$

$$+ (u_{14} - 6u_8 + 15u_2 - 20u_0 + 15u_5 - 6u_{11} + u_{17})$$

$$+ (u_{15} - 6u_9 + 15u_3 - 20u_0 + 15u_6 - 6u_{12} + u_{18}) \Big]$$

$$= \frac{1}{\Delta x^2} \left[\sum_{i=1}^{6} u_i - \frac{1}{10} \sum_{i=7}^{12} u_i + \frac{1}{135} \sum_{i=13}^{18} u_i - \frac{49}{9} u_0 \right] \tag{6.4.6}$$

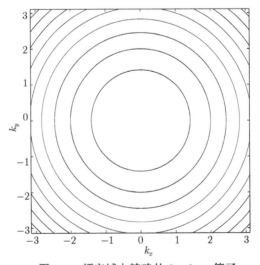

图 6.3　频率域中精确的 Laplace 算子

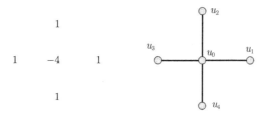

(a) 正方形网格 5 点差分格式的系数与网格点

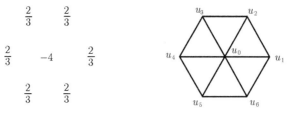

(b) 正六边形网格 7 点差分格式的系数与网格点

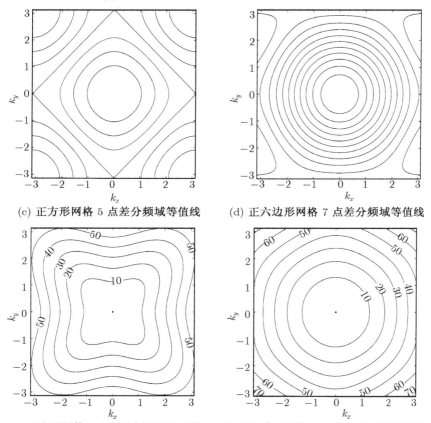

(c) 正方形网格 5 点差分频域等值线　　(d) 正六边形网格 7 点差分频域等值线

(e) 正方形网格 5 点差分相对百分误差　　(f) 正六边形网格 7 点差分相对百分误差

图 6.4　精确到 $O(\Delta x^2)$ 的 Laplace 算子在正方形网格上的 5 点差分格式和
在正六边形网格上的 7 点差分格式

在频率域中精确的 Laplace 算子如图 6.3 所示. 图 6.4～图 6.6 给出了这三种不同精度情况下差分格式在正方形和正六边形上的系数、频率域中的等值线和相对百分误差. 相对百分误差以 10% 的间隔画出, k_x 和 k_y 的范围在正负 Nyquist 频率之间.

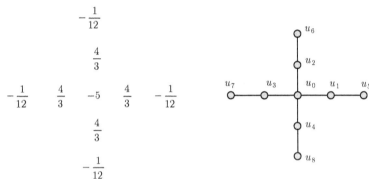

(a) 正方形网格 9 点差分格式的系数与网格点

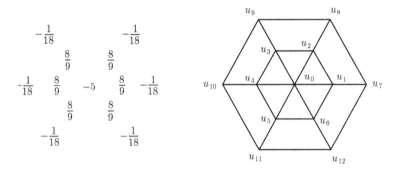

(b) 正六边形图形网格 13 点差分格式的系数与网格点

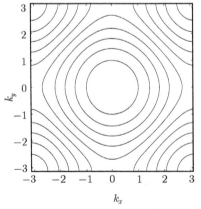

(c) 正方形网格 9 点差分频域等值线

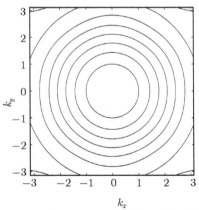

(d) 正六边形网格 13 点差分频域等值线

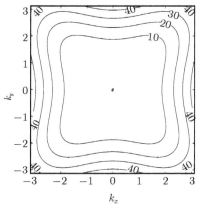 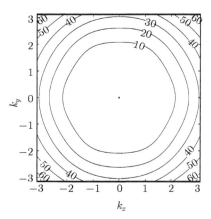

(e) 正方形网格 9 点差分相对百分误差   (f) 正六边形网格 13 点差分相对百分误差

图 6.5 精确到 $O(\Delta x^4)$ 的 Laplace 算子在正方形网格上的 9 点差分格式和
在正六边形网格上的 13 点差分格式

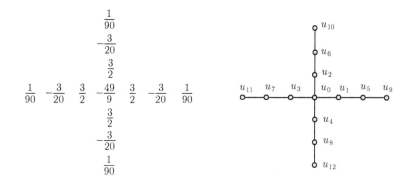

(a) 正方形网格 13 点差分格式的系数与网格点

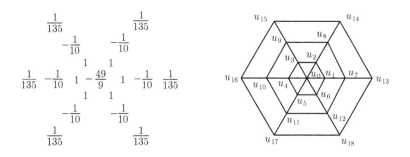

(b) 正六边形网格 19 点差分格式的系数与网格点

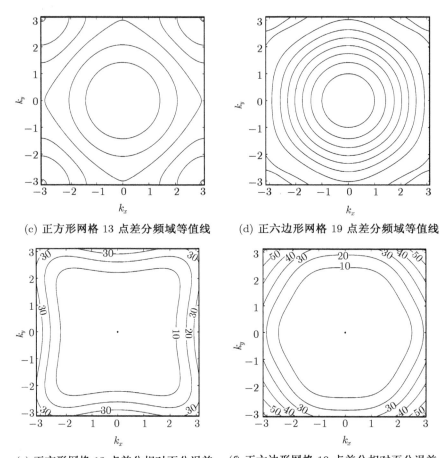

(c) 正方形网格 13 点差分频域等值线　　　　(d) 正六边形网格 19 点差分频域等值线

(e) 正方形网格 13 点差分相对百分误差　　　(f) 正六边形网格 19 点差分相对百分误差

图 6.6　精确到 $O(\Delta x^6)$ 的 Laplace 算子在正方形网格上的 13 点差分格式和
在正六边形网格上的 19 点差分格式

由图 6.4~ 图 6.6 可得出这样的结论：(1) 在正方形或六边形上的算子在原点附近处能很好地近似精确的 Laplace 算子, 但在接近 Nyquist 频率处, 近似精度较差; (2) 与正方形网格相比, 六边形上的差分算子能更好地近似 Laplace 算子的圆对称性.

6.4.2　紧凑算子

前面推导正方形网格和正六边形网格上 Laplace 算子的 $O(\Delta x^2)$, $O(\Delta x^4)$ 和 $O(\Delta x^6)$ 三种精度的长算子差分格式表示. 在推导中利用了二阶偏导数算子的中心差分算子的级数表示. 长算子的特点是在某一方向上需要用较多的网格点. 若在某一方向上用较少的网格点表示, 又要达到相同的精度, 则应当采用更多的方向, 这就是 Laplace 算子的紧凑算子的差分表示 (注意所用的整个网格点并不少). 下面对正方形网格上的 $O(\Delta x^4)$ 精度的紧凑算子加以具体推导, 其中网格步长 $\Delta x = h$.

如图 6.7 对正方形网格上的 17 点算子, 与 u_0 相邻的结点共有 16 点, 这样构成 16 个方向 (互成 $180°$ 的方向算两个方向), 且非等间隔分布. 为简单起见, 将这 16 个方向分成 4 组, 每组由相互垂直的四个方向且可通过将 x 轴和 y 轴两坐标轴旋转一个角度 θ(初始角度) 所得到. 设第一组正交方向的初始角度 $\theta = 0$, 且 $\theta_i = \theta + (i-1)\dfrac{\pi}{2}(i = 1,2,3,4)$, 则有

$$\sum_{i=1}^{4} \sin \theta_i = 0, \qquad \sum_{i=1}^{4} \cos \theta_i = 0 \tag{6.4.7}$$

$$\sum_{i=1}^{4} \sin 2\theta_i = 0, \qquad \sum_{i=1}^{4} \cos 2\theta_i = 0 \tag{6.4.8}$$

$$\sum_{i=1}^{4} \sin 3\theta_i = 0, \qquad \sum_{i=1}^{4} \cos 3\theta_i = 0 \tag{6.4.9}$$

$$\sum_{i=1}^{4} \sin 4\theta_i = 0, \qquad \sum_{i=1}^{4} \cos 4\theta_i = 1 \tag{6.4.10}$$

第二组正交方向的初始角度 $\theta = \dfrac{\pi}{4}$, 且 $\theta_i = \theta + (i-1)\dfrac{\pi}{2}(i = 1,2,3,4)$, 则有

$$\sum_{i=1}^{4} \sin \theta_i = 0, \qquad \sum_{i=1}^{4} \cos \theta_i = 0 \tag{6.4.11}$$

$$\sum_{i=1}^{4} \sin 2\theta_i = 0, \qquad \sum_{i=1}^{4} \cos 2\theta_i = 0 \tag{6.4.12}$$

$$\sum_{i=1}^{4} \sin 3\theta_i = 0, \qquad \sum_{i=1}^{4} \cos 3\theta_i = 0 \tag{6.4.13}$$

$$\sum_{i=1}^{4} \sin 4\theta_i = 0, \qquad \sum_{i=1}^{4} \cos 4\theta_i = -1 \tag{6.4.14}$$

设第三组正交方向的初始角度 θ 满足

$$\cos \theta = \frac{2}{\sqrt{5}}, \quad \sin \theta = \frac{1}{\sqrt{5}}$$

且 $\theta_i = \theta + (i-1)\dfrac{\pi}{2}(i = 1,2,3,4)$, 则有

$$\sum_{i=1}^{4} \sin \theta_i = 0, \qquad \sum_{i=1}^{4} \cos \theta_i = 0 \tag{6.4.15}$$

$$\sum_{i=1}^{4} \sin 2\theta_i = 0, \quad \sum_{i=1}^{4} \cos 2\theta_i = 0 \tag{6.4.16}$$

$$\sum_{i=1}^{4} \sin 3\theta_i = 0, \quad \sum_{i=1}^{4} \cos 3\theta_i = 0 \tag{6.4.17}$$

$$\sum_{i=1}^{4} \sin 4\theta_i = \sin 4\theta = 4\sin\theta\cos\theta(1 - 2\sin^2\theta) = \frac{24}{25} \tag{6.4.18}$$

$$\sum_{i=1}^{4} \cos 4\theta_i = \cos 4\theta = 1 - 8\sin^2\theta\cos^2\theta = -\frac{7}{25} \tag{6.4.19}$$

设第四组正交方向的初始角度 θ 满足

$$\cos\theta = \frac{1}{\sqrt{5}}, \quad \sin\theta = \frac{2}{\sqrt{5}}$$

且 $\theta_i = \theta + (i-1)\dfrac{\pi}{2}(i = 1, 2, 3, 4)$, 则有

$$\sum_{i=1}^{4} \sin\theta_i = 0, \qquad \sum_{i=1}^{4} \cos\theta_i = 0 \tag{6.4.20}$$

$$\sum_{i=1}^{4} \sin 2\theta_i = 0, \qquad \sum_{i=1}^{4} \cos 2\theta_i = 0 \tag{6.4.21}$$

$$\sum_{i=1}^{4} \sin 3\theta_i = 0, \qquad \sum_{i=1}^{4} \cos 3\theta_i = 0 \tag{6.4.22}$$

$$\sum_{i=1}^{4} \sin 4\theta_i = -\frac{24}{25}, \quad \sum_{i=1}^{4} \cos 4\theta_i = -\frac{7}{25} \tag{6.4.23}$$

由上述关系, 由 (6.2.6) 式可得

$$\frac{u_1 + u_2 + u_3 + u_4 - 4u_0}{h} = \frac{4h}{4}\Delta u_0 + \frac{4h^3}{64}\Delta^2 u_0$$

$$-\frac{h^3}{48}\left[-\left(\Delta^2 - 8\frac{\partial^4}{\partial x^2 \partial y^2}\right)\right]u_0 \tag{6.4.24}$$

$$\frac{u_5 + u_6 + u_7 + u_8 - 4u_0}{\sqrt{2}h} = \frac{4\sqrt{2}h}{4}\Delta u_0 + \frac{4(\sqrt{2}h)^3}{64}\Delta^2 u_0$$

$$-\frac{(\sqrt{2}h)^3}{48}\left[+\left(\Delta^2 - 8\frac{\partial^4}{\partial x^2 \partial y^2}\right)\right]u_0 \tag{6.4.25}$$

$$\frac{u_9 + u_{10} + u_{11} + u_{12} - 4u_0}{\sqrt{5}h} = \frac{4\sqrt{5}h}{4}\Delta u_0 + \frac{4(\sqrt{5}h)^3}{64}\Delta^2 u_0$$

$$- \frac{(\sqrt{5}h)^3}{48}\left[-\frac{-7}{25}\left(\Delta^2 - 8\frac{\partial^4}{\partial x^2 \partial y^2}\right)\right.$$

$$\left. - \left(\frac{24}{25}\right)\left(\frac{\partial^4}{\partial x^2 \partial y^2} - \frac{\partial^4}{\partial x \partial y^3}\right)\right]u_0 \qquad (6.4.26)$$

$$\frac{u_{13} + u_{14} + u_{15} + u_{16} - 4u_0}{\sqrt{5}h} = \frac{4\sqrt{5}h}{4}\Delta u_0 + \frac{4(\sqrt{5}h)^3}{64}\Delta^2 u_0$$

$$- \frac{(\sqrt{5}h)^3}{48}\left[-\frac{-7}{25}\left(\Delta^2 - 8\frac{\partial^4}{\partial x^2 \partial y^2}\right)\right.$$

$$\left. - \left(-\frac{24}{25}\left(\frac{\partial^4}{\partial x^2 \partial y^2} - \frac{\partial^4}{\partial x \partial y^3}\right)\right)\right]u_0 \qquad (6.4.27)$$

计算式 $(6.4.24) + \frac{1}{2\sqrt{2}}(6.4.25)$, 得到

$$\frac{u_1 + u_2 + u_3 + u_4 - 4u_0}{h} + \frac{u_5 + u_6 + u_7 + u_8 - 4u_0}{4h} = \frac{3}{2}h\Delta u_0 + \frac{8}{64}h^3\Delta^2 u_0 \qquad (6.4.28)$$

将式 (6.4.26) 加式 (6.4.27), 再乘 $\frac{1}{5\sqrt{5}}$, 得到

$$\frac{u_9 + u_{10} + u_{11} + u_{12} - 4u_0}{25h} + \frac{u_{13} + u_{14} + u_{15} + u_{16} - 4u_0}{25h}$$

$$= \frac{2}{5}h\Delta u_0 + \frac{h^3}{8}\Delta^2 u_0 - \frac{7h^3}{24 \times 25}\left[\left(\Delta^2 - 8\frac{\partial^4}{\partial x^2 \partial y^2}\right)\right]u_0 \qquad (6.4.29)$$

将式 (6.4.29) 乘以 $\frac{25}{7}$ 后, 得到

$$\frac{u_9 + u_{10} + u_{11} + u_{12} - 4u_0}{7h} + \frac{u_{13} + u_{14} + u_{15} + u_{16} - 4u_0}{7h}$$

$$= \frac{10}{7}h\Delta u_0 + \frac{25h^3}{56}\Delta^2 u_0 - \frac{h^3}{24}\left[\left(\Delta^2 - 8\frac{\partial^4}{\partial x^2 \partial y^2}\right)\right]u_0 \qquad (6.4.30)$$

由式 (6.4.24) 得

$$\frac{h^3}{24}\left[\Delta^2 - 8\frac{\partial^4}{\partial x^2 \partial y^2}\right]u_0 = 2\frac{u_1 + u_2 + u_3 + u_4 - 4u_0}{h} - 2h\Delta u_0 - \frac{h^3}{8}\Delta^2 u_0 \qquad (6.4.31)$$

将式 (6.4.31) 代入 (6.4.30), 化简得到

$$\frac{u_9 + u_{10} + u_{11} + u_{12} - 4u_0}{7h} + \frac{u_{13} + u_{14} + u_{15} + u_{16} - 4u_0}{7h}$$

$$= \frac{24}{7}h\Delta u_0 - 2\frac{u_1 + u_2 + u_3 + u_4 - 4u_0}{h} + \frac{32}{56}h^3\Delta^2 u_0 \tag{6.4.32}$$

再由 (6.4.28) 式得到

$$h^3\Delta^2 u_0 = 8\frac{u_1 + u_2 + u_3 + u_4 - 4u_0}{h} + 2\frac{u_5 + u_6 + u_7 + u_8 - 4u_0}{h} - 12h\Delta u_0 \tag{6.4.33}$$

将式 (6.4.33) 代入式 (6.4.32), 化简得到

$$\frac{24}{7}h\Delta u_0 = \frac{18(u_1 + u_2 + u_3 + u_4 - 4u_0)}{7h} + \frac{8(u_5 + u_6 + u_7 + u_8 - 4u_0)}{7h}$$
$$- \frac{u_9 + u_{10} + u_{11} + u_{12} - 4u_0}{7h} - \frac{u_{13} + u_{14} + u_{15} + u_{116} - 4u_0}{7h}$$

$$\tag{6.4.34}$$

即

$$\Delta u_0 = \frac{1}{h^2}\left[\frac{3}{4}\sum_{i=1}^{4} u_i + \frac{1}{3}\sum_{i=5}^{8} u_i - \frac{1}{24}\sum_{i=9}^{16} u_i - 4u_0\right] \tag{6.4.35}$$

　　如图 6.7(b) 所示是在正方形网格上精确到 $O(\Delta x^4)$ 阶的 17 点紧凑差分格式的系数, 紧凑算子要精确到 $O(\Delta x^4)$ 阶, 需要 8 个方向 17 个点. 图 6.7(c) 是 17 点紧凑差分格式在频率域中的等值线, 图 6.7(d) 是 17 点紧凑差分格式的相对百分误差, 误差等值线以 10% 的间隔给出. 通常紧凑算子需要比长算子更多的点才能获得与其相同的精度.

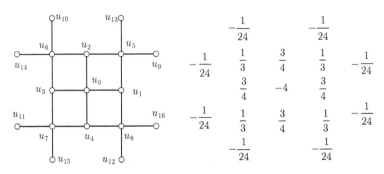

(a) 正方形网格 17 点紧凑差分　　　　(b) 正方形网格 17 点紧凑差分
　　格式的网格点　　　　　　　　　　　　格式的系数

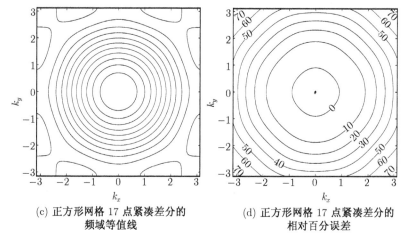

(c) 正方形网格 17 点紧凑差分的
频域等值线

(d) 正方形网格 17 点紧凑差分的
相对百分误差

图 6.7 在正方形网格上精确到 $O(\Delta x^4)$ 的 Laplace 算子的
17 点紧凑差分格式

6.4.3 在波场外推中的应用

考虑频率空间域的三维上行波方程

$$\frac{\partial p}{\partial z} = \frac{\mathrm{i}\omega}{v}\sqrt{1 + \frac{v^2}{\omega^2}\left(\frac{\partial^2}{\partial x^2} + \frac{\partial^2}{\partial y^2}\right)}\,p \tag{6.4.36}$$

将平方根算子作泰勒展开, 有

$$\sqrt{1 + \frac{v^2}{\omega^2}\left(\frac{\partial^2}{\partial x^2} + \frac{\partial^2}{\partial y^2}\right)} \approx 1 + \frac{1}{2}\frac{v^2}{\omega^2}\nabla^2 - \frac{1}{4}\frac{v^4}{\omega^4}\nabla^4 \tag{6.4.37}$$

其中 ∇^2 是 Laplace 算子. 若取上近似式中的前两项, 则可得 15° 上行波方程

$$\frac{\partial p}{\partial z} = \frac{\mathrm{i}\omega}{v}\left[1 + \frac{1}{2}\frac{v^2}{\omega^2}\nabla^2\right]p \tag{6.4.38}$$

也可多取一项提高精度, 则可得 45° 上行波方程

$$\frac{\partial p}{\partial z} = \frac{\mathrm{i}\omega}{v}\left[1 + \frac{1}{2}\frac{v^2}{\omega^2}\nabla^2 - \frac{1}{4}\frac{v^4}{\omega^4}\nabla^4\right]p \tag{6.4.39}$$

可以用显式有限差分格式在正多边形网格上实现上面两式的波场外推. 对 (6.4.38) 式, 式中仅有 Laplace 算子, 由前可知, 可以在正方形或正六边形网格上构造差分格

式. 对 (6.4.39) 式, 式中还有 ∇^4 算子, 而在 ∇^4 中有 $\dfrac{\partial^4}{\partial x^2 \partial y^2}$, 由于这一项可以被表示成任何一个六边形网格上的长算子, 而不能被表示成正方形网格上的任何一个长算子, 因此, 45° 波动方程偏移在六边形网格上完成是非常有效的.

我们也可以构造正多边形上的隐式外推格式. 由于 Laplace 算子可以表示成任何 n 个对称分布的一维二阶导数算子的和, 因此三维波场外推可用隐式差分格式在多个方向分别实现. 以 15° 上行波波动方程为例, 由 (6.3.30) 式知

$$\nabla^2 \approx \frac{2}{n} \sum_{i=1}^{n} \left(\frac{\partial^2}{\partial x_i^2} - \frac{\Delta x_i^2}{12} \frac{\partial^4}{\partial x_i^4} \right) \approx \frac{2}{n} \sum_{i=1}^{n} \frac{\dfrac{\partial^2}{\partial x_i^2}}{1 + \dfrac{\Delta x_i^2}{12} \dfrac{\partial^2}{\partial x_i^2}} \tag{6.4.40}$$

因此根据分裂法, 在两个方向的正方形网格 $(n = 2)$ 上, 可依次近似求解如下三个方程

$$\frac{\partial p}{\partial z} \approx \frac{\mathrm{i}\omega}{v} p \tag{6.4.41}$$

$$\frac{\partial p}{\partial z} \approx -\frac{v}{2\mathrm{i}\omega} \left(\frac{\dfrac{\partial^2}{\partial x^2}}{1 + \dfrac{\Delta x^2}{12} \dfrac{\partial^2}{\partial x^2}} \right) p \tag{6.4.42}$$

$$\frac{\partial p}{\partial z} \approx -\frac{v}{2\mathrm{i}\omega} \left(\frac{\dfrac{\partial^2}{\partial y^2}}{1 + \dfrac{\Delta y^2}{12} \dfrac{\partial^2}{\partial y^2}} \right) p \tag{6.4.43}$$

其中 x 和 y 是相互垂直的两个方向. 在三个方向 $(n = 3)$ 上的正六边形网格上的波场外推可以表示成

$$\frac{\partial p}{\partial z} \approx \frac{\mathrm{i}\omega}{v} p \tag{6.4.44}$$

$$\frac{\partial p}{\partial z} \approx -\frac{2}{3} \frac{v}{2\mathrm{i}\omega} \left(\frac{\dfrac{\partial^2}{\partial x_1^2}}{1 + \dfrac{\Delta x_1^2}{12} \dfrac{\partial^2}{\partial x_1^2}} \right) p \tag{6.4.45}$$

$$\frac{\partial p}{\partial z} \approx -\frac{2}{3} \frac{v}{2\mathrm{i}\omega} \left(\frac{\dfrac{\partial^2}{\partial x_2^2}}{1 + \dfrac{\Delta x_2^2}{12} \dfrac{\partial^2}{\partial x_2^2}} \right) p \tag{6.4.46}$$

$$\frac{\partial p}{\partial z} \approx -\frac{2}{3}\frac{v}{2\mathrm{i}\omega}\left(\frac{\dfrac{\partial^2}{\partial x_3^2}}{1+\dfrac{\Delta x_3^2}{12}\dfrac{\partial^2}{\partial x_3^2}}\right)p \tag{6.4.47}$$

其中 x_1, x_2 和 x_3 为三个相间 60° 的方向. 对每个方向, 分别作差分近似后即可进行计算. 由前面的分析可知, 用正六边形有限差分进行三维波场外推所导致的圆对称性比在正方形网格的要好.

第7章　三维频率空间域显式波场外推

前一章讨论了波场外推的隐式格式, 隐式格式由于无条件稳定, 在波动方程成像中得到广泛应用. 与之相比, 大多数显式外推方法是不稳定的, 即随着深度的增加波场趋于指数增加. 显式波场外推是一种褶积运算, 外推算子的精度由它的长度决定. 要外推接近于 90° 角传播的波, 需要很长的外推算子, 这时, 稳定的显式外推和隐式外推计算效率相当. 对小于 50° 的传播的波, 稳定的显式外推比隐式外推更有效[70]. 本章讨论稳定的显式波场外推.

7.1 节介绍二维或三维深度波场外推可通过与外推滤波器的一维或二维卷积来实现, 并说明设计外推滤波器的一般思路.

7.2 节利用 McClellan 变换来设计外推滤波器. 借助于 McClellan 变换, $N \times N$ 个二维滤波器可以减少到 N 个二维滤波器, 介绍 Hale 设计的 9 点和 17 点 McClellan 滤波器[71]. 二维深度偏移仅需一维外推滤波器的系数, 三维深度偏移的计算量仅与一维外推滤波器的长度成正比.

7.3 节讨论旋转的 McClellan 滤波器和平均滤波器, 以改善滤波器的精度, 克服数值各向异性. 在空间域, 波场外推通过与一个近似 $\cos|\mathbf{k}|$ 的 McClellan 滤波器的褶积来实现. 9 点 McClellan 滤波器和 17 点 McClellan 滤波器都有一个各向异性的脉冲响应, 即它们的谱同方位有关: 沿着坐标轴能非常好地符合 $\cos|\mathbf{k}|$ 的圆对称谱, 但沿着其他方位有误差, 误差取决于方位, 在 45° 方位上达到最大. McClellan 滤波器的精度可通过对 9 点 McClellan 滤波器旋转 45° 后再与原始的 9 点或 17 点 McClellan 滤波器作平均得到有效改善. 平均滤波器的谱比高阶的 17 点 McClellan 滤波器更符合理想变换滤波器的谱. 波场外推交替使用旋转的 McClellan 滤波器和原始的 McClellan 滤波器来改善既提高精度又节省计算量.

三维地震数据通常在矩形网格上记录和处理. 7.4 节介绍如何在正三角形或正六边形网格上表示矩形网格上的三维地震数据. 三维地震数据在六边形网格上的采样网格点比矩形网格上的采样网格点少 13.4%, 六边形采样在数据存储和三维地震数据处理中能节省内存.

7.1　稳定的显式外推格式

现考虑如下问题: 寻找一个长度为 N 系数为 h_n 的有限长滤波器, 其傅里叶变换 $H(k)$ 可用下式来近似

$$D(k) = e^{i\left(\frac{\Delta z}{\Delta x}\right)\sqrt{\left(\frac{\omega \Delta x}{v}\right)^2 - k^2}} \tag{7.1.1}$$

其中 ω 表示频率 (弧度/时间), v 表示速度, Δz 和 Δx 分别表示垂向 z 和横向 x 的采样间隔, 波数 k(弧度/Δx) 已被正归化. 任何一个距离量依据水平采样间隔 Δx 来度量. 正归化后, 两个无量纲的常数可唯一确定所期望的变换 $D(k)$.

由 (7.1.1) 式所确定的滤波器, 即是相移法中的滤波器. 对横向变速情况, 可以预先计算一个正规化频率 $\omega \Delta x/v$ 范围内的稳定的外推算子[23], 然后, 通过滤波器系数 h_n 随着正规化频率变化来适应横向变速情况.

由于 $D(k)$ 关于 k 对称, 这隐含复数值滤波器 h_n 应当是偶数, 特别地, 我们期望 $h_{-n} = h_n$, 因此, 系数的个数 N 应当是奇数, 即 $-(N+1)/2 \leqslant n \leqslant (N-1)/2$.

定义外推滤波器的傅里叶变换

$$H(k) \equiv \sum_{n=-(N+1)/2}^{(N-1)/2} h_n e^{-ikn} \approx D(k) \tag{7.1.2}$$

因为 h_n 对称, 所以有

$$H(k) = \sum_{n=0}^{(N-1)/2} (2 - \delta_{n,0}) h_n \cos(kn) \tag{7.1.3}$$

其中 $\delta_{n,0}$ 是 Kronecker 符号.

令滤波器的系数 h_n 可表示成 M 个加权基函数的和

$$h_n = \sum_{m=0}^{M-1} C_m b_{m,n} \tag{7.1.4}$$

联想到 (7.1.3) 式, 可知基函数的一个较好的选择是

$$b_{m,n} = (2 - \delta_{m,0}) \cos\left(\frac{2\pi mn}{N}\right) \tag{7.1.5}$$

这样就将确定滤波器 h_n 的 $(N+1)/2$ 个系数的问题变成确定 M 个复数 C_m 的问题. 考虑到稳定性, M 应当小于 $(N+1)/2$. 我们将在期望和实际的傅里叶变换之间匹配 M 个偶数阶导数来确定 C_m, 用余下的 $(N+1)/2 - M$ 个自由度来保证稳定性.

为确定加权系数 C_m, 考虑 h_n 的傅里叶变换, 即将 (7.1.4) 式代入 (7.1.3) 式, 得到

$$H(k) = \sum_{m=0}^{M-1} C_m (2 - \delta_{m,0}) \sum_{n=0}^{(N-1)/2} (2 - \delta_{n,0}) \cos\left(\frac{2\pi mn}{N}\right) \cos(kn)$$

$$= \sum_{m=0}^{M-1} C_m B_m(k) \tag{7.1.6}$$

其中

$$B_m(k) = (2 - \delta_{m,0}) \sum_{n=0}^{(N-1)/2} (2 - \delta_{n,0}) \cos\left(\frac{2\pi mn}{N}\right) \cos(kn) \tag{7.1.7}$$

由于外推滤波器在低波数处的外推是稳定的, 我们在 $k = 0$ 处匹配关于 k 的第 l 个偶数阶导数, 得到线性方程组

$$\sum_{m=0}^{M-1} C_m B_m^{(2l)}(0) = D^{(2l)}(0), \quad l = 0, \cdots, M-1 \tag{7.1.8}$$

其中

$$B_m^{(2l)}(0) = (2 - \delta_{m,0})(-1)^l \sum_{n=0}^{(N-1)/2} (2 - \delta_{n,0}) \cos\left(\frac{2\pi mn}{N}\right) n^{2l} \tag{7.1.9}$$

通过匹配 M 个这样的偶数阶导数, 可得 C_m 个未知数的 M 个线性方程组, 解这个线性方程组就可得权系数 C_m, 然后用方程 (7.1.4) 和 (7.1.5) 来计算外推滤波器的系数 h_n. 经验表明, 对于 $M \leqslant (N-1)/2$, 就可得到稳定的外推算子.

　　波场外推可通过与滤波器的卷积来实现. 在二维偏移中, 地震波场 $P(x_i, z_k, \omega)$ 从深度 z_{k-1} 外推到深度 $z_k = z_{k-1} + \Delta z$ 处可分别对每个频率 ω, 将其与一维外推滤波器 h_n 的卷积来实现

$$P(x_i, z_k, \omega) = \sum_{n=-(N+1)/2}^{(N-1)/2} h_n P(x_{i-n}, z_{k-1}, \omega) \tag{7.1.10}$$

由于系数 h_n 随着速度的变化而变化, 因此上式可以处理变速情况. 对三维偏移, 深度外推可通过一个圆对称二维滤波器 $h_{m,n}$ 的褶积来实现

$$P(x_i, y_j, z_k, \omega) = \sum_{m=-(N+1)/2}^{(N-1)/2} \sum_{n=-(N+1)/2}^{(N-1)/2} h_{m,n} P(x_{i-m}, y_{j-n}, z_{k-1}, \omega) \tag{7.1.11}$$

这时滤波器 $h_{m,n}$ 的傅里叶变换应当近似满足方程

$$H(k_x, k_y) \approx D(k_x, k_y) = \mathrm{e}^{\mathrm{i}\frac{\Delta z}{\Delta x}\sqrt{(\frac{\omega \Delta x}{v})^2 - k_x^2 - k_y^2}} \tag{7.1.12}$$

这里 k_x 和 k_y 分别表示横测线和纵测线的波数, 并各自被采样间隔 $\Delta x = \Delta y$ 正规化. 式 (7.1.12) 假定 x 和 y 方向的采样相等, 如 $\Delta x \neq \Delta y$, 则可以空间重采样. 空间重采样的计算量与外推计算量相比可以忽略. 为简单起见, 这里假定等间隔的采样.

　　对方程 (7.1.12) 进行分裂可得到

$$D(k_x, k_y) \approx \mathrm{e}^{\mathrm{i}\frac{\Delta z}{\Delta x}[\sqrt{(\frac{\omega\Delta x}{v})^2-k_x^2}+\sqrt{(\frac{\omega\Delta x}{v})^2-k_y^2}-\frac{\omega\Delta x}{v}]} \tag{7.1.13}$$

这样可将一个二维褶积运算表示成两个一维褶积运算, 减少了计算量. 先对所有的 y 在 x 方向作一维褶积运算, 然后对所有的 x 在 y 方向作一维褶积运算, 最后是一个相移运算. 比较方程 (7.1.12) 和 (7.1.13) 可知, 当 $\dfrac{vk_y}{\omega\Delta z} \approx 0$ 或 $\dfrac{vk_x}{\omega\Delta x} \approx 0$ 时分裂近似最好; 当 $\dfrac{vk_x}{\omega\Delta x} \approx \dfrac{vk_y}{\omega\Delta x} \gg 0$ 时, 在 45° 方位上, 分裂产生的方位误差最大.

7.2 McClellan 滤波器

McClellan 变换是设计二维数字滤波器的一种有效方法, 这种滤波器有特殊的对称性可以避免分裂误差, 可用于深度偏移的圆对称深度外推滤波器.

利用 McClellan 滤波器进行三维波场外推有两个优点: (1) 不需要计算和存储二维深度外推滤波器的系数, 仅仅需要计算和存储相应的一维外推滤波器的系数; (2) 深度外推的计算量随着 N 线性增加, 其中 N 是一维滤波器的长度.

McClellan 变换依据三角恒等式

$$\cos(n\theta) = 2\cos(\theta)\cos[(n-1)\theta] - \cos[(n-2)\theta] \tag{7.2.1}$$

它是 Chebychev 多项式 $T_n(x)$ 的递推公式

$$T_n(\cos\theta) = 2\cos(\theta)T_{n-1}(\cos\theta) - T_{n-2}(\cos\theta) \tag{7.2.2}$$

当 $T_n(\cos\theta) \equiv \cos(n\theta)$ 的一个形式. 利用这个恒等式, 在方程 (7.1.3) 中的每一个 $\cos(nk)$ 项可用 $\cos k$ 的递推形式计算

$$
\begin{aligned}
H(k) &= h_0 + 2h_1\cos k + 2h_2(2\cos^2 k - 1) + \cdots \\
&= h_0 + 2\sum_{n=1}^{(N-1)/2} h_n\cos nk \\
&= h_0 + 2\sum_{n=1}^{(N-1)/2} h_n[2\cos k\cos(n-1)k - \cos(n-2)k]
\end{aligned} \tag{7.2.3}
$$

可以看到, 滤波器 $H(k)$ 可写成 h_n 和 $\cos k$ 的形式, 这里 k 为 x 方向正规化的波数. McClellan 和 Chan[94] 指出与滤波器 h_n 的褶积过程可通过如图 7.1 的递归应用

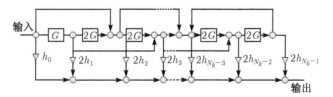

图 7.1 Chebychev 滤波器结构

Chebychev 滤波器来实现, 图中滤波器 $G(k) = \cos(k)$. 滤波器最后输出得到 $H(k)$, 即方程 (7.2.3).

对于二维滤波器, 只要在图 7.1 中, 令

$$G(k_x, k_y) = \cos |\boldsymbol{k}| = \cos \sqrt{k_x^2 + k_y^2} \tag{7.2.4}$$

但使用 $G(k_x, k_y)$ 的精确表达式会导致比二维直接褶积更大的计算量. 因此, McClellan 采用如下近似

$$\cos \sqrt{k_x^2 + k_y^2} \approx G(k_x, k_y) = -1 + \frac{1}{2}(1 + \cos k_x)(1 + \cos k_y) \tag{7.2.5}$$

其中当 $k_x = 0$ 或 $k_y = 0$ 时表达式是精确的.

若定义下列正反傅里叶变换对 $F(k) \leftrightarrow f(t)$:

$$F(k) = \frac{1}{2\pi} \int f(t) \mathrm{e}^{\mathrm{i}kt} \mathrm{d}t, \quad f(t) = \int F(k) \mathrm{e}^{-\mathrm{i}kt} \mathrm{d}k$$

则近似式 (7.2.5) 的傅里叶逆变换是

$$g(x, y) = -\delta(x)\delta(y) + \frac{1}{2} \left\{ \delta(x) + \frac{1}{2}[\delta(x+1) + \delta(x-1)] \right\}$$

$$* \left\{ \delta(y) + \frac{1}{2}[\delta(y+1) + \delta(y-1)] \right\} \tag{7.2.6}$$

其中 $*$ 表示卷积. 注意到 δ 函数的性质, 可知上式的取值如下 (其余均为 0):

$$g(0,0) = -\frac{1}{2}, \quad g(\pm 1, 0) = g(0, \pm 1) = \frac{1}{4}, \quad g(\pm 1, \pm 1) = \frac{1}{8}$$

$$\begin{array}{ccc}
\frac{1}{8} & \frac{1}{4} & \frac{1}{8} \\
\frac{1}{4} & -\frac{1}{2} & \frac{1}{4} \\
\frac{1}{8} & \frac{1}{4} & \frac{1}{8}
\end{array}$$

图 7.2　9 点 McClellan
滤波器的系数

式中 $g(\pm\cdot, \pm\cdot)$ 中的正负号可以交错选取, 即有四种表示式. 因此得到 9 点 McClellan 滤波器的系器, 如图 7.2 所示. 该系数的二维离散傅里叶变换就是近似式 (7.2.5). 图 7.3 是精确的 McClellan 滤波器的谱等值线, 具有完全的圆对称性. 图 7.4 是 9 点 McClellan 滤波器的谱等值线及相对百分误差等值线. 可以看到, 在 $k_x = 0$ 或 $k_y = 0$ 的方位上, 近似误差为零.

改进的 McClellan 滤波器, 采用如下的傅里叶变换来近似精确的 McClellan 滤波器

$$G(k_x, k_y) = -1 + \frac{1}{2}(1 + \cos k_x)(1 + \cos k_y) - \frac{c}{2}(1 - \cos 2k_x)(1 - \cos 2k_y) \tag{7.2.7}$$

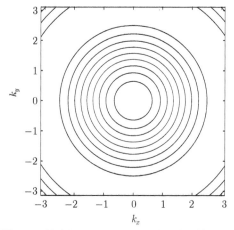

图 7.3 精确的 McClellan 滤波器的谱等值线

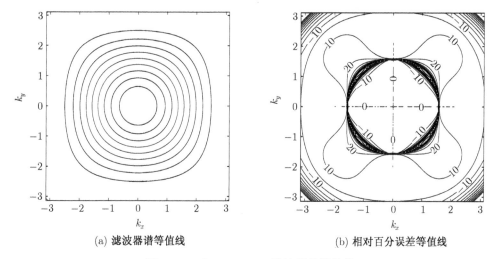

(a) 滤波器谱等值线   (b) 相对百分误差等值线

图 7.4 9 点 McClellan 滤波器的等值线

类似地, 可得该式的傅里叶逆变换是

$$g(x,y) = -\delta(x)\delta(y) + \frac{1}{2}\left\{\delta(x) + \frac{1}{2}[\delta(x+1) + \delta(x-1)]\right\}$$

$$* \left\{\delta(y) + \frac{1}{2}[\delta(y+1) + \delta(y-1)]\right\}$$

$$- \frac{c}{2}\left\{\delta(x) - \frac{1}{2}[\delta(x+2) + \delta(x-2)]\right\} * \left\{\delta(y) - \frac{1}{2}[\delta(y+2) + \delta(y-2)]\right\}$$

同理可算得该 $g(x,y)$ 的取值如下 (其余均为 0):

$$g(0,0) = -\frac{1+c}{2}, \quad g(\pm 1, 0) = g(0, \pm 1) = \frac{1}{4}$$

$$g(\pm 1, \pm 1) = \frac{1}{8}, \quad g(\pm 2, 0) = g(0, \pm 2) = \frac{c}{4}, \quad g(\pm 2, \pm 2) = -\frac{c}{8}$$

$$
\begin{array}{ccccc}
-\dfrac{c}{8} & 0 & \dfrac{c}{4} & 0 & -\dfrac{c}{8} \\[2mm]
0 & \dfrac{1}{8} & \dfrac{1}{4} & \dfrac{1}{8} & 0 \\[2mm]
\dfrac{c}{4} & \dfrac{1}{4} & -\dfrac{1+c}{2} & \dfrac{1}{4} & \dfrac{c}{4} \\[2mm]
0 & \dfrac{1}{8} & \dfrac{1}{4} & \dfrac{1}{8} & 0 \\[2mm]
-\dfrac{c}{8} & 0 & \dfrac{c}{4} & 0 & -\dfrac{c}{8}
\end{array}
$$

图 7.5　17 点 McClellan 滤波器的系数

由此构成 17 点 McClellan 滤波器, 如图 7.5 所示, 其中常数 c 起到圆对称性的作用. 图 7.6~图 7.9 是取不同的 c 时的 17 点滤波器谱的等值线及与精确的滤波器 (即图 7.3) 的相对百分误差, 其中图 7.6 是 $c = 0.1$ 时的结果, 图 7.7 是 $c = 0.01$ 时的结果, 图 7.8 是 $c = 0.031365$ 时的结果, 图 7.9 是 $c = 0.001$ 时的结果. 比较可以看到, 不同的 c 有不同的圆对称性, 其中当 $c = 0.031365$ 时结果最好. 在这里 $c \approx 0.031365$ 通过取 $k_x = k_y = \dfrac{\pi}{3}$, 由 (7.2.7) 式确定. 通过使用更大的滤波器, 可以进一步改善圆对称性.

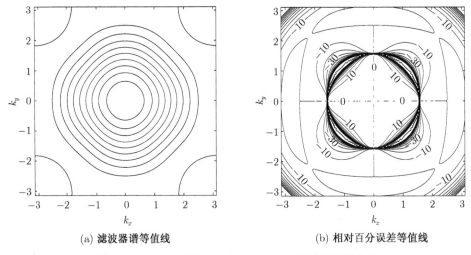

(a) 滤波器谱等值线　　　　　　　　(b) 相对百分误差等值线

图 7.6　$c = 0.1$ 时的 17 点 McClellan 滤波器的等值线

Hedley 指出[75], 将数据变换到六边形网格, 可以改进变换滤波器的圆响应, 因为六边形网格比正方形网格更具有各向同性. McClellan 变换可以在六边形网格上实现, 这对高波数会有更精确的滤波响应, 从而更加具备各向同性. 在六边形网格上可采用如下近似[75,95]

$$G(k_x, k_y) = -\frac{1}{3} + \frac{4}{9}\left(\cos\left(\frac{2ck_x}{\sqrt{3}}\right) + 2\cos\left(\frac{ck_x}{\sqrt{3}}\right)\cos(ck_y)\right) \tag{7.2.8}$$

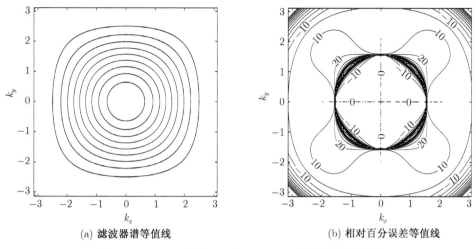

(a) 滤波器谱等值线   (b) 相对百分误差等值线

图 7.7 $c = 0.01$ 时的 17 点 McClellan 滤波器的等值线

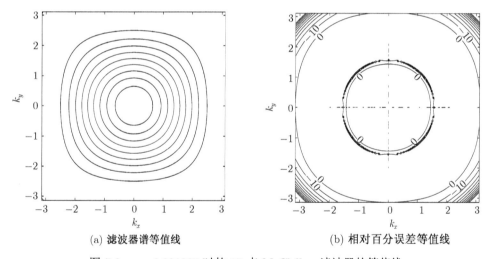

(a) 滤波器谱等值线   (b) 相对百分误差等值线

图 7.8 $c = 0.031365$ 时的 17 点 McClellan 滤波器的等值线

其中参数 c 用来匹配期望的等值线, 例如, 若匹配 $k_x = \dfrac{5\pi}{12}$, $k_y = \dfrac{k_x}{\sqrt{3}}$ 处的精确谱等值线, 则由 (7.2.8) 式可确定 $c = 1.07784$. $c = 1.07784$ 时的滤波器的谱等值线和相对百分误差等值线分别见图 7.10(a) 和 (b).

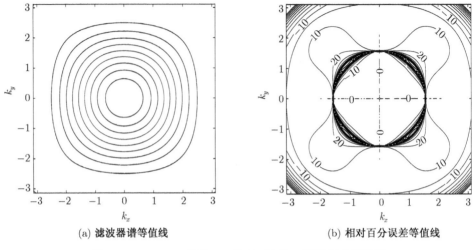

(a) 滤波器谱等值线   (b) 相对百分误差等值线

图 7.9 $c = 0.001$ 时的 17 点 McClellan 滤波器的等值线

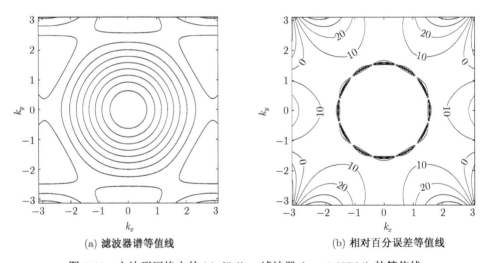

(a) 滤波器谱等值线   (b) 相对百分误差等值线

图 7.10   六边形网格上的 McClellan 滤波器 $(c = 1.07784)$ 的等值线

7.3   旋转的 McClellan 滤波器

7.3.1   45° 旋转 9 点和 17 点滤波器

基于 McClellan 变换的偏移方法的精度取决于滤波器 $\cos|\boldsymbol{k}|$ 的近似精度, 近似误差会引起数值各向异性. 数值各向异性可以通过将滤波器旋转 45° 并且对旋转滤波器和原始滤波器取平均加以克服.

首先, 将 9 点 McClellan 滤波器旋转 45°, 然后, 重新标定波数坐标轴以使它与期望的滤波器沿着正交方向相互匹配, 再取这种旋转的滤波器与原来的 9 点和 17 点滤波器的平均, 所得到的新的滤波器将会具有更好的各向同性.

在波数域中, 9 点 McClellan 滤波器可表示为

$$\cos\sqrt{k_x^2+k_y^2}\approx G_0(k_x,k_y)=-1+\frac{1}{2}(1+\cos k_x)(1+\cos k_y) \tag{7.3.1}$$

将坐标轴 k_x 和 k_y 旋转一个角度 θ, 即

$$k_x^\theta=k_x\cos\theta-k_y\sin\theta, \qquad k_y^\theta=k_x\sin\theta+k_y\cos\theta \tag{7.3.2}$$

该式中的 k_x 和 k_y 表示旋转后新坐标系下的变量. 将该变换用于 9 点 McClellan 滤波器, 得到

$$G_\theta(k_x,k_y;\theta)=-1+\frac{1}{2}[1+\cos(k_x\cos\theta-k_y\sin\theta)][1+\cos(k_x\sin\theta+k_y\cos\theta)] \tag{7.3.3}$$

对于任意的 θ, 这个滤波器在空间域中不能用一个紧凑的褶积算子来表示, 但在特殊情况下, 如 $\theta=45°$, 可简化为

$$
\begin{aligned}
G_{45}(k_x,k_y;45°)=&-1+\frac{1}{2}\left[1+\cos\left(\frac{\sqrt{2}}{2}k_x-\frac{\sqrt{2}}{2}k_y\right)\right]\left[1+\cos\left(\frac{\sqrt{2}}{2}k_x+\frac{\sqrt{2}}{2}k_y\right)\right]\\
=&-1+\frac{1}{2}\left[1+2\cos\frac{k_x}{\sqrt{2}}\cos\frac{k_y}{\sqrt{2}}+\cos^2\frac{k_x}{\sqrt{2}}\cos^2\frac{k_y}{\sqrt{2}}-\sin^2\frac{k_x}{\sqrt{2}}\sin^2\frac{k_y}{\sqrt{2}}\right]\\
=&-1+\frac{1}{2}\left[1+2\cos\frac{k_x}{\sqrt{2}}\cos\frac{k_y}{\sqrt{2}}+\cos^2\frac{k_x}{\sqrt{2}}\cos^2\frac{k_y}{\sqrt{2}}\right.\\
&\left.-\left(1-\cos^2\frac{k_x}{\sqrt{2}}\right)\left(1-\cos^2\frac{k_y}{\sqrt{2}}\right)\right]\\
=&-1+\frac{1}{2}\left[\cos\left(\frac{k_x}{\sqrt{2}}\right)+\cos\left(\frac{k_y}{\sqrt{2}}\right)\right]^2
\end{aligned}
\tag{7.3.4}
$$

此即 45° 旋转 9 点 McClellan 滤波器, 该式的傅里叶逆变换为

$$g_{45}(x,y)=-\frac{1}{2}\delta(x)\delta(y)+\frac{1}{8}[\delta(x+\sqrt{2})+\delta(x-\sqrt{2})+\delta(y+\sqrt{2})+\delta(y-\sqrt{2})]$$

$$+\frac{1}{4}\left[\delta\left(x+\frac{1}{\sqrt{2}}\right)+\delta\left(x-\frac{1}{\sqrt{2}}\right)\right]*\left[\delta\left(y+\frac{1}{\sqrt{2}}\right)+\delta\left(y-\frac{1}{\sqrt{2}}\right)\right]$$

这里 x 和 y 表示坐标轴 45° 旋转后新坐标系下的变量, 由此算得 (其余为 0)

$$\frac{1}{4} \qquad \frac{1}{8} \qquad \frac{1}{4}$$
$$\frac{1}{8} \qquad -\frac{1}{2} \qquad \frac{1}{8}$$
$$\frac{1}{4} \qquad \frac{1}{8} \qquad \frac{1}{4}$$

图 7.11 45° 旋转 9 点
McClellan 滤波
器的系数

$$g_{45}(0,0)=0, \quad g_{45}(\pm\sqrt{2},0)=g_{45}(0,\pm\sqrt{2})=\frac{1}{8}$$

$$g_{45}\left(\pm\frac{\sqrt{2}}{2},0\right)=g\left(0,\pm\frac{\sqrt{2}}{2}\right)=\frac{1}{4}$$

其系数如图 7.11 所示. 该系数恰好是 9 点 McClellan 滤波器系数 (图 7.2) 旋转 45° 后所得的结果. 该滤波器谱等值线如图 7.12(a) 所示, 图 7.12(b) 是对应的相对百分误差. 正如预料一样, 图 7.12(a) 是 9 点 McClellan 滤波器的谱 (即图 7.4(a)) 的旋转.

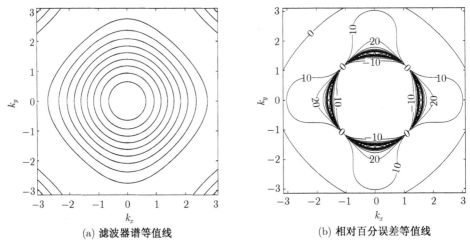

(a) 滤波器谱等值线   (b) 相对百分误差等值线

图 7.12 45° 旋转 9 点 McClellan 滤波器的等值线

下面考虑旋转的 17 点滤波器. 取 $\theta=45°$, 将式 (7.3.2) 代入式 (7.2.5) 中, 得

$$
\begin{aligned}
G_{45}(k_x,k_y;45°)=&-1+\frac{1}{2}\left[\cos\left(\frac{k_x}{\sqrt{2}}\right)+\cos\left(\frac{k_y}{\sqrt{2}}\right)\right]^2 \\
&-\frac{c}{2}\left[1-\cos\left(\sqrt{2}k_x-\sqrt{2}k_y\right)\right]\left[1-\cos\left(\sqrt{2}k_x+\sqrt{2}k_y\right)\right] \\
=&-1+\frac{1}{2}\left[\cos\left(\frac{k_x}{\sqrt{2}}\right)+\left(\cos\frac{k_y}{\sqrt{2}}\right)\right]^2 \\
&-\frac{c}{2}\Big[1-2\cos\left(\sqrt{2}k_x\right)\cos\left(\sqrt{2}k_y\right)+\cos^2\left(\sqrt{2}k_x\right)\cos^2\left(\sqrt{2}k_y\right) \\
&-\sin^2\left(\sqrt{2}k_x\right)\sin^2\left(\sqrt{2}k_y\right)\Big] \\
=&-1+\frac{1}{2}\left[\cos\left(\frac{k_x}{\sqrt{2}}\right)+\cos\left(\frac{k_y}{\sqrt{2}}\right)\right]^2-\frac{c}{2}\Big\{1-2\cos\sqrt{2}k_x\cos\sqrt{2}k_y
\end{aligned}
$$

$$+\cos^2\left(\sqrt{2}k_x\right)\cos^2\left(\sqrt{2}k_y\right)-\left[1-\cos^2(\sqrt{2}k_x)\right]\left[1-\cos^2(\sqrt{2}k_y)\right]\Big\}$$

$$=-1+\frac{1}{2}\left[\cos\left(\frac{k_x}{\sqrt{2}}\right)+\cos\left(\frac{k_y}{\sqrt{2}}\right)\right]^2-\frac{c}{2}\left[\cos\left(\sqrt{2}k_x\right)-\cos\left(\sqrt{2}k_y\right)\right]^2 \tag{7.3.5}$$

即

$$G_{45}(k_x,k_y;45°)=-1+\frac{1}{2}\left[\cos\left(\frac{k_x}{\sqrt{2}}\right)+\cos\left(\frac{k_y}{\sqrt{2}}\right)\right]^2-\frac{c}{2}\left[\cos\left(\sqrt{2}k_x\right)-\cos\left(\sqrt{2}k_y\right)\right]^2 \tag{7.3.6}$$

此即 45° 旋转 17 点 McClellan 滤波器. 该式的傅里叶逆变换为

$$g_{45}(x,y)=-\frac{1+c}{2}\delta(x)\delta(y)+\frac{1}{8}[\delta(x+\sqrt{2})+\delta(x-\sqrt{2})+\delta(y+\sqrt{2})+\delta(y-\sqrt{2})]$$

$$+\frac{1}{4}\left[\delta\left(x+\frac{1}{2}\right)+\delta\left(x-\frac{1}{\sqrt{2}}\right)\right]*\left[\delta\left(y+\frac{1}{\sqrt{2}}\right)+\delta\left(y-\frac{1}{\sqrt{2}}\right)\right]$$

$$-\frac{c}{8}[\delta(x+2\sqrt{2})+\delta(x-2\sqrt{2})+\delta(y+2\sqrt{2})+\delta(y-2\sqrt{2})]$$

$$+\frac{c}{4}[\delta(x+\sqrt{2})+\delta(x-\sqrt{2})]*[\delta(y+\sqrt{2})+\delta(y-\sqrt{2})]$$

由此算得

$$g(0,0)=-\frac{1+c}{2},\quad g(\pm\sqrt{2},0)=g(0,\pm\sqrt{2})=\frac{1}{8}$$

$$g(\pm 2\sqrt{2},0)=g(0,\pm 2\sqrt{2})=-\frac{c}{8},\quad g\left(\pm\frac{1}{\sqrt{2}},\pm\frac{1}{\sqrt{2}}\right)=\frac{1}{4}$$

$$g(\pm 2\sqrt{2},\pm 2\sqrt{2})=\frac{c}{4}$$

其系数恰好是 17 点 McClellan 滤波器系数 (图 7.5) 的 45° 的旋转 (不考虑坐标轴伸缩). 图 7.13 是该滤波器的谱等值线和相对百分误差等值线.

7.3.2 平均滤波器

1. 9-9 点平均滤波器

在作波场递推褶积的过程中, 交替应用旋转的滤波器和原始的 McClellan 滤波器可以改善精度, 消除方位误差, 另外, 还可以通过设计平均滤波器来改善精度, 消除各向异性误差.

将式 (7.3.1)(即原来的 9 点滤波器) 与式 (7.3.4)(即 45° 旋转 9 点滤波器) 作平均, 就得到 9-9 点平均滤波器. 图 7.14 表示 9-9 点平均滤波器的谱等值线和相对百分误差等值线. 平均滤波器的谱沿着坐标轴方向, 都能精确地与理想滤波器的谱一致, 在整个方位范围内, 平均滤波器的谱比 9 点 McClellan 滤波器的谱有较少的各向异性误差.

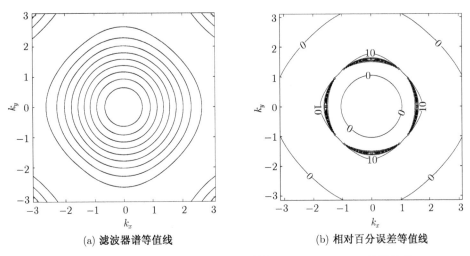

(a) 滤波器谱等值线 　　　　　　　　　　　(b) 相对百分误差等值线

图 7.13　45° 旋转 17 点 McClellan 滤波器 ($c = 0.031365$) 的等值线

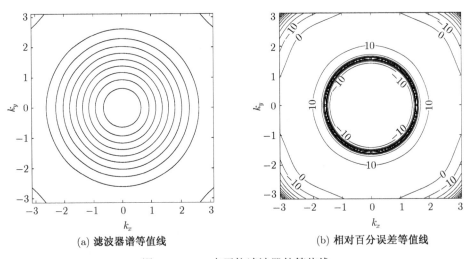

(a) 滤波器谱等值线 　　　　　　　　　　　(b) 相对百分误差等值线

图 7.14　9-9 点平均滤波器的等值线

2. 17-9 点平均滤波器

17 点 McClellan 滤波器与 45° 旋转 9 点滤波器的平均导致所谓的 17-9 点平均滤波器. 17-9 点平均滤波器比 9-9 点平均滤波器更精确. 图 7.15 是 17-9 点滤波器谱等值线和相对百分误差等值线. 平均滤波器的谱沿着坐标轴都能精确地符合理想滤

波器的谱, 与 17 点 McClellan 滤波器相比, 平均滤波器同理想的滤波器均有较少的偏离.

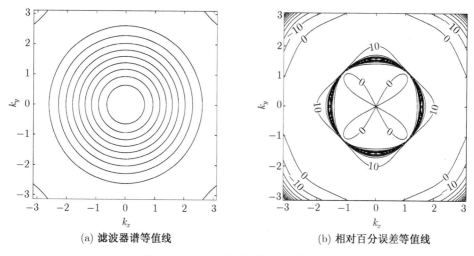

(a) 滤波器谱等值线　　　　　　　　　(b) 相对百分误差等值线

图 7.15　17-9 点平均滤波器的等值线

3. 9-17 点平均滤波器

9 点 McClellan 滤波器与 45° 旋转 17 点滤波器的平均导致所谓的 9-17 点平均滤波器. 图 7.16 是 9-17 点平均滤波器谱等值线和相对百分误差等值线.

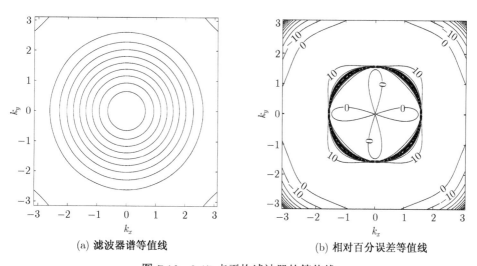

(a) 滤波器谱等值线　　　　　　　　　(b) 相对百分误差等值线

图 7.16　9-17 点平均滤波器的等值线

4. 17-17 点平均滤波器

17 点 McClellan 滤波器与 45° 旋转 17 点滤波器的平均导致所谓的 17-17 点平均滤波器. 图 7.17 是 17-17 点平均滤波器谱等值线和相对百分误差等值线. 17-17 点平均滤波器给出的响应最接近理想的滤波器.

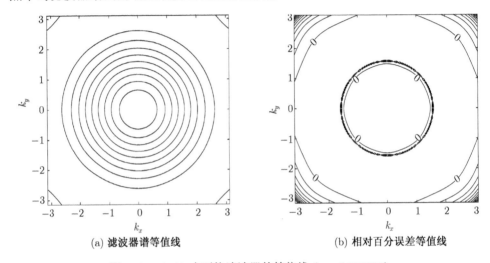

(a) 滤波器谱等值线   (b) 相对百分误差等值线

图 7.17   17-17 点平均滤波器的等值线 ($c = 0.031365$)

图 7.14~图 7.17 表明, 通过将旋转的 McClellan 滤波器与原始的 McClellan 滤波器取平均, 精度有了提高. 在波场外推中, 我们可在两个深度外推步中交替使用旋转的滤波器和原来的滤波器, 以节省计算量.

7.4   六边形网格上的三维地震数据

三维地震数据通常记录在矩形网格上, 非矩形网格上的采样已经开始用于地震数据. Bardan 引进了三角形网格上的采样, 并指出三角形网格采样是最优的[8], 在三角形或六边形网格上可以用比在正方形网格上少 13.4% 的网格点来对地震数据进行重采样[9]. 如果将数据重新采样到三角形或六边形网格上, 那么多方向 (三方向) 分裂的波场外推会更容易实现. 本节首先介绍一维采样理论, 然后说明三维地震数据的带限可以通过两个锥形域来表示, 最后讨论六边形网格上的数据采样.

7.4.1   一维采样理论

考虑 x 方向的均匀采样, 采样间隔为 Δx, 定义一维函数 $f(x)$ 的插值函数 $f_I(x)$ 为

$$f_I(x) = \sum_{m=-\infty}^{+\infty} f(m\Delta x)g(x - m\Delta x) \tag{7.4.1}$$

其中 $g(x)$ 是插值基函数. 若令

$$\Delta k \Delta x = 2\pi \tag{7.4.2}$$

则 $n\Delta k(n = 0, \pm 1, \pm 2, \cdots)$ 表示 k 轴上可分辨的点. 显然, 若 x 轴上的采样越密 (Δx 越小), 则 k 轴可分辨的点之间的间隔越大 (Δk 越大).

考虑 $f(m\Delta x)$ 的值由 $f(x)$ 和 δ 脉冲的褶积产生, 即

$$f(m\Delta x) = \int_{-\infty}^{+\infty} f(y)\delta(y - m\Delta x)\mathrm{d}y \tag{7.4.3}$$

代入 (7.4.1) 式中得

$$\begin{aligned}
f_I(x) &= \int_{-\infty}^{+\infty} f(y) \sum_{m=-\infty}^{+\infty} \delta(y - m\Delta x)g(x - m\Delta x)\mathrm{d}y \\
&= \int_{-\infty}^{+\infty} f(y)g(x - y) \sum_{m=-\infty}^{+\infty} \delta(y - m\Delta x)\mathrm{d}y
\end{aligned} \tag{7.4.4}$$

根据 $[-l, l]$ 上函数 $h(x)$ 的傅里叶级数展开式

$$h(x) = \frac{1}{2l} \sum_{n=-\infty}^{+\infty} \int_{-l}^{l} h(t)\mathrm{e}^{\mathrm{i}\frac{n\pi(x-t)}{l}}\mathrm{d}t$$

式 (7.4.4) 中的一系列脉冲和可看作定义在 $\left[-\dfrac{l}{2}, \dfrac{l}{2}\right]$ 上 $\delta(y)$ 的一系列周期脉冲, 周期为 Δx. 因此 $\left(l = \dfrac{\Delta x}{2}\right)$,

$$\begin{aligned}
\sum_{m=-\infty}^{+\infty} \delta(y - m\Delta x) &= \frac{1}{\Delta x} \sum_{n=-\infty}^{+\infty} \int_{-\frac{\Delta x}{2}}^{\frac{\Delta x}{2}} \delta(t)\mathrm{e}^{\mathrm{i}\frac{2n\pi(y-t)}{\Delta x}}\mathrm{d}t \\
&= \frac{1}{\Delta x} \sum_{n=-\infty}^{+\infty} \mathrm{e}^{\frac{\mathrm{i}2n\pi y}{\Delta x}}
\end{aligned} \tag{7.4.5}$$

将上式代入 (7.4.4) 式, 得

$$\begin{aligned}
f_I(x) &= \sum_{n=-\infty}^{+\infty} \int_{-\infty}^{+\infty} [f(y)\mathrm{e}^{\mathrm{i}2\pi ny/\Delta x}]\frac{g(x - y)}{\Delta x}\mathrm{d}y \\
&= \sum_{n=-\infty}^{+\infty} [f(x)\mathrm{e}^{\mathrm{i}2\pi nx/\Delta x}] * \left[\frac{g(x)}{\Delta x}\right]
\end{aligned} \tag{7.4.6}$$

其中 $*$ 表示卷积. 式 (7.4.6) 所对应的傅里叶变换为

$$F_I(k) = \frac{G(k)}{\Delta x} \sum_{n=-\infty}^{+\infty} F\left[k - \left(\frac{2\pi}{\Delta x}\right)n\right]$$

$$= \frac{G(k)}{\Delta x} \sum_{n=-\infty}^{+\infty} F(k - n\Delta k) \tag{7.4.7}$$

设 $f(x)$ 的带限是 $(-k_{\max}, k_{\max})$, 即 k 轴上 f 有非零的值, 又设插值函数 $G(k)$ 在 $(-k_{\max}, k_{\max})$ 上取值为 Δx, 其他为 0. 假如数据能够分辨, 即有 $k_{\max} < \dfrac{\pi}{\Delta x}$, 则 (7.4.7) 式表明

$$F_I(k) = F(k), \qquad f_I(x) = f(x) \tag{7.4.8}$$

即仅在条件 $k_{\max} < \dfrac{\pi}{\Delta x}$ 下, 被插函数 $f_I(x)$ 的谱才包含原函数 $f(x)$ 的谱, 这与采样定理一致.

7.4.2　三维地震数据的带限表示

三维地震数据可以表示成平面同相轴之和. 三维地震数据中的同相轴 (如反射、折射同相轴等) 可以在一个小区域中被近似成平面同相轴, 表示为

$$s_j(x, y, t) = \begin{cases} w(t - a_j x - b_j y - c_j), & x_{j_1} < x < x_{j_2}, \quad y_{j_1} < y < y_{j_2} \\ 0, & \text{其他} \end{cases} \tag{7.4.9}$$

其中 x, y 和 t 分别表示空间坐标和时间, $w(t)$ 是地震子波. 同相轴的平面由方程

$$t = a_j x + b_j y + c_j \tag{7.4.10}$$

刻画. 一个平面同相轴 $s_j(x, y, t)$ 也可以由倾角和方位角描述. 倾角用

$$p_j = \sqrt{a_j^2 + b_j^2} \tag{7.4.11}$$

表示 (单位: s/m), 它是平面同相轴和水平面夹角的一个度量; 方位角是 $\text{arctg} \dfrac{-a_j}{b_j}$.

平面同相轴 $s_j(x, y, t)$ 的三维谱 $S_j(k_x, k_y, \omega)$ 是

$$S_j(k_x, k_y, \omega) = \int_{x_{j_1}}^{x_{j_2}} \int_{y_{j_1}}^{y_{j_2}} \int_0^{+\infty} w(t - a_j x - b_j y - c_j) e^{-i(k_x x + k_y y + \omega t)} dx dy dt$$

$$= e^{-i\omega c_j} \int_{x_{j_1}}^{x_{j_2}} \int_{y_{j_1}}^{y_{j_2}} \left[\int_0^{+\infty} W(t) e^{-i\omega t} dt\right] e^{-i(k_x + a_j \omega)x} e^{-i(k_y + b_j \omega)y} dx dy$$

$$= W(\omega) e^{-i\omega c_j} \frac{e^{-i(k_x + a_j \omega)x_{j_2}} - e^{-i(k_x + a_j \omega)x_{j_1}}}{-i(k_x + a_j \omega)}$$

$$\cdot \frac{e^{-i(k_y + b_j \omega)y_{j_2}} - e^{-i(k_y + b_j \omega)y_{j_1}}}{-i(k_y + b_j \omega)}$$

$$= CW(\omega)\frac{\sin[x_j(k_x + a_j\omega)]}{k_x + a_j\omega}\frac{\sin[y_j(k_y + b_j\omega)]}{k_y + b_j\omega} \tag{7.4.12}$$

其中 $W(\omega)$ 是 $w(t)$ 的一维谱, 及

$$C = \mathrm{e}^{-\mathrm{i}\omega c_j}\mathrm{e}^{-\mathrm{i}\frac{x_{j_2}+x_{j_1}}{2}(k_x + a_j\omega)} \cdot \mathrm{e}^{-\mathrm{i}\frac{y_{j_2}+y_{j_1}}{2}(k_y + b_j\omega)}$$

$$x_j = \frac{1}{2}(x_{j_2} - x_{j_1}), \qquad y_j = \frac{1}{2}(y_{j_2} - y_{j_1})$$

由 (7.4.12) 式知, (7.4.9) 式的平面同相轴的三维谱的最大值在下列平面的交线中

$$k_x + a_j\omega = 0, \qquad k_y + b_j\omega = 0, \qquad |\omega| \leqslant \omega_{\max} \tag{7.4.13}$$

其中 $\omega_{\max}$ 是子波 $w(t)$ 的最高频率. 按照 (7.4.11) 式, 倾角 p_j 现在是 (7.4.13) 式和 ω 轴两线之间的角的一个度量, 见图 7.18(a). 在 (k_x, k_y) 平面中由 (7.4.13) 式给出的交线的方位角是 $\mathrm{arctg}\frac{b_j}{a_j}$. 图 7.18 表示三维地震数据的带限, 其中均有 $p_j \leqslant p_{\max}$ 和 $k_{\max} = p_{\max}\omega_{\max}$, p_{max} 是最大倾角. 图 7.18(a) 是三角形域, 表示 (k, ω) 平面中的带限; 图 7.18(b) 是锥形域, 表示 (k_x, k_y, ω) 空间中的带限; 图 7.18(c) 是圆形域, 表示 (k_x, k_y) 平面中的带限. 图 7.18(a) 和图 7.18(c) 可看作图 7.18(b) 的带限分别在 (k, ω) 平面和 (k_x, k_y) 平面中的投影.

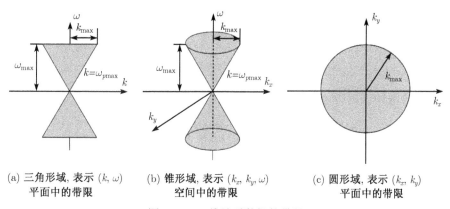

(a) 三角形域, 表示 (k, ω)
平面中的带限

(b) 锥形域, 表示 (k_x, k_y, ω)
空间中的带限

(c) 圆形域, 表示 (k_x, k_y)
平面中的带限

图 7.18 三维地震数据的带限

7.4.3 六边形网格上的数据采样

令 $\boldsymbol{v}_1 = (x_1, y_1)$ 和 $\boldsymbol{v}_2 = (x_2, y_2)$ 是两个线性独立的向量, 向量集

$$\boldsymbol{v} = m_1\boldsymbol{v}_1 + m_2\boldsymbol{v}_2, \qquad m_1, m_2 = 0, \pm 1, \pm 2, \cdots \tag{7.4.14}$$

描述了一个二维采样网格点. 对应的网格在 (k_x, k_y) 平面中用向量 $\boldsymbol{u}$ 描述

$$\boldsymbol{u} = n_1\boldsymbol{u}_1 + n_2\boldsymbol{u}_2, \qquad n_1, n_2 = 0, \pm 1, \pm 2, \cdots \tag{7.4.15}$$

其中

$$\boldsymbol{u}_1 = (k_{x_1}, k_{y_1}), \qquad \boldsymbol{u}_2 = (k_{x_2}, k_{y_2}) \tag{7.4.16}$$

图 7.19(a) 是定义在正方形网格 $(\Delta x = \Delta y)$ 上的二维数据, 其中

$$\boldsymbol{v}_1 = (\Delta x, 0), \qquad \boldsymbol{v}_2 = (0, \Delta y)$$

图 7.19(b) 是对应的在 (k_x, k_y) 平面中的带限 (阴影部分), 注意到 $k_{\max} = \pi/\Delta y$, 可知

$$\boldsymbol{u}_1 = \left(\frac{1}{\sqrt{2}} \frac{\pi}{\Delta x}, -\frac{1}{\sqrt{2}} \frac{\pi}{\Delta x} \right), \qquad \boldsymbol{u}_2 = \left(0, \frac{2\pi}{\Delta y} \right)$$

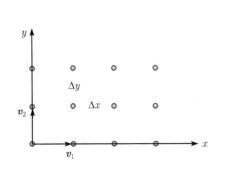

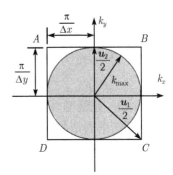

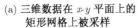

(a) 三维数据在 x-y 平面上的　　　　　　(b) 相应的矩形区域对应在
　　矩形网格上被采样　　　　　　　　　　(k_x, k_z)平面上的一个圆形带限

图 7.19　矩形采样网格及相应的带限

定义二维插值函数 $g(x, y)$ 使得函数

$$\tilde{s}(x, y) = \sum_{m_1} \sum_{m_2} s(m_1 x_1 + m_2 x_2, m_1 y_1 + m_2 y_2)$$
$$\times g(x - m_1 x_1 - m_2 x_2, y - m_1 y_1 - m_2 y_2) \tag{7.4.17}$$

等于 $s(x, y)$, 即 $s(x, y)$ 可以在由 (7.4.14) 定义的采样网格点上由 (7.4.17) 式重建. 式 (7.4.17) 的傅里叶变换是

$$\tilde{S}(k_x, k_y) = \frac{G(k_x, k_y)}{Q} \sum_{n_1} \sum_{n_2} S(k_x + n_1 k_{x_1} + n_2 k_{x_2}, k_y + n_1 k_{y_1} + n_2 k_{y_2}) \tag{7.4.18}$$

其中 $\tilde{S}(k_x, k_y)$, $G(k_x, k_y)$ 和 $S(k_x, k_y)$ 分别是函数 $\tilde{s}(x, y)$, $g(x, y)$ 和 $s(x, y)$ 的二维傅里叶变换, Q 是由向量 $\boldsymbol{v}_1$ 和 $\boldsymbol{v}_2$ 确定的平行四边形的面积.

设在 (k_x, k_y) 平面中, 二维数据 $s(x, y)$ 的带限域为 R, $G(k_x, k_y)$ 在 R 中的值为 Q 在其他区域值为零, 即

$$g(x, y) = \frac{Q}{4\pi^2} \iint_R \mathrm{e}^{\mathrm{i}(xk_x + yk_y)} \mathrm{d}k_x \mathrm{d}k_y \tag{7.4.19}$$

于是二维采样定理可描述为: 在 (k_x, k_y) 平面中, 带限被包含在 R 中的一个二维数据集 $s(x, y)$ 可用式 (7.4.14) 的网格点上采样值重建. 显然, 在 x-y 平面中由向量集 $\boldsymbol{v}$ 定义的网格点越精细, 则在 (k_x, k_y) 平面中由向量集 $\boldsymbol{u}$ 定义的网格就越粗糙.

二维数据集 $s(x, y)$ 的最优网格是指用最少的采样点数对函数 $s(x, y)$ 精确重建. 二维数据的带限在 (k_x, k_y) 平面中是一个圆域, 六边形网格是最优的网格[95]. 向量

$$\boldsymbol{v}_1 = \left(\frac{2\Delta y}{\sqrt{3}}, 0\right), \qquad \boldsymbol{v}_2 = \left(\frac{\Delta y}{\sqrt{3}}, \Delta y\right) \tag{7.4.20}$$

描述在 x-y 平面中的一个二维采样网格, 见图 7.20(a), 构成六边形网格. 该六边形网格在 (k_x, k_y) 平面中, 由向量

$$\boldsymbol{u}_1 = \left(\frac{\pi}{\sqrt{3}\Delta y}, -\frac{\pi}{\Delta y}\right), \qquad \boldsymbol{u}_2 = \left(0, \frac{2\pi}{\Delta y}\right) \tag{7.4.21}$$

描述, 见图 7.20(b). 在图 7.20(a) 中, 易知 $\Delta x = \dfrac{2}{\sqrt{3}}\Delta y \approx 1.155\Delta y$, 即在三角形或六边形网格采样中, x 方向的步长是正方形网格采样的 1.155 倍, 因此六边形网格在 x 方向的空间采样间隔可增大 15.5%, 或者说六边形网格所用的网格点比正方形少 $1 - 1/1.155 = 13.4\%$.

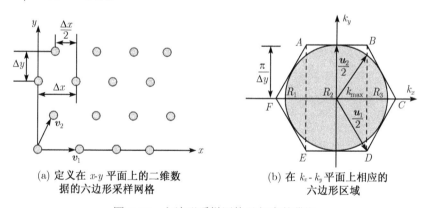

(a) 定义在 x-y 平面上的二维数
据的六边形采样网格

(b) 在 k_x-k_y 平面上相应的
六边形区域

图 7.20 六边形采样网格及相应的带限

要实现六边形网格上的数据采样, 需要计算二维插值函数 $g(x, y)$. 我们首先推导在矩形网格上二维插值函数 $g(x, y)$ 的计算, 用以说明思路. 由图 7.19(a) 知 $Q = \Delta x \Delta y$. 考虑式 (7.4.19), 由图 7.19(b) 知, 积分区域 R 由图 7.19(b) 中的正方形 ABCD 构成, 于是

$$\begin{aligned} g(x, y) &= \frac{Q}{4\pi^2} \int\!\!\int_R e^{i(xk_x + yk_y)} dk_x dk_y \\ &= \frac{Q}{4\pi^2} \int_{-\pi/\Delta x}^{\pi/\Delta x} e^{ixk_x} dk_x \int_{-\pi/\Delta y}^{\pi/\Delta y} e^{iyk_y} dk_y \end{aligned}$$

$$= \frac{Q}{4\pi^2} \frac{2\mathrm{i}\sin\dfrac{x\pi}{\Delta x}}{\mathrm{i}x} \frac{2\mathrm{i}\sin\dfrac{y\pi}{\Delta y}}{\mathrm{i}y} = \frac{Q}{\pi^2} \frac{\sin\dfrac{x\pi}{\Delta x}\sin\dfrac{y\pi}{\Delta y}}{xy} \tag{7.4.22}$$

即

$$g(x,y) = \frac{\sin\dfrac{\pi x}{\Delta x}}{\dfrac{\pi x}{\Delta x}} \frac{\sin\dfrac{\pi y}{\Delta y}}{\dfrac{\pi y}{\Delta y}} \tag{7.4.23}$$

此即矩形网格上的二维插值函数.

对正三角形或正六边形网格, 在 x-y 平面中的网格点如图 7.20(a) 所示, 相应的带限由图 7.20(b) 中的阴影表示. 积分区域 R 是 7.20(b) 中的正六边形 $ABCDEF$. 为计算式 (7.4.19) 在该正六边形上的积分, 首先易算得 A, B, C, D, E, F 六点的坐标:

$$A:\left(-\frac{\pi}{\sqrt{3}\Delta y}, \frac{\pi}{\Delta y}\right), \qquad B:\left(\frac{\pi}{\sqrt{3}\Delta y}, \frac{\pi}{\Delta y}\right)$$

$$C:\left(\frac{2\pi}{\sqrt{3}\Delta y}, 0\right), \qquad D:\left(\frac{\pi}{\sqrt{3}\Delta y}, -\frac{\pi}{\Delta y}\right)$$

$$E:\left(-\frac{2\pi}{\sqrt{3}\Delta y}, -\frac{\pi}{\Delta y}\right), \qquad F:\left(-\frac{\pi}{\sqrt{3}\Delta y}, 0\right)$$

由此得到如下直线方程

$$AF: k_y = \sqrt{3}\left(k_x + \frac{2\pi}{\sqrt{3}\Delta y}\right)$$

$$EF: k_y = -\sqrt{3}\left(k_x + \frac{2\pi}{\sqrt{3}\Delta y}\right)$$

$$BC: k_y = -\sqrt{3}\left(k_x - \frac{2\pi}{\sqrt{3}\Delta y}\right)$$

$$DC: k_y = \sqrt{3}\left(k_x - \frac{2\pi}{\sqrt{3}\Delta y}\right)$$

又设 $R = R_1 + R_2 + R_3$, 其中 R_1 和 R_3 分别为三角形 AFE 和三角形 BCD, R_2 为矩形 $ABDE$, 于是

$$g(x,y) = \frac{Q}{4\pi^2} \iint_{ABCDEF} \mathrm{e}^{\mathrm{i}(xk_x+yk_y)}\mathrm{d}k_x\mathrm{d}k_y$$

$$= \frac{Q}{4\pi^2} \iint_{R_1+R_2+R_3} \mathrm{e}^{\mathrm{i}(xk_x+yk_y)}\mathrm{d}k_x\mathrm{d}k_y := \frac{Q}{4\pi^2}(I_1 + I_2 + I_3) \tag{7.4.24}$$

下面分别计算上式中的三个积分:

$$I_1 = \int_{-\frac{2\pi}{\sqrt{3}\Delta y}}^{-\frac{\pi}{\sqrt{3}\Delta y}} \mathrm{d}k_x \int_{-\sqrt{3}\left(k_x+\frac{2\pi}{\sqrt{3}\Delta y}\right)}^{\sqrt{3}\left(k_x+\frac{2\pi}{\sqrt{3}\Delta y}\right)} \mathrm{e}^{\mathrm{i}(xk_x+yk_y)}\mathrm{d}k_y$$

$$= \frac{1}{\mathrm{i}y} \int_{-\frac{2\pi}{\sqrt{3}\Delta y}}^{-\frac{\pi}{\sqrt{3}\Delta y}} \mathrm{e}^{\mathrm{i}xk_x} \left[\mathrm{e}^{\mathrm{i}y\sqrt{3}(k_x + \frac{2\pi}{\sqrt{3}\Delta y})} - \mathrm{e}^{-\mathrm{i}y\sqrt{3}(k_x + \frac{2\pi}{\sqrt{3}\Delta y})} \right] \mathrm{d}k_x$$

$$= \frac{1}{\mathrm{i}y} \left\{ \mathrm{e}^{\mathrm{i}\frac{2\pi y}{\Delta y}} \int_{-\frac{2\pi}{\sqrt{3}\Delta y}}^{-\frac{\pi}{\sqrt{3}\Delta y}} \mathrm{e}^{\mathrm{i}k_x(x+\sqrt{3}y)} \mathrm{d}k_x - \mathrm{e}^{-\mathrm{i}\frac{2\pi y}{\Delta y}} \int_{-\frac{2\pi}{\sqrt{3}\Delta y}}^{-\frac{\pi}{\sqrt{3}\Delta y}} \mathrm{e}^{\mathrm{i}k_x(x-\sqrt{3}y)} \mathrm{d}k_x \right\}$$

$$= \frac{1}{\mathrm{i}y} \left\{ \mathrm{e}^{\mathrm{i}\frac{2\pi y}{\Delta y}} \frac{\mathrm{e}^{-\mathrm{i}\frac{\pi}{\sqrt{3}\Delta y}(x+\sqrt{3}y)} - \mathrm{e}^{-\mathrm{i}\frac{2\pi}{\sqrt{3}\Delta y}(x+\sqrt{3}y)}}{\mathrm{i}(x+\sqrt{3}y)} \right.$$

$$\left. - \mathrm{e}^{-\mathrm{i}\frac{2\pi y}{\Delta y}} \frac{\mathrm{e}^{-\mathrm{i}\frac{\pi}{\sqrt{3}\Delta y}(x-\sqrt{3}y)} - \mathrm{e}^{-\mathrm{i}\frac{2\pi}{\sqrt{3}\Delta y}(x-\sqrt{3}y)}}{\mathrm{i}(x-\sqrt{3}y)} \right\} \tag{7.4.25}$$

同理可得

$$I_3 = \frac{1}{\mathrm{i}y} \left\{ \mathrm{e}^{\mathrm{i}\frac{2\pi y}{\Delta y}} \frac{\mathrm{e}^{\mathrm{i}\frac{2\pi}{\sqrt{3}\Delta y}(x-\sqrt{3}y)} - \mathrm{e}^{\mathrm{i}\frac{\pi}{\sqrt{3}\Delta y}(x-\sqrt{3}y)}}{\mathrm{i}(x-\sqrt{3}y)} - \mathrm{e}^{-\mathrm{i}\frac{2\pi y}{\Delta y}} \frac{\mathrm{e}^{\mathrm{i}\frac{2\pi}{\sqrt{3}\Delta y}(x+\sqrt{3}y)} - \mathrm{e}^{\mathrm{i}\frac{\pi}{\sqrt{3}\Delta y}(x+\sqrt{3}y)}}{\mathrm{i}(x+\sqrt{3}y)} \right\} \tag{7.4.26}$$

令

$$z_1 = \mathrm{e}^{\mathrm{i}\frac{2\pi y}{\Delta y}} \left(\mathrm{e}^{-\mathrm{i}\frac{\pi}{\sqrt{3}\Delta y}(x+\sqrt{3}y)} - \mathrm{e}^{-\mathrm{i}\frac{2\pi}{\sqrt{3}\Delta y}(x+\sqrt{3}y)} \right) \tag{7.4.27}$$

$$z_2 = \mathrm{e}^{\mathrm{i}\frac{2\pi y}{\Delta y}} \left(\mathrm{e}^{\mathrm{i}\frac{2\pi}{\sqrt{3}\Delta y}(x-\sqrt{3}y)} - \mathrm{e}^{\mathrm{i}\frac{\pi}{\sqrt{3}\Delta y}(x-\sqrt{3}y)} \right) \tag{7.4.28}$$

于是

$$I_1 + I_3 = -\frac{1}{y} \left\{ \frac{z_1 + \bar{z}_1}{x+\sqrt{3}y} + \frac{z_2 + \bar{z}_2}{x-\sqrt{3}y} \right\} = -\frac{2}{y} \left\{ \frac{\mathrm{Re}(z_1)}{x+\sqrt{3}y} + \frac{\mathrm{Re}(z_2)}{x-\sqrt{3}y} \right\} \tag{7.4.29}$$

其中 $\mathrm{Re}[\cdot]$ 表示取复数实部. 易知

$$\mathrm{Re}(z_1) = \cos\frac{2\pi y}{\Delta y} \left[\cos\frac{\pi(x+\sqrt{3}y)}{\sqrt{3}\Delta y} - \cos\frac{2\pi(x+\sqrt{3}y)}{\sqrt{3}\Delta y} \right]$$

$$- \sin\frac{2\pi y}{\Delta y} \left[\sin\frac{2\pi(x+\sqrt{3}y)}{\sqrt{3}\Delta y} - \sin\frac{\pi(x+\sqrt{3}y)}{\sqrt{3}\Delta y} \right] \tag{7.4.30}$$

$$\mathrm{Re}(z_2) = \cos\frac{2\pi y}{\Delta y} \left[\cos\frac{2\pi(x-\sqrt{3}y)}{\sqrt{3}\Delta y} - \cos\frac{\pi(x-\sqrt{3}y)}{\sqrt{3}\Delta y} \right]$$

$$- \sin\frac{2\pi y}{\Delta y} \left[\sin\frac{2\pi(x-\sqrt{3}y)}{\sqrt{3}\Delta y} - \sin\frac{\pi(x-\sqrt{3}y)}{\sqrt{3}\Delta y} \right] \tag{7.4.31}$$

下面计算积分 I_2：

$$I_2 = \int_{-\frac{\pi}{\sqrt{3}\Delta y}}^{\frac{\pi}{\sqrt{3}\Delta y}} \mathrm{e}^{\mathrm{i}x k_x}\,\mathrm{d}k_x \int_{-\frac{\pi}{\Delta y}}^{\frac{\pi}{\Delta y}} \mathrm{e}^{\mathrm{i}y k_y}\,\mathrm{d}k_y = \frac{4\sin\dfrac{\pi x}{\sqrt{3}\Delta y}\sin\dfrac{\pi y}{\Delta y}}{xy} \tag{7.4.32}$$

注意到 $Q = 2\sqrt{3}\Delta y^2$，因此正六边形上的二维插值函数为

$$\begin{aligned}
g(x,y) &= \frac{2\sqrt{3}\Delta y^2}{4\pi^2}(I_1 + I_2 + I_3) \\
&= \frac{2\sqrt{3}\Delta y^2 \sin\dfrac{\pi x}{\sqrt{3}\Delta y}\sin\dfrac{\pi y}{\Delta y}}{\pi^2 xy} - \frac{\sqrt{3}\Delta y^2}{\pi^2 y}\left[\frac{\mathrm{Re}(z_1)}{x+\sqrt{3}y} + \frac{\mathrm{Re}(z_2)}{x-\sqrt{3}y}\right]
\end{aligned} \tag{7.4.33}$$

其中 $\mathrm{Re}(z_1)$ 和 $\mathrm{Re}(z_2)$ 分别由式 (7.4.30) 和 (7.4.31) 确定.

第8章 三维复杂构造叠前深度成像

三维叠前深度偏移是三维复杂构造成像的重要手段. 三维叠前深度偏移有 Kirchhoff 积分法和非 Kirchhoff 积分法两大类. Kirchhoff 积分法在处理三维叠前数据体有其灵活性: 可以处理不规则采样数据, 还可以处理各种采集方式所得的数据, 如共炮数据、共偏移距数据和共方位数据, Kirchhoff 偏移能用于时间偏移和深度偏移, 能够选道进行或针对选择目标区域进行. 但 Kirchhoff 偏移用于横向剧烈变速模型时存在射线焦散现象, 成像精度会下降.

依据偏移直接所用的数据, 非积分法三维叠前深度成像可分为炮集偏移、共中心点道集偏移、共方位数据偏移、平面波合成偏移. 炮集偏移物理含义明确, 数据集与野外数据的采集方式一致, 成像精度高, 内存要求低, 但为保证每炮的成像精度, 计算中要补充大量零道, 从而额外增加很多计算量. 共中心点道集叠前深度偏移基于双平方根算子, 在二维情况下, 计算效率高, 但在全三维情况下, 计算量和内存开销很大. 共方位数据偏移是三维共中心点道集偏移的一种近似, 由于对数据作了共方位角近似, 减少了计算量, 但也降低了成像精度. 平面波合成偏移与炮集偏移具有相当的精度, 与三维炮集偏移不同, 由于叠前数据合成后数据量大大减少, 所以三维平面波合成偏移的计算量要比三维炮集偏移的计算量小. 本章重点介绍三维复杂构造叠前深度成像方法, 包括炮集偏移、波场合成偏移、共方位数据偏移.

非积分法波动方程成像基于单程波或全程波方程的波场外推. 8.1 节简要介绍三维声波波动方程的导出, 并从奇异值分解的角度进行全波动方程的分解, 最终解耦成单程波方程, 本章波动方程成像就是依据三维单程波方程来进行波场外推的. 也见有依据全波波动方程进行波场外推的工作[82,124].

8.2 节介绍三维混合法深度成像. 混合法深度成像是一种高精度的成像方法, 该方法在频率空间域和频率波数域交替实现波场外推, 具有适应横向变速和陡倾角的优点. 傅里叶有限差分法 (FFD) 是一种典型的混合偏移方法. 这里提出一种新的三维混合法偏移, 并进行误差分析, 结果表明对横向剧烈变速情况, 该方法比傅里叶有限差分法的精度高.

由于基于波动方程外推的叠前深度偏移计算量大, 特别是三维情况, 所以如何提高计算效率也是一个关键问题. 8.3~8.5 节都是从不同的方面来提高计算效率. 8.3 节进行三维波场合成叠前深度成像. 基于惠更斯原理, 将大量炮集数据合成, 形成合成震源和合成记录, 然后再分别作波场外推, 进行成像. 由于减少了数据量, 节省了计算量. 8.4 节介绍共方位数据偏移. 三维叠前数据的下延拓应当在五维空间中实现, 但共方位数据的下延拓在四维空间中实现, 下延拓算子由频率波数域中的全三维叠前下延拓算子的稳相近似所导出. 尽管共方位下延拓算子仅对常速精确, 但基于射线理论可克服该限制, 使之适用纵横向变速介质. 此外, 当速度是常数时, 通过将共方位下延拓的频散关系写成两个频散关系之和, 可实现共方位数据的 Stolt 成像, 即常数共方位数据偏移可以精确地分裂成两个偏移过程: 先是沿着横测线 (inline) 方向的二维叠前偏移, 然后是沿着纵测线 (crossline) 方向的二维零偏移距叠后偏移.

8.1　全波波动方程的分解

首先简要推导三维声波波动方程. 在均匀连续介质中的运动方程为[6]

$$\rho\frac{\partial^2 u_i}{\partial t^2} = \sum_{j=1}^{3}\frac{\partial \sigma_{ji}}{\partial x_j}, \quad i = 1, 2, 3 \tag{8.1.1}$$

其中 $\boldsymbol{u} = (u_1, u_2, u_3)$ 是 $(x_1, x_2, x_3) = (x, y, z)$ 处的质点位移, t 是时间, σ_{ji} 是应力分量, ρ 是密度. 对线性各向同性弹性介质, 由 Hook 定律知应力与位移满足

$$\sigma_{ji} = \sigma_{ij} = \lambda\delta_{ij}\nabla\cdot\boldsymbol{u} + \mu\left(\frac{\partial u_i}{\partial x_j} + \frac{\partial u_j}{\partial x_i}\right), \quad i, j = 1, 2, 3 \tag{8.1.2}$$

这里 λ 和 μ 是 Lamé 常数, δ_{ij} 是 Kronecker 符号. 作声学近似, 即令 $\mu = 0$ 或 $\sigma_{ij} = 0(i \neq j)$, 由式 (8.1.1) 和 (8.1.2) 得到

$$\rho\frac{\partial^2 \boldsymbol{u}}{\partial t^2} = -\nabla p \tag{8.1.3}$$

其中 $p = -\lambda\nabla\cdot\boldsymbol{u}$ 是声压. 假定 λ 和 ρ 与时间无关, 则

$$\begin{aligned}
\frac{\partial^2 p}{\partial t^2} &= -\lambda\nabla\cdot\left(\frac{\partial^2 \boldsymbol{u}}{\partial t^2}\right) = -\lambda\nabla\cdot\left(-\frac{1}{\rho}\nabla p\right) \\
&= \lambda\left[\frac{1}{\rho}\nabla\cdot\nabla p + \nabla\frac{1}{\rho}\nabla p\right] \\
&= \frac{\lambda}{\rho}\nabla^2 p + \lambda\nabla\frac{1}{\rho}\nabla p
\end{aligned} \tag{8.1.4}$$

即

$$\nabla^2 p - \frac{1}{v^2}\frac{\partial^2 p}{\partial t^2} = \nabla\ln\rho\nabla p \tag{8.1.5}$$

其中 $v = \sqrt{\dfrac{\lambda}{\rho}}$ 是波速. 方程 (8.1.4) 描述声波波动方程的传播, 广泛用于地震成像

处理中. 这是由于: (1) 纵波激发勘探是最常用的有效的勘探方式; (2) 各种转换波与纵波相比是弱的, 尤其是对小偏移距采集方式. 当方程 (8.1.5) 中的密度 ρ 平缓变化时, 就简化为如下的三维声波波动方程

$$\frac{1}{v^2}\frac{\partial^2 p}{\partial t^2} - \frac{\partial^2 p}{\partial x^2} - \frac{\partial^2 p}{\partial y^2} - \frac{\partial^2 p}{\partial z^2} = 0 \tag{8.1.6}$$

这里 x, y, z 是空间变量, $p(t, x, y, z)$ 是声压, $v(x, y, z)$ 是介质速度.

在波动方程成像中, 我们不是直接使用双程波波动方程 (8.1.6), 而是使用分解后的单程波波动方程. 首先引进函数 $f(t, x, y, z)$ 关于 t, x 和 y 的傅里叶变换 F:

$$F(\omega, k_x, k_y, z) = \iiint e^{-i(\omega t - k_x x - k_y y)} f(t, x, y, z) dx dy dt \tag{8.1.7}$$

这里 k_x 和 k_y 分别是 x 和 y 的波数, ω 是频率. 对式 (8.1.6) 作关于 t 的傅里叶变换, 得

$$\frac{\omega^2}{v^2} P + \frac{\partial^2 P}{\partial x^2} + \frac{\partial^2 P}{\partial y^2} + \frac{\partial^2 P}{\partial z^2} = 0 \tag{8.1.8}$$

这里 $P = P(\omega, x, y, z)$. 注意 $P(\omega, x, y, 0)$ 是已知的地表记录, $\left.\dfrac{\partial P}{\partial z}\right|_{z=0}$ 未知. 显然不能用 (8.1.8) 进行外推, 因为用该式求解需要两个边界条件. 为此将 (8.1.8) 改写成

$$\frac{\partial}{\partial z}\begin{bmatrix} P \\ \dfrac{\partial P}{\partial z} \end{bmatrix} = \begin{bmatrix} 0 & 1 \\ -\left(\dfrac{\omega^2}{v^2} + \dfrac{\partial^2}{\partial x^2} + \dfrac{\partial^2}{\partial y^2}\right) & 0 \end{bmatrix} \begin{bmatrix} P \\ \dfrac{\partial P}{\partial z} \end{bmatrix} := A \begin{bmatrix} P \\ \dfrac{\partial P}{\partial z} \end{bmatrix} \tag{8.1.9}$$

然后对矩阵 A 作分解

$$A = L\Lambda L^{-1} \tag{8.1.10}$$

其中

$$L = \begin{bmatrix} 1 & 1 \\ -i\sqrt{\dfrac{\omega^2}{v^2} + \dfrac{\partial^2}{\partial x^2} + \dfrac{\partial^2}{\partial y^2}} & i\sqrt{\dfrac{\omega^2}{v^2} + \dfrac{\partial^2}{\partial x^2} + \dfrac{\partial^2}{\partial y^2}} \end{bmatrix} \tag{8.1.11}$$

$$\Lambda = \begin{bmatrix} -i\sqrt{\dfrac{\omega^2}{v^2} + \dfrac{\partial^2}{\partial x^2} + \dfrac{\partial^2}{\partial y^2}} & 0 \\ 0 & i\sqrt{\dfrac{\omega^2}{v^2} + \dfrac{\partial^2}{\partial x^2} + \dfrac{\partial^2}{\partial y^2}} \end{bmatrix} \tag{8.1.12}$$

$$L^{-1} = \frac{1}{2} \begin{bmatrix} 1 & \dfrac{\mathrm{i}}{\sqrt{\dfrac{\omega^2}{v^2} + \dfrac{\partial^2}{\partial x^2} + \dfrac{\partial^2}{\partial y^2}}} \\[2em] 1 & -\dfrac{\mathrm{i}}{\sqrt{\dfrac{\omega^2}{v^2} + \dfrac{\partial^2}{\partial x^2} + \dfrac{\partial^2}{\partial y^2}}} \end{bmatrix} \tag{8.1.13}$$

若对方程 (8.1.6) 作关于 x, y, t 的傅里叶变换, 则得到频率波数域中的方程

$$\left(\frac{\partial^2}{\partial z^2} + k_z^2 \right) P = \left(\frac{\partial}{\partial z} + \mathrm{i} k_z \right) \left(\frac{\partial}{\partial z} - \mathrm{i} k_z \right) P = 0 \tag{8.1.14}$$

其中

$$k_z = \frac{\omega}{v} \sqrt{1 - \frac{v^2}{\omega^2}(k_x^2 + k_y^2)} \tag{8.1.15}$$

是平方根算子. k_z 对应的频率空间域形式为

$$K_z = \frac{\omega}{v} \sqrt{1 + \frac{v^2}{\omega^2}\left(\frac{\partial^2}{\partial x^2} + \frac{\partial^2}{\partial y^2} \right)} \tag{8.1.16}$$

假定总波场 P 可分解为下行波 D 和上行波 U. 定义 D 和 U 满足

$$P = D + U \tag{8.1.17}$$

和

$$\frac{\partial P}{\partial z} = -\mathrm{i} \sqrt{\frac{\omega^2}{v^2} + \frac{\partial^2}{\partial x^2} + \frac{\partial^2}{\partial y^2}} (D - U) \tag{8.1.18}$$

或表示成矩阵形式

$$\begin{bmatrix} P \\ \dfrac{\partial P}{\partial z} \end{bmatrix} = L \begin{bmatrix} D \\ U \end{bmatrix} \tag{8.1.19}$$

从而式 (8.1.9) 可写成

$$\frac{\partial}{\partial z} L \begin{bmatrix} D \\ U \end{bmatrix} = (L \Lambda L^{-1}) L \begin{bmatrix} D \\ U \end{bmatrix} \tag{8.1.20}$$

或

$$\frac{\partial}{\partial z} \begin{bmatrix} D \\ U \end{bmatrix} = \left(\Lambda - L^{-1} \frac{\partial L}{\partial z} \right) \begin{bmatrix} D \\ U \end{bmatrix} \tag{8.1.21}$$

注意到

$$
\frac{\partial L}{\partial z} = \begin{bmatrix} \dfrac{1}{2K_z}\dfrac{\partial K_z}{\partial z} & -\dfrac{1}{2K_z}\dfrac{\partial K_z}{\partial z} \\[2mm] -\dfrac{1}{2K_z}\dfrac{\partial K_z}{\partial z} & \dfrac{1}{2K_z}\dfrac{\partial K_z}{\partial z} \end{bmatrix} \tag{8.1.22}
$$

即有

$$
\frac{\partial D}{\partial z} = -\mathrm{i}\sqrt{\frac{\omega^2}{v^2}+\frac{\partial^2}{\partial x^2}+\frac{\partial^2}{\partial y^2}}\,D - \frac{1}{2K_z}\frac{\partial K_z}{\partial z}(D+U) \tag{8.1.23}
$$

$$
\frac{\partial U}{\partial z} = \mathrm{i}\sqrt{\frac{\omega^2}{v^2}+\frac{\partial^2}{\partial x^2}+\frac{\partial^2}{\partial y^2}}\,U + \frac{1}{2K_z}\frac{\partial K_z}{\partial z}(D-U) \tag{8.1.24}
$$

方程 (8.1.23) 和 (8.1.24) 是非均匀介质中精确的单程波外推方程, 其中下行波场 D 和上行波场 U 是耦合的, 不易计算. 下面作简化. 假设 D 是临界角之内的入射场, 则反射场 U 与 D 相比是一个小量. 同理, 若 U 是临界角之内的入射场, 则反射场 D 与 U 相比是一个小量. 因此, 若不考虑临界反射, 方程 (8.1.23) 和 (8.1.24) 可以简化为

$$
\frac{\partial D}{\partial z} = -\mathrm{i}\sqrt{\frac{\omega^2}{v^2}+\frac{\partial^2}{\partial x^2}+\frac{\partial^2}{\partial y^2}}\,D - \frac{1}{2K_z}\frac{\partial K_z}{\partial z}D \tag{8.1.25}
$$

$$
\frac{\partial U}{\partial z} = \mathrm{i}\sqrt{\frac{\omega^2}{v^2}+\frac{\partial^2}{\partial x^2}+\frac{\partial^2}{\partial y^2}}\,U + \frac{1}{2K_z}\frac{\partial K_z}{\partial z}(-U) \tag{8.1.26}
$$

这分别是解耦后的下行波和上行波单程波方程. 若介质在一个外推深度 $[z, z+\Delta z]$ 内均匀, 则 $\dfrac{\partial K_z}{\partial z}=0$, 从而方程 (8.1.25) 和 (8.1.26) 简化为

$$
\frac{\partial D}{\partial z} = -\mathrm{i}\sqrt{\frac{\omega^2}{v^2}+\frac{\partial^2}{\partial x^2}+\frac{\partial^2}{\partial y^2}}\,D \tag{8.1.27}
$$

$$
\frac{\partial U}{\partial z} = \mathrm{i}\sqrt{\frac{\omega^2}{v^2}+\frac{\partial^2}{\partial x^2}+\frac{\partial^2}{\partial y^2}}\,U \tag{8.1.28}
$$

方程 (8.1.27) 和 (8.1.28) 只需一个边界条件即可求解, 也适合非均匀介质情况的波场外推.

在频率波数域, 下行波方程 (8.1.27) 变为

$$
\frac{\partial D}{\partial z} = -\mathrm{i}k_z D = -\mathrm{i}\frac{\omega}{v}\sqrt{1-\frac{v^2}{\omega^2}(k_x^2+k_y^2)}\,D \tag{8.1.29}
$$

上行波方程 (8.1.28) 变为

$$
\frac{\partial U}{\partial z} = +\mathrm{i}k_z U = +\mathrm{i}\frac{\omega}{v}\sqrt{1-\frac{v^2}{\omega^2}(k_x^2+k_y^2)}\,U \tag{8.1.30}
$$

8.2 混合法炮集三维叠前深度偏移

波动方程偏移基于单程波方程的波场外推. 频率空间域的有限差分法偏移适应横向变速和中等倾角的情况; 频率波数域偏移不是采用有限差分, 而是采用相移法来实现波场外推, 具有全倾角的优点, 但不能适应横向变速. 混合法偏移交替在频率空间域和频率波数域之间实现波场外推, 兼有相移法和差分法两者的优点, 是一种高精度的偏移方法. 傅里叶有限差分 (FFD) 法是一种典型的混合法, 具有较高的成像精度, 但在横向剧烈变速区域, 会出现不稳定现象[22]. 这里提出一种新的方法, 与 FFD 法相比不增加计算量, 对 SEG/EAEG 模型进行了三维叠前深度成像.

8.2.1 混合法波场外推

考虑三维声波波动方程

$$\frac{1}{v^2(x,y,z)}\frac{\partial^2 p}{\partial t^2} = \frac{\partial^2 p}{\partial x^2} + \frac{\partial^2 p}{\partial y^2} + \frac{\partial^2 p}{\partial z^2} \tag{8.2.1}$$

其中 $p(x,y,z,t)$ 是波场, $v(x,y,z)$ 是速度. 若不考虑多次反射波, 则由上节可知, 上下行波方程在频率空间域可以写成

$$\frac{\partial P}{\partial z} = \pm \frac{\mathrm{i}\omega}{v}\sqrt{1 - \frac{v^2(k_x^2 + k_y^2)}{\omega^2}}P = \pm \mathrm{i}k_z P \tag{8.2.2}$$

其中正号表示上行波, 负号表示下行波, k_z 即式 (8.1.15) 为平方根算子, P 表示 p 所对应的频率域波场. 引进参考速度 v_0, 设由参考速度 v_0 代替 k_z 后所引起的误差为 E, 即

$$E = \frac{\omega}{v}\sqrt{1 - \frac{v^2(k_x^2 + k_y^2)}{\omega^2}} - \frac{\omega}{v_0}\sqrt{1 - \frac{v_0^2(k_x^2 + k_y^2)}{\omega^2}} \tag{8.2.3}$$

设 θ 是平面波的入射角 (关于 z 轴), ϕ 是方位角, 则

$$\frac{vk_x}{\omega} = \sin\theta\cos\phi, \qquad \frac{vk_y}{\omega} = \sin\theta\sin\phi \tag{8.2.4}$$

为了提高平方根算子的近似精度, 我们利用平方根算子的最佳一致逼近

$$\sqrt{1 - \sin^2\theta} \approx 1 - \frac{b\sin^2\theta}{1 - a\sin^2\theta} \tag{8.2.5}$$

其中 $a = 0.376369527$, $b = 0.478242060$, 该优化系数可以达到 $65°$ 的偏移角度[84]. 对 (8.2.3) 式中的两个平方根算子分别用 (8.2.5) 式近似, 得

$$E \approx \omega\left(\frac{1}{v} - \frac{1}{v_0}\right) - \frac{b\frac{v}{\omega}(k_x^2 + k_y^2)}{1 - a\frac{v^2}{\omega^2}(k_x^2 + k_y^2)} + \frac{b\frac{v_0}{\omega}(k_x^2 + k_y^2)}{1 - a\frac{v_0^2}{\omega^2}(k_x^2 + k_y^2)} \tag{8.2.6}$$

合并最后两项并略去高阶项得

$$E \approx \omega\left(\frac{1}{v} - \frac{1}{v_0}\right) - \frac{b\dfrac{v - v_0}{\omega}(k_x^2 + k_y^2)}{1 - a\dfrac{v^2 + v_0^2}{\omega^2}(k_x^2 + k_y^2)} \tag{8.2.7}$$

因此平方根算子 k_z 可以近似为

$$k_z = \frac{\omega}{v}\sqrt{1 - \frac{v^2(k_x^2 + k_y^2)}{\omega^2}}$$

$$\approx \frac{\omega}{v_0}\sqrt{1 - \frac{v_0^2(k_x^2 + k_y^2)}{\omega^2}} + \omega\left(\frac{1}{v} - \frac{1}{v_0}\right) - \frac{b\dfrac{v - v_0}{\omega}(k_x^2 + k_y^2)}{1 - a\dfrac{v^2 + v_0^2}{\omega^2}(k_x^2 + k_y^2)} \tag{8.2.8}$$

再将 (8.2.8) 式代入 (8.2.2) 式即可进行波场外推. 波场外推共分 3 步, 第 1 步是频率波数域中的相移运算, 之后返回频率空间域, 作第 2 步的相移校正, 这两步称为裂步傅里叶法[118]; 第 3 步是频率空间域的差分计算. 由于计算交替在频率空间域和频率波数域中实现, 因此称为混合法. 这 3 步的计算公式如下面的 (8.2.9)~(8.2.12) 式所示. 首先是相移运算

$$P_1(k_x, k_y, z + \Delta z, \omega) = P(k_x, k_y, z, \omega)\mathrm{e}^{\pm \mathrm{i}k_z\Delta z} \tag{8.2.9}$$

将波场 P_1 返回至频率空间域, 再作下面的时移计算

$$P(x, y, z + \Delta z, \omega) = P_1(x, y, z + \Delta z, \omega)\mathrm{e}^{\pm \mathrm{i}\omega\left(\frac{1}{v} - \frac{1}{v_0}\right)\Delta z} \tag{8.2.10}$$

最后是有限差分计算

$$[1 + (\alpha_1 - \mathrm{i}\beta_1)\delta x^2]P_{i,j}^{n+1/2} = [1 + (\alpha_1 + \mathrm{i}\beta_1)\delta x^2]P_{i,j}^{n} \tag{8.2.11}$$

$$[1 + (\alpha_2 - \mathrm{i}\beta_2)\delta y^2]P_{i,j}^{n+1} = [1 + (\alpha_2 + \mathrm{i}\beta_2)\delta y^2]P_{i,j}^{n+1/2} \tag{8.2.12}$$

其中

$$\alpha_1 = \frac{a(v^2 + v_0^2)}{\omega^2\Delta x^2}, \quad \alpha_2 = \frac{a(v^2 + v_0^2)}{\omega^2\Delta y^2}, \quad \beta_1 = \pm\frac{b\Delta z(v - v_0)}{2\omega\Delta x^2}, \quad \beta_2 = \pm\frac{b\Delta z(v - v_0)}{2\omega\Delta y^2} \tag{8.2.13}$$

这里 δx^2 和 δy^2 分别是 x 和 y 方向的二阶中心差分算子, $\Delta x, \Delta y, \Delta z$ 分别是 x, y, z 方向的离散步长, $P_{i,j}^{n+1/2}$ 是过渡波场. $P_{i,j}^{n} = P(i\Delta x, j\Delta y, n\Delta z, \omega)$. 与 FFD 方法不同, 上面公式的导出是基于平方根算子的最佳一致逼近而不是泰勒展开, 基于泰

勒展开法可导出傅里叶有限差分法[107], 相应于 (8.2.8) 式, 可表示为

$$k_z = \frac{\omega}{v}\sqrt{1 - \frac{v^2(k_x^2 + k_y^2)}{\omega^2}}$$

$$\approx \frac{\omega}{v_0}\sqrt{1 - \frac{v_0^2(k_x^2 + k_y^2)}{\omega^2}} + \omega\left(\frac{1}{v} - \frac{1}{v_0}\right) - \frac{\frac{v - v_0}{2\omega}(k_x^2 + k_y^2)}{1 - \frac{v^2 + vv_0 + v_0^2}{4\omega^2}(k_x^2 + k_y^2)} \qquad (8.2.14)$$

若取上式前两项近似, 即

$$k_z \approx \frac{\omega}{v_0}\sqrt{1 - \frac{v_0^2(k_x^2 + k_y^2)}{\omega^2}} + \omega\left(\frac{1}{v} - \frac{1}{v_0}\right) \qquad (8.2.15)$$

则为裂步傅里叶法[118].

　　分析和计算表明, 基于 (8.2.8) 式和基于 (8.2.14) 式的两种外推方法均可对二维 Marmousi 复杂构造模型进行精确成像, 但基于 (8.2.8) 式能更好适应横向剧烈变速. 比较 (8.2.8) 式和 (8.2.14) 式可知, 这里的混合法不但不增加任何计算量, 而且比 FFD 方法还少一次乘法运算.

8.2.2　相对误差分析

　　为了进行误差分析, 由式 (8.2.8) 可得

$$r\sqrt{1 - s^2} \approx \sqrt{1 - r^2s^2} + (r - 1) - \frac{br(1 - r)s^2}{1 - a(1 + r^2)s^2} \qquad (8.2.16)$$

其中

$$s^2 = \frac{v^2(k_x^2 + k_y^2)}{\omega^2}, \quad r = \frac{v_0}{v} \qquad (8.2.17)$$

在式 (8.2.16) 中, 左端是精确量, 右端是近似值, 设两者的误差 ε 为

$$\varepsilon = r\sqrt{1 - s^2} - \sqrt{1 - r^2s^2} + (1 - r) + \frac{br(1 - r)s^2}{1 - a(1 + r^2)s^2} \qquad (8.2.18)$$

类似地, 可算得 (8.2.6) 式两端的误差为

$$\varepsilon = r\sqrt{1 - s^2} - \sqrt{1 - r^2s^2} + (1 - r) + \frac{brs^2}{1 - as^2} - \frac{br^2s^2}{1 - ar^2s^2} \qquad (8.2.19)$$

及式 (8.2.14) 两端的 FFD 方法的误差 ε 为

$$\varepsilon = r\sqrt{1 - s^2} - \sqrt{1 - r^2s^2} + (1 - r) + \frac{\tilde{b}r(1 - r)s^2}{1 - \tilde{a}(1 + r + r^2)s^2} \qquad (8.2.20)$$

其中 $\tilde{b} = 0.5, \tilde{a} = 0.25$. 式 (8.2.15) 两端的 SSF 方法的误差为

$$\varepsilon = r\sqrt{1-s^2} - \sqrt{1-r^2s^2} + (1-r) \tag{8.2.21}$$

定义相对误差为

$$\rho(s) = \rho(\sin\theta) = \frac{|\varepsilon|}{r\sqrt{1-s^2}} \tag{8.2.22}$$

为简便起见, 若波场外推用 (8.2.6) 式计算, 称为高精度混合 (HHM) 法, 对应的误差为 (8.2.19) 式; 若用 (8.2.7) 式计算, 称为混合 (HM) 法, 对应的误差为 (8.2.18) 式; 若用 (8.2.14) 式计算, 即为傅里叶有限差分 (FFD) 法, 对应的误差为 (8.2.20) 式; 若用 (8.2.15) 式计算, 即为裂步傅里叶 (SSF) 法, 对应的误差为 (8.2.21) 式.

在图 8.1 中, 是相对误差与角度 θ 之间的曲线, 其中横轴是偏移倾角, 纵轴是相对误差. 其中图 8.1(a) 是强横向变速的情况 ($r = 0.1$), 图 8.1(b) 是中等偏弱的横向变速的情况 ($r = 0.7$), 图 8.1(c) 是弱横向变速的情况 ($r = 0.9$). 图中的水平线是 1% 误差曲线. 可以看到 HM, HHM 和 FFD 方法的误差明显比 SSF 方法低. 在图 8.1(b) 和 (c) 中, HM 的相对误差比 FFD 方法略高, 但在图 8.1(a) 中比 FFD 低得多, 说明对强横向变速的情况, HM 方法的精度要高于 FFD 方法. HHM 方法的相对误差对所有的倾角都比 FFD 低, 这是自然的, HHM 方法的计算量最大.

图 8.2 显示的是不同偏移方法的最大偏移倾角与速度比 r 之间的关系, 其中最大偏移倾角定义为相对误差不超过 1% 的最大角度. 在图 8.2 中可以看到, HHM 方法的最大偏移倾角对所有的 r 值都比 FFD 大, 而 HM 的最大偏移倾角当 $r \leqslant 0.43$ 时比 FFD 方法大, 对其他的 r 值, HM 的最大偏移倾角比 FFD 方法略低, 最大仅低 $2°$.

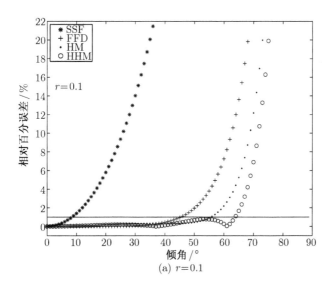

(a) $r=0.1$

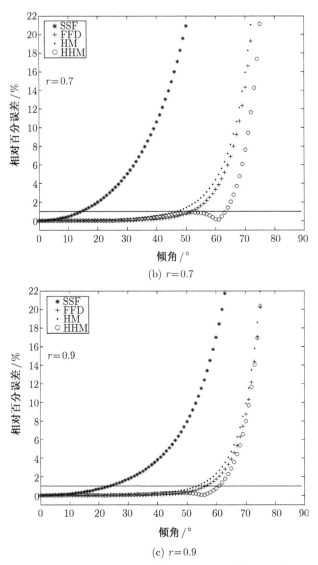

(b) $r=0.7$

(c) $r=0.9$

图 8.1   不同 r 值的四种波场外推方法的相对误差

8.2.3   成像计算与并行实现

SEG/EAEG 盐丘模型是一个国际上标准的三维复杂构造模型, 如图 8.3 所示. 该模型常用来验证三维成像方法的成像精度和效果. SEG/EAEG 盐丘模型有多个数据集, 这里所采用的炮集数据的参数为: 50 条炮线, 炮线取成横测线方向, 线间距 160m, 每线 96 炮, 炮间距 80m. 每炮共有 $x \times y = 68 \times 8$ 道接收, 网格单元为

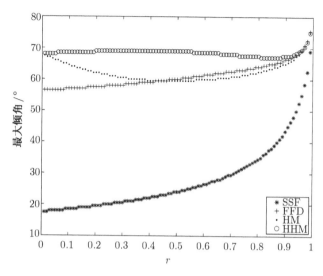

图 8.2 最大偏移倾角与 r 之间的关系

40m×40m, 外推步长 20m, 记录长度 4992ms, 时间采样率 8ms. 实际上, 该数据集只是部分覆盖 SEG/EAEG 模型. 这里设横测线方向为 x 方向, 纵测线方向为 y 方向, 深度方向为 z 方向.

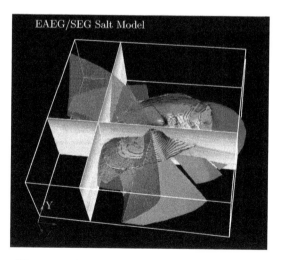

图 8.3 三维 SEG/EAEG 盐丘模型的复杂构造

现给出该模型三维叠前深度成像结果的一些典型切片, 如图 8.4~图 8.6 所示. 其中图 8.4(a) 是模型在 $y = 6660$m 处 x 方向的垂直切片, 图 8.4(b) 是相对应的本节混合法 (HM) 成像结果. 图 8.5(a) 是模型在 $y = 7460$m 处 x 方向的垂直切片, 图

8.5(b) 是相对应的本节混合法 (HM) 成像结果. 图 8.6(a) 是模型在 $x = 6000$m 处 y 方向的垂直切片, 图 8.6(b) 是相对应的本节混合法成像结果, 图 8.6(c) 是对应的裂步傅里叶法的成像结果, 注意比较图 8.6(b) 和图 8.6(c) 中盐丘的下界面, 可以看出, 本节的混合法要比裂步傅里叶法具有更高的精度. 从以上结果可以看到, 炮集偏移的结果具有较好的精度, 除了整个盐丘中央附近下部的界面不清楚外 (这是由于盐丘屏蔽了一次反射波能量, 从而造成缺乏有效的反射信息), 其余各处均能清晰反映模型构造.

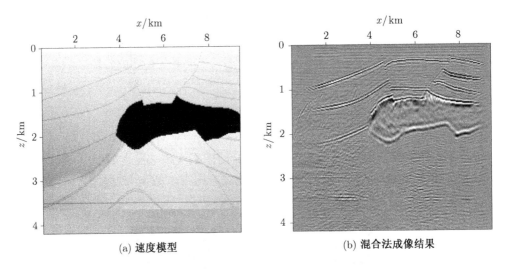

(a) 速度模型　　　　　　　　　　　　　(b) 混合法成像结果

图 8.4　在 $y = 6660$m 处 x 方向的垂直切片

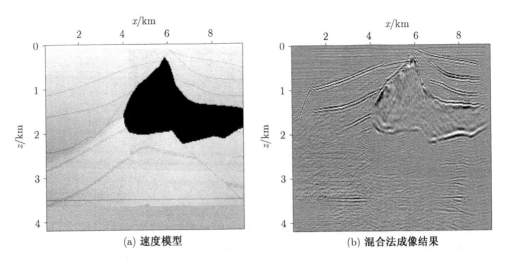

(a) 速度模型　　　　　　　　　　　　　(b) 混合法成像结果

图 8.5　在 $y = 7460$m 处 x 方向的垂直切片

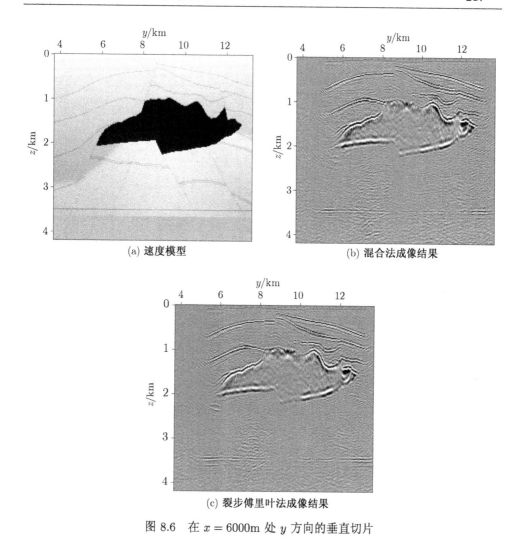

(a) 速度模型　　　　　　　　　　(b) 混合法成像结果

(c) 裂步傅里叶法成像结果

图 8.6　在 $x = 6000\mathrm{m}$ 处 y 方向的垂直切片

　　由于炮集偏移本身具有很高的并行度, 采用并行算法大大提高了计算效率, 这里均采用 MPI 并行算法. 最有效的并行方式是各处理结点处理基本相等的工作量且结点间的通讯又最小. 在这里的三维炮集成像中, 我们采用区域分解的空间并行方式: 将整个成像空间尽量等分给各处理结点, 然后每个处理结点各自处理自己所对应的子区域, 对下行和上行波场作外推, 得到每个子区域的成像结果. 最后将各子区域的成像结果发送到主结点并按相应位置叠加, 输出整个区域的成像结果. 流程图如图 8.7 所示. 其中上下行波波场外推及运用成像条件的计算, 各结点都相同, 执行相同的公共模块.

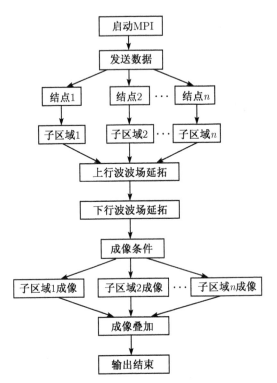

图 8.7   三维炮集叠前深度成像 MPI 实现流程示意图

8.3   混合法三维平面波合成叠前深度偏移

在前面混合法三维炮集叠前深度成像的基础上, 本节对三维 SEG/EAEG 盐丘模型进行了三维平面波合成叠前深度成像研究, 计算表明, 该方法具有与炮集成像相当的精度, 可对复杂构造进行精确成像, 完全能用于三维实际资料的处理中.

8.3.1   三维平面波合成与目标照明

在频率域中, 地面 (x, y, z_0) 处的反射地震记录 $R(\omega, x, y, z_0)$ 可以表示为

$$R(\omega, x, y, z_0) = S(\omega, x, y, z_0)W^-(z_0, z_m)R_f(z_m)W^+(z_m, z_0) \tag{8.3.1}$$

其中 $S(\omega, x, y, z_0)$ 表示位置 (x, y, z_0) 处的频率域震源子波, 计算中取成 Ricker 子波; $W^-(z_0, z_m)$ 表示波场从 (x, y, z_0) 到 (x, y, z_m) 的下行传播到反射界面的过程; $R_f(z_m)$ 为 z_m 处的反射系数, $W^+(z_m, z_0)$ 表示波场经界面反射后, 上行传播到检波点的过程. 在数学上, $W^-(z_0, z_m)$ 与 $W^+(z_m, z_0)$ 分别对应波场的下延拓和上延拓.

平面波合成叠前成像首先要合成数据. 数据的合成通常在频率域中进行. 根据惠更斯原理, 一个面 (不一定平面) 上的一系列点震源所形成的波阵面可以用平面波阵面 (即合成震源) 来代替. 假定 $S_{\text{syn}}(\omega, x, y, z_0)$ 表示合成震源, $H(\omega, x, y, z_0)$ 表示合成算子, 则

$$S_{\text{syn}}(\omega, x, y, z_0) = S(\omega, x, y, z_0)H(\omega, x, y, z_0) \qquad (8.3.2)$$

其中平面波合成算子与地表点源的位置和平面波射线参数有关, 可表示为

$$H(\omega, x, y, z_0) = (e^{i\omega pr_1}, e^{i\omega pr_2}, \cdots, e^{i\omega pr_n})^{\text{T}} \qquad (8.3.3)$$

其中 $r_j = (x_j, y_j, z_0)(j = 1, 2, \cdots, n)$ 是第 j 炮的坐标, p 是射线参数. 类似地, 利用该合成算子, 可得到与合成震源相对应的合成记录. 假定合成记录为 $R_{\text{syn}}(\omega, x, y, z_0)$, 则

$$R_{\text{syn}}(\omega, x, y, z_0) = R(\omega, x, y, z)H(\omega, x, y, z_0) \qquad (8.3.4)$$

其中 $R(\omega, x, y, z_0)$ 为炮集数据. 上面的合成震源 $S_{\text{syn}}(\omega, x, y, z_0)$ 和合成记录 $R_{\text{syn}}(\omega, x, y, z_0)$ 就形成一个物理观测.

为了对目标区域如储油圈闭进行精细成像, 我们采用面向目标的立体控制照明方法[105,106], 即可以求得这样一个合成算子, 它能将震源波场以特定的方式合成, 使其波前以特定的三维空间形态到达目标体 (目标体可以间断孤立开). 假定在目标体处所期望的波场是 $S_{\text{syn}}^*(\omega, x, y, z_m)$, 其中 (x, y, z_m) 表示目标区域的空间深度变化, 则通过波场延拓, 将其逆向传播到地面, 这时所得的波场即为地表合成震源, 记为 $S_{\text{syn}}^+(\omega, x, y, z_0)$, 即

$$S_{\text{syn}}^+(\omega, x, y, z_0) = S_{\text{syn}}^*(\omega, x, y, z_m)W^+(z_m, z_0) \qquad (8.3.5)$$

为了得到合成算子, 应将 $S_{\text{syn}}^*(\omega, x, y, z_m)$ 替换成 Ricker 类型的子波, 同样将其反延拓到地表, 在地表所得的延拓波场即为合成算子. 求出合成算子后, 类似于 (8.3.3) 式, 作用于野外采集的炮集记录, 就可求得与合成震源 $S_{\text{syn}}^+(\omega, x, y, z_0)$ 相对应的合成记录, 记为 $R_{\text{syn}}^+(\omega, x, y, z_0)$. 至此, 就求得了 $S_{\text{syn}}^+(\omega, x, y, z_0)$ 和 $R_{\text{syn}}^+(\omega, x, y, z_0)$, 它们分别类似对应地表的合成震源 $S_{\text{syn}}(\omega, x, y, z_0)$ 和合成记录 $R_{\text{syn}}(\omega, x, y, z_0)$.

8.3.2 因子分解波场外推

由前可知道, 三维声波波动方程通过波场分裂后, 可以得到耦合的上下行波单程波方程组, 如忽略多次反射并不计振幅效应, 则在地震反射的临界角之内, 可以解耦成如下的单程波方程

$$\frac{\partial P(\omega, x, y, z)}{\partial z} = \pm i\frac{\omega}{v}\sqrt{1 + \frac{v^2}{\omega^2}\left(\frac{\partial^2}{\partial x^2} + \frac{\partial^2}{\partial y^2}\right)}P(\omega, x, y, z) \qquad (8.3.6)$$

将 (x, y, z) 处的波场 $P(\omega, x, y, z)$ 外推至 $(x, y, z + \Delta z)$ 处, 所得的波场 $P(\omega, x, y, z + \Delta z)$ 可表示为

$$P(\omega, x, y, z + \Delta z) \approx P(\omega, x, y, z) \mathrm{e}^{\pm \mathrm{i}(A_1 + A_2 + A_3)\Delta z} \tag{8.3.7}$$

其中

$$A_1 = \frac{\omega}{v_0} \sqrt{1 + \frac{v_0^2}{\omega^2} \left(\frac{\partial^2}{\partial x^2} + \frac{\partial^2}{\partial y^2} \right)}$$

$$A_2 = \omega \left(\frac{1}{v} - \frac{1}{v_0} \right)$$

$$A_3 = \frac{0.25(v - v_0) \left(\dfrac{\partial^2}{\partial x^2} + \dfrac{\partial^2}{\partial y^2} \right) \Big/ \omega}{1 - 0.25(v^2 + v v_0 + v_0^2) \left(\dfrac{\partial^2}{\partial x^2} + \dfrac{\partial^2}{\partial y^2} \right) \Big/ \omega^2} \tag{8.3.8}$$

其中 v_0 是当前外推深度上的参考速度. 根据分裂法, 对 (8.3.7) 式和 (8.3.8) 式就可实现分步波场外推, 该方法是一种混合法, 其中 A_1 在频率波数域中计算, 其余两项 (即 A_2 和 A_3) 在频率空间域中计算. 关于算子 A_3 的计算, 在频率空间域归结为求解如下方程

$$\frac{\partial P}{\partial z} = \pm \mathrm{i} A_3 P = \pm \mathrm{i} \frac{b \dfrac{v - v_0}{\omega} \left(\dfrac{\partial^2}{\partial x^2} + \dfrac{\partial^2}{\partial y^2} \right)}{1 + a \dfrac{v^2 + v_0^2}{\omega^2} \left(\dfrac{\partial^2}{\partial x^2} + \dfrac{\partial^2}{\partial y^2} \right)} P \tag{8.3.9}$$

离散后, 可得差分方程

$$[1 + (\alpha_1 - \mathrm{i}\beta_1)\delta x^2 + (\alpha_2 - \mathrm{i}\beta_2)\delta y^2] P_{i,j}^{n+1} = [1 + (\alpha_1 + \mathrm{i}\beta_1)\delta x^2 + (\alpha_2 + \mathrm{i}\beta_2)\delta y^2] P_{i,j}^n \tag{8.3.10}$$

其中 $P_{i,j}^n$ 表示 $P(\omega, i\Delta x, j\Delta y, n\Delta z)$ 之值, δx^2 和 δy^2 分别为 x 和 y 方向的二阶差分算子, Δx, Δy 和 Δz 分别为 x, y 和 z 方向的空间步长, 系数 α_1, α_2, β_1 和 β_2 为

$$\alpha_1 = \frac{a(v^2 + v_0^2)}{\omega^2 \Delta x^2}, \qquad \alpha_2 = \frac{a(v^2 + v_0^2)}{\omega^2 \Delta y^2},$$

$$\beta_1 = \pm \frac{b\Delta z(v - v_0)}{2\omega \Delta x^2}, \quad \beta_2 = \pm \frac{b\Delta z(v - v_0)}{2\omega \Delta y^2} \tag{8.3.11}$$

常规的波场外推方法是将方程 (8.3.10) 分裂成如下两个方程求解

$$[1 + (\alpha_1 - \mathrm{i}\beta_1)\delta x^2] P_{i,j}^{n+1/2} = [1 + (\alpha_1 + \mathrm{i}\beta_1)\delta x^2] P_{i,j}^n \tag{8.3.12}$$

$$[1 + (\alpha_2 - \mathrm{i}\beta_2)\delta y^2] P_{i,j}^{n+1} = [1 + (\alpha_2 + \mathrm{i}\beta_2)\delta y^2] P_{i,j}^{n+1/2} \tag{8.3.13}$$

其中 $P_{i,j}^{n+1/2}$ 是过渡波场, 这是交替方向 CN 隐式差分格式. 现用因子分解法求解, 将方程 (8.3.10) 分解为

$$[(I - \alpha_l \delta x^+)(I - \beta_l \delta y^+)]P_{i,j}^{n+1/2} = [(I - \alpha_r \delta x^+)(I - \beta_r \delta y^+)]P_{i,j}^n \qquad (8.3.14)$$

$$[(I + \alpha_l \delta x^-)(I + \beta_l \delta y^-)]P_{i,j}^{n+1} = [(I + \alpha_r \delta x^-)(I + \beta_r \delta y^-)]P_{i,j}^{n+1/2} \qquad (8.3.15)$$

其中

$$\alpha_l = \frac{-1 + \sqrt{1 - 4(\alpha_1 - i\beta_1)}}{2}, \quad \alpha_r = \frac{-1 + \sqrt{1 - 4(\alpha_1 + i\beta_1)}}{2}$$

$$\beta_l = \frac{-1 + \sqrt{1 - 4(\alpha_2 - i\beta_2)}}{2}, \quad \beta_r = \frac{-1 + \sqrt{1 - 4(\alpha_2 + i\beta_2)}}{2} \qquad (8.3.16)$$

这里 δx^+ 和 δx^- 分别为 x 方向的一阶向前和向后差分算子; δy^+ 和 δy^- 分别为 y 方向的一阶向前和向后差分算子. 在算子分解中略去了有关高阶项, 这只影响波场的振幅, 不影响波场的相位.

式 (8.3.14)~(8.3.15) 可通过如下两个显式过程求解, 令

$$F_l^{n+1/2} = [(I - \alpha_r \delta x^+)(I - \beta_r \delta y^+)]P_l^n$$

$$l = i(N_y + 1) + j, \quad i = 0, \cdots, N_x, \quad j = 0, \cdots, N_y \qquad (8.3.17)$$

则由

$$P_{l+N_y+2}^{n+1/2} = (F_l^{n+1/2} + (\alpha_l + \alpha_l \beta_l)P_{l+N_y+1}^{n+1/2} + (\beta_l + \alpha_l \beta_l)P_{l+1}^{n+1/2}$$

$$- (1 + \alpha_l + \beta_l + \alpha_l \beta_l)P_l^{n+1/2})/(\alpha_l \beta_l) \qquad (8.3.18)$$

求得 $P_l^{n+1/2}$, 这是一个顺递归的因果过程, 再令 (8.3.15) 右端为 $G_l^{n+1/2}$, 由

$$P_{l-N_y-2}^{n+1} = (G_l^{n+1/2} + (\alpha_l + \alpha_l \beta_l)P_{l-N_y-1}^{n+1} + (\beta_l + \alpha_l \beta_l)P_{l-1}^{n+1/2}$$

$$- (1 + \alpha_l + \beta_l + \alpha_l \beta_l)P_l^{n+1})/(\alpha_l \beta_l) \qquad (8.3.19)$$

求得 P_l^{n+1}, 这是一个逆递归的反因果过程, 由这两个过程即求得当前深度的波场值. 假定不考虑方程组中系数计算的工作量, 则在每一外推步上, 求解 (8.3.12)~(8.3.13) 需 $16(N_x + 1)(N_y + 1) - 12$ 次乘除法和 $12(N_x + 1)(N_y + 1) - 10$ 次加减运算, 而因子分解法来求解 (8.3.14)~(8.3.15) 需 $12N_xN_y$ 次乘除法和 $12N_xN_y$ 次加减运算, 理论上可节省约三分之一的计算量, 但由于 (8.3.16) 式中涉及到开方运算, 所以实际上达不到. 在计算中, 为节省计算量, 还可对各个速度值预先算出方程 (8.3.16) 的系数, 而不必每次递推都逐点计算.

8.3.3 成像计算

对 SEG/EAEG 模型用三维平面波合成的方法进行三维叠前深度成像. 为了比较混合法平面波合成叠前深度成像与其他成像方法之间的效果, 选取如下的一个剖

面来说明. 图 8.8 是模型在 $x = 5200\text{m}$ 处的垂直切片; 图 8.9 是裂步傅里叶法的平面波合成成像结果; 图 8.10 是傅里叶有限差分法平面波合成成像结果; 图 8.11 是本节混合法平面波合成成像结果; 图 8.12 是裂步傅里叶法三维炮集叠前深度成像结果. 从以上结果可以看到, 平面波合成成像结果均具有良好的精度, 与高精度的三维炮集叠前深度成像的效果也是可比较的. 在波场合成中, 我们一次性地对所有炮的数据进行了合成, 合成的射线参数在 $-300\text{s}/\text{m}$ 和 $300\text{s}/\text{m}$ 之间. 在相同频率值范围的条件下, 平面波合成偏移的计算时间比三维炮集偏移的计算时间可节省 1 倍. 在计算中, 以射线参数为并行, 采用了 MPI 并行算法, 进一步提高了计算效率.

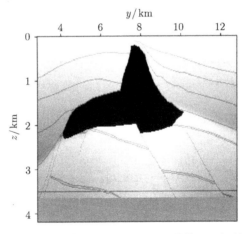

图 8.8   速度模型在 $x = 5200\text{m}$ 处的 y-z 切片

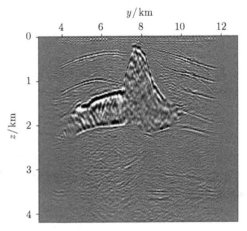

图 8.9   裂步傅里叶法平面波合成成像结果在 $x = 5200\text{m}$ 处的 y-z 切片

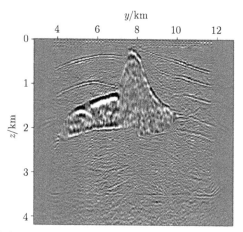

图 8.10　傅里叶有限差分法平面波合成成像结果在 $x = 5200\mathrm{m}$ 处的 $y\text{-}z$ 切片

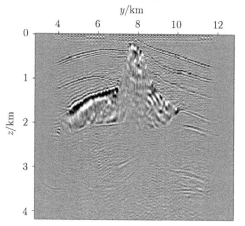

图 8.11　本节混合法平面波合成成像结果在 $x = 5200\mathrm{m}$ 处的 $y\text{-}z$ 切片

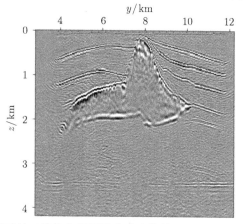

图 8.12　裂步傅里叶法三维炮集平面波合成成像结果在 $x = 5200\mathrm{m}$ 处的 $y\text{-}z$ 切片

8.4   共方位数据三维叠前偏移

基于波动方程的非 Kirchhoff 积分法三维叠前深度偏移通过波场延拓来进行成像, 波场延拓是五维的, 即使地面的波场是三维 (共偏移距) 或四维的 (共方位). 计算的大部分时间浪费在波场分量的传播上, 这些波场或者等于零, 或者对最后的成像没有贡献. 波场延拓法成像的优点是: 第一, 比 Kirchhoff 方法更精确更稳定, 因为该方法从全波波动方程导出而不是依据波动方程的高频渐近解; 第二, 当波场下延拓用于记录数据作外推时, 不会增加数据量.

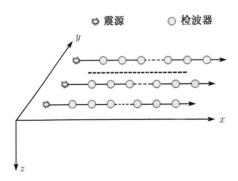

图 8.13   共方位数据采集图

下面介绍一种有效的共方位数据的三维叠前成像方法[20]. 图 8.13 是共方位数据采集的几何示意图. 共方位数据或者是实际物理实验, 如来自海洋测量的采集, 或者由合成方法得到. 共方位下延拓算子对共方位数据在四维空间中计算, 而不是在五维空间中计算, 在五维空间中, 利用的是全三维叠前下延拓算子.

共方位下延拓算子由全三维叠前算子的稳相近似导出. 基于共方位下延拓的射线理论解释可以克服常速假定的限制.

由射线理论, 可导出稳相结果的一个更一般公式, 该公式可用于横向变速情况下的下延拓计算, 并通过分析用共方位延拓代替全三维叠前延拓的误差, 得出该方法的限制.

利用相移加插值法, 可以使共方位偏移适应强烈横向和垂向变速模型. 共方位下延拓算子作用到一个 Stolt 类的三维叠前偏移上得到了一个有效的常速共方位偏移算法. 当速度横向不变时, 共方位延拓的频散关系可以看作是横测线方向和纵测线方向的二维频散关系. 这表明, 常速共方位数据偏移可以精确地分裂成这样前后两个偏移: 沿着横测线方向的二维叠前偏移和沿着纵测线方向的二维零偏移距偏移.

8.4.1   共方位数据的下延拓

共方位数据的采集如图 8.13 所示, 不失一般性, 假定共偏移距方位沿着 x 轴, 由于源点和检波点之间的偏移距向量有相同的方位, 因此共方位数据只有四维: 记录时间, 两个共中心点, 沿着共方位的偏移距. 一个共方位数据可以用全三维叠前下延拓算子进行延拓, 在频率波数域中, 这个下延拓算子可以被表示成相移算子,其中相位由三维双平方根算子给出. 三维双平方根算子是五个变量的函数：时间频率 (ω)，两个中心点波数分量 ($\boldsymbol{k}_m = k_{mx}\boldsymbol{x}_m + k_{my}\boldsymbol{y}_m$)，两个偏移距波数分量 ($\boldsymbol{k}_h = k_{hx}\boldsymbol{x}_h + k_{hy}\boldsymbol{y}_h$). 共方位数据 $D(\omega, \boldsymbol{k}_m, k_{hx})$ 从 z 到 $z + \Delta z$ 的下延拓若由全三维叠前下延拓来完成, 可以表示为

$$D_{z+\Delta z}(\omega, \boldsymbol{k}_m, \boldsymbol{k}_h) = D_z(\omega, \boldsymbol{k}_m, k_{hx})\mathrm{e}^{-\mathrm{i}k_z\Delta z} \tag{8.4.1}$$

其中垂直波数由下面的三维双平方根算子给出

$$k_z = \mathrm{DSR}(\omega, \boldsymbol{k}_m, \boldsymbol{k}_h, z) = \omega\left\{\sqrt{\frac{1}{v_r^2} - \frac{1}{4\omega^2}[(k_{mx} + k_{hx})^2 + (k_{my} + k_{hy})^2]}\right.$$
$$\left. + \sqrt{\frac{1}{v_s^2} - \frac{1}{4\omega^2}[(k_{mx} - k_{hx})^2 + (k_{my} - k_{hy})^2]}\right\} \tag{8.4.2}$$

其中 $v_r = v(\boldsymbol{s}, z)$ 和 $v_s = v(\boldsymbol{r}, z)$ 分别是在 z 处的震源和检波器位置处的速度.

利用全三维叠前算子作下延拓的结果是五维的, 尽管原始的共方位数据是四维的. 然而, 计算量可由一个新的下延拓算子大大减少, 这个算子在新的深度上仅仅沿着原始数据的偏移距-共方位距方向上来计算波数. 在新的深度上, 对纵测线偏移距波数 k_{hy} 的积分, 得

$$D_{z+\Delta z}(\omega, \boldsymbol{k}_m, k_{hx}) = \int_{-\infty}^{+\infty} \mathrm{d}k_{hy} D_z(\omega, \boldsymbol{k}_m, k_{hx})\mathrm{e}^{-\mathrm{i}k_z\Delta z}$$
$$= D_z(\omega, \boldsymbol{k}_m, k_{hx}) \int_{-\infty}^{+\infty} \mathrm{d}k_{hy}\mathrm{e}^{-\mathrm{i}k_z\Delta z} \tag{8.4.3}$$

由于共方位数据与 k_{hy} 无关, 式 (8.4.3) 的积分可以用稳相法近似地求得解析解.

下面简要介绍稳相法[24,28]. 考虑一维积分

$$I(\lambda) = \int f(x)\mathrm{e}^{\mathrm{i}\lambda\phi(x)}\mathrm{d}x \tag{8.4.4}$$

计算, 这里假定参数 $|\lambda|$ 足够大. 稳相法指出, 该积分值由某临界点 (称为稳相点) 附近的被积函数的值所控制. 设稳相点存在为 x_0, 即有

$$\nabla\phi(x_0) = 0 \tag{8.4.5}$$

则积分式 (8.4.4) 可以由如下的渐近近似来表示

$$I(\lambda) \approx \sqrt{\frac{2\pi}{|\lambda|\phi''|(x_0)|}} f(x_0)\mathrm{e}^{\mathrm{i}\lambda\phi(x_0) + \mathrm{i}\frac{\pi}{4}\mathrm{sgn}(\lambda)\mathrm{sgn}(\phi''(x_0))} \tag{8.4.6}$$

若式 (8.4.4) 是如下的多维积分

$$I(\lambda) = \int f(\boldsymbol{x}) \mathrm{e}^{\mathrm{i}\lambda\phi(\boldsymbol{x})} \mathrm{d}x_1 \mathrm{d}x_2 \cdots \mathrm{d}x_n \tag{8.4.7}$$

其中 $\boldsymbol{x} = (x_1, x_2, \cdots, x_n)$, 则渐近近似式为

$$I(\lambda) \approx \left(\frac{2\pi}{|\lambda|}\right)^{\frac{n}{2}} \frac{f(\boldsymbol{x}_0) \mathrm{e}^{\mathrm{i}\lambda\phi(\boldsymbol{x}_0) + \mathrm{i}\frac{\pi}{4}\mathrm{sgn}(\lambda)\mathrm{sig}(\phi_{ij})}}{\sqrt{|\det\phi_{ij}|}} \tag{8.4.8}$$

其中 ϕ_{ij} 是相位 Hesse 矩阵

$$\phi_{ij} = \left[\frac{\partial^2\phi(\boldsymbol{x}_0)}{\partial x_i \partial x_j}\right] \tag{8.4.9}$$

这里 $\mathrm{sig}(\phi_{ij})$ 表示矩阵 ϕ_{ij} 的符号差, 即矩阵正特征值个数减去负特征值个数的数目. 原积分 $I(\lambda)$ 与渐近近似之间的差, 当 $|\lambda| \to \infty$ 时, 比 $1/|\lambda|^{\frac{n}{2}}$ "更快" 趋于零, 即

$$|\lambda|^{\frac{n}{2}}\left|I(\lambda) - I_{\mathrm{app}}(\lambda)\right| \to 0, \quad |\lambda| \to \infty \tag{8.4.10}$$

这里 I_{app} 表示式 (8.4.6) 或式 (8.4.8) 中右端渐近近似的结果.

因此, 对式 (8.4.3) 中的积分应用一维稳相法, 可知共方位数据的下延拓算子可以表示为

$$\Gamma_D(\omega, \boldsymbol{k}_m, k_{hx}, z) = \sqrt{\frac{2\pi}{\hat{k}_z''\Delta z}} \mathrm{e}^{-\mathrm{i}\hat{k}_z\Delta z - \mathrm{i}\frac{\pi}{4}\mathrm{sgn}(\hat{k}_z'')} \tag{8.4.11}$$

波数 $\hat{k}_z$ 表示波数 k_z 在稳相值处计算, 即

$$\hat{k}_z(\omega, \boldsymbol{k}_m, k_{hx}, z) = \mathrm{DSR}[\omega, \boldsymbol{k}_m, \hat{k}_{hy}(z), z] \tag{8.4.12}$$

这里 $\hat{k}_{hy}$ 是双平方根算子 k_z 的稳相值.

下面推导稳相点之值 $\hat{k}_{hy}$. 由 (8.4.2) 式, 得

$$\frac{\partial k_z}{\partial k_{hy}} = -\frac{1}{4\omega} \frac{k_{hy} + k_{my}}{\sqrt{\dfrac{1}{v_r^2} - \dfrac{1}{4\omega^2}[(k_{mx} + k_{hx})^2 + (k_{my} + k_{hy})^2]}}$$

$$-\frac{1}{4\omega} \frac{k_{hy} - k_{my}}{\sqrt{\dfrac{1}{v_s^2} - \dfrac{1}{4\omega^2}[(k_{mx} - k_{hx})^2 + (k_{my} - k_{hy})^2]}} \tag{8.4.13}$$

令 $\dfrac{\partial k_z}{\partial k_{hy}} = 0$, 得

$$\frac{k_{hy} + k_{my}}{\sqrt{\dfrac{1}{v_r^2} - \dfrac{1}{4\omega^2}[(k_{mx} + k_{hx})^2 + (k_{my} + k_{hy})^2]}}$$

$$+ \frac{k_{hy} - k_{my}}{\sqrt{\dfrac{1}{v_s^2} - \dfrac{1}{4\omega^2}[(k_{mx} - k_{hx})^2 + (k_{my} - k_{hy})^2]}} = 0 \tag{8.4.14}$$

即

$$\frac{(k_{hy} + k_{my})^2}{\dfrac{1}{v_r^2} - \dfrac{1}{4\omega^2}[(k_{mx} + k_{hx})^2 + (k_{my} + k_{hy})^2]} = \frac{(k_{my} - k_{hy})^2}{\dfrac{1}{v_s^2} - \dfrac{1}{4\omega^2}[(k_{mx} - k_{hx})^2 + (k_{my} - k_{hy})^2]}$$

$$(8.4.15)$$

亦即

$$\frac{\dfrac{1}{v_r^2} - \dfrac{1}{4\omega^2}(k_{mx} + k_{hx})^2}{(k_{my} + k_{hy})^2} = \frac{\dfrac{1}{v_s^2} - \dfrac{1}{4\omega^2}(k_{mx} - k_{hx})^2}{(k_{my} - k_{hy})^2} \tag{8.4.16}$$

从而

$$\frac{k_{my} + k_{hy}}{k_{my} - k_{hy}} = \pm \frac{\sqrt{\dfrac{1}{v_r^2} - \dfrac{1}{4\omega^2}(k_{mx} + k_{hx})^2}}{\sqrt{\dfrac{1}{v_s^2} - \dfrac{1}{4\omega^2}(k_{mx} - k_{hx})^2}} \tag{8.4.17}$$

由此解得 k_{hy} 为

$$k_{hy} = k_{my} \frac{\sqrt{\dfrac{1}{v_r^2} - \dfrac{1}{4\omega^2}(k_{mx} + k_{hx})^2} \mp \sqrt{\dfrac{1}{v_s^2} - \dfrac{1}{4\omega^2}(k_{mx} - k_{hx})^2}}{\sqrt{\dfrac{1}{v_r^2} - \dfrac{1}{4\omega^2}(k_{mx} + k_{hx})^2} \pm \sqrt{\dfrac{1}{v_s^2} - \dfrac{1}{4\omega^2}(k_{mx} - k_{hx})^2}} \tag{8.4.18}$$

如何选择这两个解? 考虑横测线方向偏移距波数 k_{hx} 等于零的极限情况, 在这种情况下, 一个解发散, 而另一个解当分子中取负号时为零. 选择第二个解, 即稳相值为

$$\hat{k}_{hy} = k_{my} \frac{\sqrt{\dfrac{1}{v_r^2} - \dfrac{1}{4\omega^2}(k_{mx} + k_{hx})^2} - \sqrt{\dfrac{1}{v_s^2} - \dfrac{1}{4\omega^2}(k_{mx} - k_{hx})^2}}{\sqrt{\dfrac{1}{v_r^2} - \dfrac{1}{4\omega^2}(k_{mx} + k_{hx})^2} + \sqrt{\dfrac{1}{v_s^2} - \dfrac{1}{4\omega^2}(k_{mx} - k_{hx})^2}} \tag{8.4.19}$$

而且这样的选择可使得当 k_{hx} 和 k_{hy} 为零时, 双平方根算子简化为单平方根算子.

共方位下延拓算子式 (8.4.11) 中的 $\hat{k}_z''$, 可由式 (8.4.13) 再次对 k_{hy} 求导得到, 经推导为

$$\frac{\partial^2 k_z}{\partial k_{hy}^2} = -\frac{1}{4\omega} \left\{ \frac{1}{\sqrt{\dfrac{1}{v_r^2} - \dfrac{1}{4\omega^2}[(k_{mx} + k_{hx})^2 + (k_{my} + k_{hy})^2]}} \right.$$

$$+ \frac{1}{\sqrt{\dfrac{1}{v_s^2} - \dfrac{1}{4\omega^2}[(k_{mx} - k_{hx})^2 + (k_{my} - k_{hy})^2]}}$$

$$+\frac{(k_{my}+k_{hy})^2}{4\omega^2}\frac{1}{\left\{\dfrac{1}{v_r^2}-\dfrac{1}{4\omega^2}[(k_{mx}+k_{hx})^2+(k_{my}+k_{hy})^2]\right\}^{\frac{3}{2}}}$$

$$+\frac{(k_{my}-k_{hy})^2}{4\omega^2}\frac{1}{\left\{\dfrac{1}{v_s^2}-\dfrac{1}{4\omega^2}[(k_{mx}-k_{hx})^2+(k_{my}-k_{hy})^2]\right\}^{\frac{3}{2}}}\Bigg\} \tag{8.4.20}$$

共方位下延拓可由方程 (8.4.2) 至 (8.4.18) 来完成. 当速度仅是深度的函数时, 可由简单的相移法来完成; 当速度有横向变化时, 可用空间–波数域中的混合法来完成, 如相移加插值法或裂步傅里叶法.

下面用射线方法来分析共方位下延拓, 目的是揭示其潜在的假设以及速度横向变化时该方法的精度.

8.4.2 稳相路径的射线参数等价表示

由稳相法近似所导出的共方位下延拓算子有直观的几何假设, 即波场的下延与射线的传播方位相关. 设源点射线方位为 (p_{sx},p_{sy},p_{sz}), 接收点射线方位为 (p_{rx},p_{ry},p_{rz}), 则由几何关系知, 这些分量应满足

$$\mathrm{d}y_s=v_sp_{sy}\mathrm{d}l_s=\frac{p_{sy}\mathrm{d}z}{p_{sz}} \tag{8.4.21}$$

$$\mathrm{d}y_r=v_rp_{ry}\mathrm{d}l_r=\frac{p_{ry}\mathrm{d}z}{p_{rz}} \tag{8.4.22}$$

其中 $\mathrm{d}l_s$ 和 $\mathrm{d}l_r$ 分别是源点射线 (下行波射线) 和检波点射线 (上行波射线) 的微分元, $\mathrm{d}y_s$ 和 $\mathrm{d}y_r$ 是沿着 y 轴的分量, $\mathrm{d}z$ 是沿着深度的分量, 令 (8.4.21) 与 (8.4.22) 两式相等, 可导出

$$\frac{p_{sy}}{p_{sz}}=\frac{p_{ry}}{p_{rz}} \tag{8.4.23}$$

此即稳相路径的等价表示. 式 (8.4.23) 是下延源点波场的射线参数与下延检波点或接收点波场的射线参数之间的关系. 对于每一对射线, 射线参数之间的关系约束了源点和接收点的传播方向. 具体说, 源点和接收点必须在同一平面内, 而所有的接收平面通过连接在某一深度的源点和接收点之间的一条直线. 这个几何关系约束了在新深度上的源点和检波点沿着相同的方位排列, 这与稳相法所推导的共方位下延拓算子所要求的条件一致. 图 8.14 是共

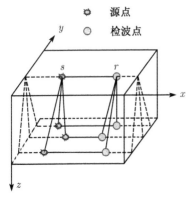

图 8.14 共方位数据下延拓示意图

方位下延拓的几何表示, 其中源点射线和检波点射线在通过连接源点和检波点之直线的倾斜平面内.

稳相路径还有另一个等价表示. 由式 (8.4.23), 并利用下面射线参数之间的关系

$$p_{sx}^2 + p_{sy}^2 + p_{sz}^2 = \frac{1}{v^2(\boldsymbol{s}, z)} \tag{8.4.24}$$

$$p_{rx}^2 + p_{ry}^2 + p_{rz}^2 = \frac{1}{v^2(\boldsymbol{r}, z)} \tag{8.4.25}$$

可得

$$\frac{p_{ry}^2}{p_{sy}^2} = \frac{\dfrac{1}{v_r^2} - p_{rx}^2 - p_{ry}^2}{\dfrac{1}{v_s^2} - p_{sx}^2 - p_{sy}^2} \tag{8.4.26}$$

化简得

$$\frac{p_{ry}^2}{p_{sy}^2} = \frac{\dfrac{1}{v_r^2} - p_{rx}^2}{\dfrac{1}{v_s^2} - p_{sx}^2} \tag{8.4.27}$$

开方后取正号, 得

$$\frac{p_{ry}}{p_{sy}} = \frac{\sqrt{\dfrac{1}{v_r^2} - p_{rx}^2}}{\sqrt{\dfrac{1}{v_s^2} - p_{sx}^2}} \tag{8.4.28}$$

再由合分比定理, 即有

$$(p_{ry} - p_{sy}) = (p_{ry} + p_{sy}) \frac{\sqrt{\dfrac{1}{v_r^2} - p_{rx}^2} - \sqrt{\dfrac{1}{v_s^2} - p_{sx}^2}}{\sqrt{\dfrac{1}{v_r^2} - p_{rx}^2} + \sqrt{\dfrac{1}{v_s^2} - p_{sx}^2}} \tag{8.4.29}$$

根据 (4.2.19) 知, 对三维双平方根算子, 类似有下面的关系式

$$k_{sx} = \frac{1}{2}(k_{mx} - k_{hx}), \qquad k_{sy} = \frac{1}{2}(k_{my} - k_{hy}) \tag{8.4.30}$$

$$k_{rx} = \frac{1}{2}(k_{mx} + k_{hx}), \qquad k_{ry} = \frac{1}{2}(k_{my} + k_{hy}) \tag{8.4.31}$$

又由于

$$k_{sx} = \frac{\omega}{v_{sx}} = \omega p_{sx}, \qquad k_{sy} = \frac{\omega}{v_{sy}} = \omega p_{sy} \tag{8.4.32}$$

$$k_{rx} = \frac{\omega}{v_{rx}} = \omega p_{rx}, \qquad k_{ry} = \frac{\omega}{v_{ry}} = \omega p_{ry} \tag{8.4.33}$$

将上式代入 (8.4.30)~(8.4.31) 式中, 得到

$$p_{sx} = \frac{k_{my} - k_{hx}}{2\omega}, \qquad p_{sy} = \frac{k_{my} - k_{hy}}{2\omega} \tag{8.4.34}$$

$$p_{rx} = \frac{k_{mx} + k_{hx}}{2\omega}, \qquad p_{ry} = \frac{k_{my} + k_{hy}}{2\omega} \tag{8.4.35}$$

将上式代入 (8.4.29) 式, 即得稳相关系式 (8.4.19). 因此式 (8.4.29) 是稳相路径关系式 (8.4.19) 以射线参数表示的另一等价形式.

8.4.3　共方位下延拓的精度

当传播速度是常数时, 在稳相近似极限范围内, 共方位下延拓是精确的. 在这种情况下, 射线没有歪曲, 且源点和检波点在倾斜平面内以直线传播. 当射线歪曲时, 共方位下延拓引进误差. 下面的解释表明在射线歪曲时由共方位下延拓所引起的误差是小的. 我们首先讨论速度随深度变化的简单情况, 再考虑速度横向变化的一般情况.

稳相结果式 (8.4.19) 或式 (8.4.29) 表明在水平层状介质中, 源点和检波点的纵测线的射线参数 p_{sy} 和 p_{ry} 在越过两层的速度分界面时发生变化, 这与 Snell 定律相违背. Snell 定律指出: 水平射线参数在速度仅有垂向变化时必须保持常数. 如图 8.15 所示, 射线越过某一水平速度分界面, 设源点纵测线射线参数为 p_{sy}, 检波点纵测线射线参数为 p_{ry}, 根据 Snell 定律, 由于速度仅有垂向变化, 因此 p_{sy} 和 p_{ry} 各自在越过界面后都应分别保持不变, 从而变化量 $p_{sy} - p_{ry}$ 在越过界面后也应保持不变.

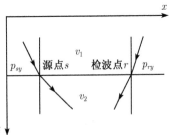

图 8.15　在共方位延拓中, 射线越过水平速度分界面时, 射线参数发生变化, 其中源点纵测线射线参数由 p_{sy} 变为 $\tilde{p}_{sy}$, 检波点纵测线射线参数由 p_{ry} 变为 $\tilde{p}_{ry}$

在共方位下延拓中, 要求源点和检波点在同一平面内, 源点和检波点射线可以以与 Snell 定律不一致的方式歪曲地越过界面. 这个不一致量即 $p_{ry} - p_{sy}$ 的增量可

以通过如下计算得到. 假定上层速度是 v_1, 下层速度是 v_2, 由式 (8.4.34) 和 (8.4.35) 有

$$p_{ry} - p_{sy} = \frac{k_{hy}}{\omega} \tag{8.4.36}$$

由于是稳相近似, 将稳相结果 (8.4.29) 代入上式, 易知在界面两侧的增量为

$$\Delta\left(\frac{k_{hy}}{\omega}\right) = k_{my}\left(\frac{\sqrt{\frac{1}{v_2^2} - p_{rx}^2} - \sqrt{\frac{1}{v_2^2} - p_{sx}^2}}{\sqrt{\frac{1}{v_2^2} - p_{rx}^2} + \sqrt{\frac{1}{v_2^2} - p_{sx}^2}} - \frac{\sqrt{\frac{1}{v_1^2} - p_{rx}^2} - \sqrt{\frac{1}{v_1^2} - p_{sx}^2}}{\sqrt{\frac{1}{v_1^2} - p_{rx}^2} + \sqrt{\frac{1}{v_1^2} - p_{sx}^2}}\right)$$

$$= \frac{2k_{my}}{\omega}\frac{\sqrt{\frac{1}{v_1^2} - p_{sx}^2}\sqrt{\frac{1}{v_2^2} - p_{rx}^2} - \sqrt{\frac{1}{v_1^2} - p_{rx}^2}\sqrt{\frac{1}{v_2^2} - p_{sx}^2}}{\left(\sqrt{\frac{1}{v_1^2} - p_{sx}^2} + \sqrt{\frac{1}{v_1^2} - p_{rx}^2}\right)\left(\sqrt{\frac{1}{v_2^2} - p_{rx}^2} + \sqrt{\frac{1}{v_2^2} - p_{sx}^2}\right)} \tag{8.4.37}$$

因此, 射线歪曲的误差为

$$\Delta(p_{ry} - p_{sy}) = 2(p_{ry} + p_{sy})\frac{\sqrt{\frac{1}{v_1^2} - p_{sx}^2}\sqrt{\frac{1}{v_2^2} - p_{rx}^2} - \sqrt{\frac{1}{v_1^2} - p_{rx}^2}\sqrt{\frac{1}{v_2^2} - p_{sx}^2}}{\left(\sqrt{\frac{1}{v_1^2} - p_{sx}^2} + \sqrt{\frac{1}{v_1^2} - p_{rx}^2}\right)\left(\sqrt{\frac{1}{v_2^2} - p_{rx}^2} + \sqrt{\frac{1}{v_2^2} - p_{sx}^2}\right)} \tag{8.4.38}$$

若误差为零, 当且仅当下列条件满足

$$|p_{rx}| = |p_{sx}|, \quad p_{ry} = -p_{sy}, \quad v_1 = v_2 \tag{8.4.39}$$

第一个条件当源点射线平行检波点射线时满足, 第二个条件当源点射线和检波点射线在垂直传播时 (这时也平行) 满足, 而第三个条件说明速度是常数. 所以共方位数据的下延拓在运动学上是精确的.

共方位数据下延拓当射线歪曲越过界面时有误差, 但该误差在下延中仅是二阶. 由于垂直波数 k_z(式 (8.4.2)) 在稳相点 $\hat{k}_{hy}$ 处 (式 (8.4.19)) 计算, 相位 k_z 关于 k_{hy} 的一阶泰勒展开在 $\hat{k}_{hy}$ 处等于零. 因此, 垂直波数 $\hat{k}_z$(由式 (8.4.18) 计算) 关于 k_{hy} 的误差是二阶影响, 即由不正确的射线歪曲所起的误差对下延拓仅有二阶影响, 从而对成像精度也是二阶影响.

对一般的横向变速情况, 分析更复杂, 但结论仍成立[20], 即由 $\hat{k}_{hy}$ 的误差所引起的相位函数的误差是二阶的.

8.4.4　共方位 Stolt 偏移

前面介绍了共方位数据的相移偏移算法. 当速度为常速时, Stolt 偏移算法[119]比相移算法更有效. 另外, 三维 Stolt 偏移的最吸引人之处是可以用于偏移速度扫描, 提取速度函数. 速度反演或结合偏移的速度分析一直是一个值得研究的课题[1,25,27,28,116].

下面推导共方位 Stolt 偏移算法. 共方位 Stolt 偏移可以通过用常用的 Stolt 公式表示成

$$I(\boldsymbol{k}_m, z) = \int_{-\infty}^{+\infty} \mathrm{d}k_{hx} \int_{-\infty}^{+\infty} \mathrm{d}\omega D(\omega, \boldsymbol{k}_m, k_{hx}) \mathrm{e}^{-\mathrm{i}\hat{k}_z(\omega, \boldsymbol{k}_m, k_{hx}, z)z} \tag{8.4.40}$$

其中垂直波数 $\hat{k}_z$ 是共方位频散关系式, 即式 (8.4.12). 当速度是常数时, 第二个积分中的积分变量可以从 ω 变成 $\hat{k}_z$, 从而将积分变成一个沿着 z 轴的傅里叶逆变换, 即

$$I(\boldsymbol{k}_m, z) = \int_{-\infty}^{+\infty} \mathrm{d}k_{hx} \int_{-\infty}^{+\infty} \mathrm{d}\hat{k}_z \left[\frac{\mathrm{d}\omega}{\mathrm{d}\hat{k}_z}\right] D[\omega(\hat{k}_z, \boldsymbol{k}_m, k_{hx}), \boldsymbol{k}_m, k_{hx}] \mathrm{e}^{-\mathrm{i}\hat{k}_z z} \tag{8.4.41}$$

因此, 对由 (8.4.12) 式定义的变量 $\hat{k}_z$ 作代换后就可完成计算. 当速度是常数时, 设 $v_r = v_s = v$, 下面将频散关系式 (8.4.12) 改写成两个频散关系的延拓作用之和. 为简单起见, 令

$$a = \sqrt{\frac{1}{v^2} - \frac{1}{4\omega^2}(k_{mx} + k_{hx})^2}, \qquad b = \sqrt{\frac{1}{v^2} - \frac{1}{4\omega^2}(k_{mx} - k_{hx})^2} \tag{8.4.42}$$

则由式 (8.4.2) 得到

$$\hat{k}_z = \omega \left[\sqrt{a^2 - \frac{1}{4\omega^2}(k_{my} + \hat{k}_{hy})^2} + \sqrt{b^2 - \frac{1}{4\omega^2}(k_{my} - \hat{k}_{hy})^2}\right] \tag{8.4.43}$$

式 (8.4.19) 可改为

$$\hat{k}_{hy} = k_{my}\frac{a - b}{a + b} \tag{8.4.44}$$

将式 (8.4.44) 代入式 (8.4.43) 中, 得

$$\begin{aligned}
\hat{k}_z &= \omega \left[\sqrt{a^2 - \frac{k_{my}^2}{\omega^2}\frac{a^2}{(a+b)^2}} + \sqrt{b^2 - \frac{k_{my}^2}{\omega^2}\frac{b^2}{(a+b)^2}}\right] \\
&= \omega \left[a\sqrt{1 - \frac{k_{my}^2}{\omega^2}\frac{1}{(a+b)^2}} + b\sqrt{1 - \frac{k_{my}^2}{\omega^2}\frac{1}{(a+b)^2}}\right] \\
&= \omega(a + b)\sqrt{1 - \frac{k_{my}^2}{\omega^2}\frac{1}{(a+b)^2}}
\end{aligned} \tag{8.4.45}$$

令 $k_{zx} = \omega(a+b)$, 即

$$k_{zx} = \omega\left[\sqrt{\frac{1}{v^2} - \frac{1}{4\omega^2}(k_{mx}+k_{hx})^2} + \sqrt{\frac{1}{v^2} - \frac{1}{4\omega^2}(k_{mx}-k_{hx})^2}\right] \tag{8.4.46}$$

因此, 由式 (8.4.45) 知, k_z 可写成

$$\widehat{k_z} = k_{zx}\sqrt{1 - \frac{k_{my}^2}{k_{zx}^2}} \tag{8.4.47}$$

即可将常速下的频散分解成了两个频散关系, 对应两步延拓作用. 第一个频散关系 k_{zx} 对应沿着横测线方向的二维叠前下延拓, 第二个频散关系是沿着纵测线方向的二维零偏移距下延拓.

因此, 共方位数据的 Stolt 三维偏移可以分成两部分：一个是沿着横测线方向的二维叠前 Stolt 偏移, 然后是沿着纵测线的二维零偏移距 Stolt 偏移. 因此可以得到这样的结论：共方位数据的常速偏移可以精确地分裂成一个沿着横测线方向的二维叠前偏移和沿着纵测线轴的二维零偏移距偏移. 对于零偏移距偏移, 同样是在共方位中进行, 分裂对于全偏移过程是精确的, 但用于下延拓算子是不精确的, 因为下延共方位算子的正确频散关系由 (8.4.46) 式和 (8.4.47) 式的耦合给出, 而不是和式.

共方位数据的三维叠前深度偏移可以有效地通过共方位下延拓算子来完成, 共方位下延拓算子比全三维叠前延拓算子效率更高. 由该算子导出了一个稳相近似, 因为它减少了计算空间的维数, 将五维变成了四维.

在 Stolt 偏移方法中, 采用共方位下延拓可以得到一个快速的常速偏移算法, 它导致这样的结论 —— 共方位数据的常速偏移可以精确地分裂成相串联的两个步骤：沿着横测线方向的二维叠前偏移和沿着纵测线方向的二维零偏移距偏移.

参 考 文 献

[1] Al-Yahya K. Velocity analysis by iterative profile migration. *Geophysics*, 1989, 54(6): 718-729.

[2] Alford R, Kelly K and Boore D. Accuracy of finite-difference modeling of the acoustic wave equation. *Geophysics*, 1974, 39(6): 834-842.

[3] Alkhalifah T. Efficient synthetic-seismogram generation in transversely isotropic, inhomogeneous media. *Geophysics*, 1994, 60(4): 1139-1150.

[4] Aki K and Richards P G. *Quantitative Seismology*. W. H. Freeman and Co., 1980.

[5] Asvadurov S, Druskin V, Guddati M N and Kizhneman L. On optimal finite-difference approximation of PML. *SIAM J. Numer. Anal.*, 2003, 41: 287-305.

[6] Auld B A. *Acoustic Fields and Waves in Solids*. New York: John Wiley and Sons. Inc., 1993.

[7] Bagani C, Bonomi E and Pieroni E. Data parallel implementation of 3-D PSPI. *65th Ann. Internat. Mtg., Soc. Expl. Geophys., SEG Expanded Abstracts 14*, 1995: 188-191.

[8] Bardan V. Sampling two-dimensional seismic data and their Radon transform. *Geophysics*, 1992, 54(10): 1318-1325.

[9] Bardan V. Trace interpolation in seismic data processing. *Geophysical Prospecting*, 1987, 35: 343-358.

[10] Baysal E, Kosloff D D and Shrewood J W C. Reverse time migration. *Geophysics*, 1983, 48(11): 1514-1524.

[11] Baysal E, Kosloff D D and Sherwood J W C. A two-way nonreflecting wave-equation. *Geophysics*, 1984, 49(2): 132-141.

[12] Bécache E and Joly P. On the analysis of Bérenger's perfectly mathched layers for Maxwell's equations. *Mathematical Modelling and Numerical Analysis*, 2002, 36: 87-120.

[13] Berkhout A J. Steep dip finite-difference migration. *Geophysical Prospecting*, 1979, 27: 196-213.

[14] Berkhout A J. *Seismic Migration: Imaging of Acoustic Energy by Wave Field Extrapolation, A. Theoretical Aspects*. 2rd ed. Elsevier Science Publ. Co. Inc., 1982.

[15] Berkhout A J. *Seismic Migration: Imaging of Acoustic Energy by Wavefield Extrapolation, A. Theoretical Aspects*. 3rd ed. Elsevier Science Publ. Co. Inc., 1985.

[16] Berkhout A J and Wapenaar C P. One-way version of the Kirchhoff integral. *Geophysics*, 1989, 54(4): 460-467.

[17] Bérenger J P. A perfectly matched layer for the absorbing of electromagnetic waves. *J. of Comp. Physics*, 1994, 114: 185-200.

[18] Bevc D. Imaging complex structures with semirecursive Kirchhoff migration. *Geophysics*, 1997, 62(2): 577-588.

[19] Beylkin G. Imaging of discontinuities in the inverse scattering problem by inversion of a causal generalized Radon transform. *J. Math. Phys*, 1985, 26: 99-108.

[20] Biondi B. 3-D prestack migration of common-azimuth data. *Geophysics*, 1996, 61(6): 1822-1832.

[21] Biondi B, Fomel S and Chemingui N. Azimuth moveout for 3-D prestack imaging. *Geophysics*, 1998, 63(2): 574-588.

[22] Biondi Biondo. Stable wide-angle Fourier finite-difference downward extrapolation of 3-D wavefields. *Geophysics*, 2002, 67(3): 872.

[23] Blacquiére G, Debeye H W I, Wapenaar C P A and Berkhout A I. 3-D table driven migration. *Geophysical Prospecting*, 1989, 37: 925-958.

[24] Bleistein N. Mathematical Methods for Wave Phenomena. Academic Press, Inc., 1984.

[25] Bleistein N, Cohen J K and Hagin F G. Computational and asymptotic aspects of velocity inversion. *Geophysics*, 1985, 50(8): 1253-1265.

[26] Bleistein N. On the imaging of reflectors in the earth. *Geophysics*, 1987, 52(7): 931-942.

[27] Bleistein N, Cohen J K and Hagin F G. Two and one-half dimensional Born inversion with an arbitrary reference. *Geophysics*, 1987, 52(1): 26-36.

[28] Bleistein N, Cohen J K and Stockwell J W. *Mathemaics of Multidimensional Seismic Imaging, Migration and Inversion*. Springer-Verlag New York, Inc., 2001; 张文生, 译, 何樵登, 校. 多维地震成像、偏移和反演中的数学. 北京: 科学出版社, 2004.

[29] Book D I, Boris J P and Hain K. Flux-corrected transport II: generalization of the method. *J. Comput. Phys.*, 1975, 18(3): 248-283.

[30] Bracewell R N. Discrete Hartley transform. *J. Opt. Soc. Am.*, 1983,73(12): 1832-1835.

[31] Bracewell R N, Buneman O, Hao H and Villasenor J. Fast two-dimensional Hartley transform. *Proc. IEEE*, 1986, 72(8): 1010-1018.

[32] Burridge R. Some mathematical topics in sesmology. *Courant Inst. of Math. Sci.*. New York Univ., 1976.

[33] Carcione J M, Kosloff D, Behle A, Seriani G. A spectral scheme for wave propagation 3-D elastic anisotropic media. *Geophysics*, 1992, 57(5): 1593-1607.

[34] Carter J A and Frazer L N. Accommodating lateral velocity changes in Kirchhoff migration by means of Fermat's principle. *Geophysics*, 1984, 49(1): 46-53.

[35] Cerjan C C, Kosloff R and Reshef M. A nonreflecting boundary condition for discret acoustic and elastic wave equation. *Geophysics*, 1985, 50(4): 705-708.

[36] Cervery V. Seismic rays and ray intensities in inhomogeneous anisotropic media. *Geophys, J. Roy. Astr. Soc.*, 1972, 29(1): 1-13.

[37] Chang W F and McMechan G A. Reverse-time migration of offset vertical seismic profiling data using the excitation-time imaging condition. *Geophysics*, 1986, 51(1): 67-84.

[38] Chang W F and McMechan G A. Elastic reverse-time migration. *Geophysics*, 1987, 52(10): 1365-1375.

[39] Chang W F and McMechan G A. 3D acoustic reverse-time migration. *Geophysical Prospecting*, 1987, 37(3): 243-256.

[40] Chang W F and McMechan G A. 3-D elastic prestack, reverse-time depth migration. *Geophysics*, 1994, 59(4): 597.

[41] Chun J H and Jacewitz C A. Fundamental of frequency of domain migration. *Geophysics*, 1981, 46(5): 717-733.

[42] Claerbout J F. Toward a unified theory of reflector mapping. *Geophysics*, 1971, 36(3): 467-481.

[43] Claerbout J F and Doherty S M. Downward continuation of moveout-corrected seismograms. *Geophysics*, 1972, 37(5): 741-768.

[44] Claerbout J F. *Fundamentals of Geophysical Data Processing*. New York: McGraw-Hill Book Co., Inc., 1976.

[45] Claerbout J F. *Imaging the Earth's Interior*. Blackwell Scientific Pub, 1985.

[46] Claerbout J E and Johnson G. Extropolation of time-dependent waveforms along their path of propagation. *Geophys. J. R. Astro., Soc.*, 1971, 26(3): 285-293.

[47] Claerbout J F. Multidimensional recursive filters via a helix with application to velocity estimated and 3-D migration. *68th Ann. Internat. Mtg., Soc. Expl. Geophys., SEG Expanded Abstracts 17*, 1998: 1995-1998.

[48] Claerbout J F. Multidimensional recursive filters via a helix. *Geophysics*, 1998, 63(5): 1532-1541

[49] Clayton R W and Engquist B. Absorbing boundary conditions for acoustic and elastic wave equations. *Bull. Seis. Soc. Am.*, 1977, 67: 1529-1540.

[50] Clayton R W and Engquist B. Absorbing boundary conditions for wave-equation migration. *Geophysics*, 1980, 45(5): 895-904.

[51] Cohen J K, Hagin F G and Bleistein N. Three-dimensional Born inversion with an arbitrary reference velocity. *Geophysics*, 1986, 51(11): 1552-1558.

[52] Collina F and Joly P. Splitting of operators, alternated directions, and paraxial approximations for the three-dimensional wave equation. *SIAM J. Sci. Comput.*, 1995, 16: 1019-1048.

[53] Dai Nanxun, Vafidis Antonios and Kanasewich E R. Seismic migration and absorb-

ing boundaries with a one-way wave system for heterogeneous media. *Geophysical Prospecting*, 1996, 44: 719-739.

[54] 邓玉琼, 戴霆范, 郭宗汾. 弹性波有限元反时偏移. 石油物探, 1988, 27(2): 10-27.

[55] Deregowski S M. Commom-offset migrations and velocity abalysis. *First Break*, 1990, 8(6): 225-234.

[56] Engquist B and Majda A. Absorbing boundary conditions for the numerical simulation of waves. *Math. Comput.*, 1977, 31(139): 629-651.

[57] Engquist B and Majda A. Radiation boundary conditions for acoustic and elastic calculations. *Comm. Pure Appl. Math.*, 1979, 32(1): 313-357.

[58] Esmersoy C and Oristaglio M. Reverse-time wave-field extraploration, imaging, and inversion. *Geophysics*, 1988, 53(7): 920-931.

[59] 冯康, 秦孟兆. 哈密尔顿系统的辛几何算法. 杭州: 浙江科学技术出版社, 2003.

[60] Francis Collino. Perfectly matched absorbing layers for the paraxial equations. *J. of Comp. Physics*, 1996, 131(1): 164-180.

[61] Fornberg B. The pseudospectral method: comparisions with finite differences for the slastic wave equation. *Geophysics*, 1987, 52(4): 483-501.

[62] Furumura T and Takenaka H. A wraparound elimination technique for the pseudospectral wave synthesis using an anti-periodic extension of wavefield. *Geophysics*, 1995, 60(1): 302-307.

[63] Gazdag J. Wave equation migration with the phase-shift method. *Geophysics*, 1978, 43(7): 1342-1351.

[64] Gazdag J. Modelling of the acoustic wave equation with transform methods. *Geophysics*, 1981, 46(6): 854-859.

[65] Gazdag J and Sguazzero P. Migration of seismic data by phase shift plus interpolation. *Geophysics*, 1984, 49(1): 124-131.

[66] Goodman J W. *Introduction to Fourier Optics*. New York: Mc Graw-Hill Book Co. Inc., 1968.

[67] Gray S H. Efficient traveltime calculations for Kirchhoff migration. *Geophysics*, 1986, 51(8): 1685-1688.

[68] 贺振华等. 反射地震资料偏移处理与反演方法. 重庆: 重庆大学出版社, 1989.

[69] Hagedoorn J G. A process of seismic reflection interpretation. *Geophysical Prospecting*, 1954, 2: 85-127.

[70] Hale D. Stable explicit depth extrapolation of seismic wavefields. *Geophysics*, 1991, 56(10): 1770-1777.

[71] Hale D. 3-D depth migration via McClellan transforns. *Geophysics*, 1991, 56(11): 1778-1785.

[72] Hartley R V L. A more symmetrical Fourier analysis applied to transmission problems.

Proc. IRE., 1942, 30: 144-150.

[73] Hatton L, Larner K and Gibson B S. Migration of seismic data from inhomogeneous media. *Geophysics*, 1981, 46(5): 751-767.

[74] 何樵登, 张中杰. 横向各向同性介质中地震波及其数值模拟. 长春: 吉林大学出版社, 1996.

[75] Hedley J P. 3-D migration via McClellan transforms on hexagonal grids. *Geophysics*, 1992, 57(8): 1048-1053.

[76] Holberg O. Towards optimum one-way wave propagation. *Geophysical Prospecting*, 1988, 36: 99-114.

[77] Hood P. Finite difference and wave number migration. *Geophysical Poespecting*, 1978, 26: 773-789.

[78] Hudson J A. A higher order approximation to the wave propagation constants for a cracked solid. *Geophys. J. Roy. Astr. Soc.*, 1986, 87(1): 265-274.

[79] Igel H, Mora P and Riollet B. Anisotropic wave propagation through finite-difference grids. *Geophysics*, 1995, 60(4): 1203-1216.

[80] Kessinger W. Extended split-step Fourier migration. *62nd Ann. Internat. Mtg., Soc. Expl. Geophys., SEG Expanded Abstracts 11*, 1992: 917-920.

[81] Kosloff D D and Baysal E. Forward modeling by a Fourier method. *Geophysics*, 1982, 47(10): 1402-1412.

[82] Kosloff D D and Baysal E. Migration with the full acoustic wave equation. *Geophysics*, 1983, 48(6): 677-687.

[83] Larner K, Hatton L, Gibson B and Hsu I. Depth migration of imaged time sections. *Geophysics*, 1981, 46(5): 734-750.

[84] Lee M W and Suh S Y. Optimization of one way equation. *Geophysics*, 1985, 50(10): 1634-1637.

[85] Li Z. Compensating finite-difference errors in 3-D migration and modeling. *Geophysics*, 1991, 56(10): 1650-1660.

[86] Loewenthal D, Lu L, Roberson R and Sherwood J. The wave equation applied to migration. *Geophysical Prospecting*, 1976, 24(2): 380-390.

[87] Loewenthal D and Mufti I R. Reversed time migration in spatial frequency domain. *Geophysics*, 1983, 48(5): 627-635.

[88] Lumley D E, Claerbout J F and Bevc D. Anti-aliased Kirchhoff 3-D migration. *65th Ann. Internat. Mtg. Soc. Expl. Geophys., SEG Expanded Abstracts 13*, 1994: 1282-1285.

[89] 罗明秋, 刘洪, 李幼铭. 地震波传播的哈密尔顿表述及辛几何算法. 地球物理学报, 2001, 44(1): 120-128.

[90] Lynn H B, Simon K M, Bates C R, Layman M, Schneider R, Jones M. Use of anisotropy in P-wave and S-wave data for fracture characterization in a naturally fractured gas

reservoir. *The Leading Edge*, 1995, 14(6): 887-893.

[91] 马在田. 地震成像技术 —— 有限差分法偏移. 北京: 石油工业出版社, 1989.

[92] 马在田. 高阶方程偏移的分裂算法, 地球物理学报, 1983, 26(4): 377-388.

[93] Magnus W and Oberhettinger. *Formulas and Theorems For the Functions of Mathematical Physics*. New York: Chelsea Publishing Co., 1954.

[94] McClellan J H and Chan D S. A 2-D FIR filter structure derived from the Chebyshev recursion. *IEEE Trans. Circuits Syst.*, 1977, CAS-24: 372-378.

[95] Mersereau R M. The processing of hexagonally sampled two-dimensional signals. *IEEE Proc.*, 1979, 67: 930-949.

[96] Mcichael F Sullivan and Jack K Cohen. Prestack Kirchhoff inversion of common-offset data. *Geophysics*, 1987, 52(6): 745-754.

[97] Michael S and Klaus H. Orthorhombic media: modeling elastic wave behavior in vertically fractured earth. *Geophysics*, 1997, 62(6): 1954-1974.

[98] Mora P. Modeling anisotropic waves in 3-D. *59th Ann. Internat. Mtg., Soc. Expl. Geophys., SEG Expanded Abstracts 8*, 1989: 1039-1043.

[99] 牛滨华, 何樵登, 孙春岩. 裂隙各向异性介质波动 VSP 多分量记录的数值模拟. 地球物理学报, 1995, 38(4): 519-527.

[100] Pai D M. Generalized f-k (frequency-wavenumber) migration in arbitrarily varing media. *Geophysics*, 1988, 53(12): 1547-1555.

[101] Paul Docherty. A brief comparison of some Kirchhoff integral formulas for migration and inversion. *Geophysics*, 1991, 56(8): 1164-1169.

[102] Popovici A M. Prestack migration by split-step DSR. *Geophysics*, 1996, 61(6): 1412-1416.

[103] Reynolds A C. Boundary conditions for the numerical solution of wave propagation problems. *Geophysics*, 1978, 43(6): 1099-1110.

[104] Rickett J, Claerbout J and Fomel S. Implicit 3-D depth migration by wavefield extrapolation with helical boundary conditions. *68th Ann. Internat. Mtg., Soc. Expl. Geophys., SEG Expanded Abstracts 17*, 1998: 1124-1127.

[105] Rietveld, W E A, Berkhout A J and Wapennar C P. Optimum seismic illumination of hydrocarbon reservoirs. *Geophysics*, 1992, 57(10): 1334-1345.

[106] Rietveld W E A, Berkhout A J. Prestack depth migration by means of controlled illumination. *Geophysics*, 1994, 59(5): 801-809.

[107] Ristow D and Rühl T. Fourier finite-difference migration. *Geophysics*, 1994, 59(12): 1882-1893.

[108] Ristow D and Rühl T. 3-D implicit finite-difference migration by multiway splitting. *Geophysics*, 1997, 62(2): 554-567.

[109] Roberts P, Huang L J, Burch C, Fehler M and Hildebrand S. Prestack depth migration

for complex 2D structure using phase-screen propagation. *67th Ann. Internat. Mtg. Soc. Expl. Geophys., SEG Expanded Abstracts 16*, 1997: 1282-1285.

[110] Remero Lousi A, Ghiglia Dennis C, Ober Curtis and Morton Scott A. Phase encoding of shot records in prestack migration. *Geophysics*, 2000, 65(2): 426-436.

[111] Saatcilar R, Ergintav S and Canitez N. The use of the Hartley transform in geophysical applications. *Geophysics*, 1990, 55(11): 1488-1495.

[112] Saatcilar S and Ergintav S. Solving elastic wave equations with the Hartley method. *Geophysics*, 1999, 56(2): 274-278.

[113] Schoenberg M and Douma J. Elastic wave propagation in media with parallel fractures and aligned cracks. *Geophysical Prospecting*, 1988, 36(6): 571-589.

[114] Schoenberg M and Helbig K. Orthorhombic media: modeling elastic wave behavior in a vertically fractured earth. *Geophysics*, 1997, 62(6): 1954-1974.

[115] Schneider W A. Integral formulation for migration in two and three dimension. *Geophysics*, 1978, 43(1): 49-76.

[116] Schultz P S and Claerbout J F. Velocity estimation and downward continuation by wavefront synthesis. *Geophysics*, 1978, 43(4): 691-714.

[117] Schultz P S and Sherwood J W C. Depth migration begore stack. *Geophysics*, 1980, 45(3): 376-393.

[118] Stoffa P L, Forkema J T, de Luna Freire R M and Kessinger W P. Split-step Fourier migration. *Geophysics*, 1990, 55(2): 410-421.

[119] Stolt R H. Migration by Fourier transform. *Geophysics*, 1978, 43(1): 23-48.

[120] 滕吉文. 固体地球物理学概论. 北京: 地震出版社, 2003.

[121] Thomas Rühl. Finite-difference migration derived from the Kirchhoff-Helmholtz integral. *Geophysics*, 1996, 61(5): 1394-1399.

[122] Tong F and Ken Larner. Elimination of numerical dispersion in finite-differenc modeling and migration by flux-corrected transport. *Geophysics*, 1995, 60(6): 1830-1842.

[123] Wang Tsili and Tang Xiaoming. Finite-difference modeling of elastic wave propagation: A nonsplitting perfectly method layer approach. *Geophysics*, 2003, 68(5): 1749-1755.

[124] Wapenaar C P A, Kinneging N A and Berkhout A J. Principle of prestack migration based on the full elastic two-way wave equation. *Geophysics*, 1987, 52(2): 151-173.

[125] White J E, Martinean-Niciletic L and Morsh C. Measured anisotropy in Pierre shale. *Geophys. Prosp.*, 1983, 31(6): 709-725.

[126] Wiggins J W. Kirchhoff integral extrapolation and migration of nonplanar data. *Geophysics*, 1984, 49(8): 1239-1248.

[127] Winsterstein D F. Anisotropy effects in P-wave and S-wave stacking velocities contain information on lithology. *Geophysics*, 1986, 51(3): 661-672.

[128] Wu W J, Lines L R and Lu H X. Analysis of higher-order, finite-difference schemes in 3-D reverse-time migration. *Geophysics*, 1996, 61(3): 845-856.

[129] Zeng Y Q, He J Q and Liu W H. The application of the perfectly matched layer in numerical modeling of wave propagation in poroelastic media. *Geophysics*, 2001, 66(4): 1258-1266.

[130] 张关泉. 利用低阶偏微分方程组的大倾角差分偏移. 地球物理学报, 1986, 29(3): 273-282.

[131] 张关泉. 波动方程的上行波和下行波的耦合方程组. 应用数学学报, 1993, 16(2): 251-263.

[132] Zhang Guanquan, Zhang Wensheng. Methods and numerical experiments for wave equation prestack depth migration. *Science in China Ser. A Mathematics*, 2004, 47: 111-120.

[133] Zhang Guanquan, Zhang Wensheng, Hao Xianjun. Prestack depth migration with common-shot and synthesis-shot records. *69th Ann. Internat. Mtg. Soc. Expl. Geophys., SEG Expanded Abstracts 18*, 1999: 1469-1473.

[134] Zhang Guanquan, Zhang Wensheng. Parallel implementation of 2-D prestack depth migratio. *4th International Conference/Exhibition on High performance Computing in Asia-Pacific Region, Expanded Abstracts*, 2000: 970-975.

[135] Zhang Wensheng. 3D wave equation prestack depth migration based on wavefield synthesizing. *Computational Physics. Proceeding of Joint Conference of ICCP6 and CCP2003*, 2005: 293-297.

[136] Zhang Wensheng, Zhang Guanquan. 3-D prestack depth migration for SEG/EAEG subsalt with the SSF method. *71th Ann. Internat. Mtg. Soc. Expl. Geophys., SEG Expanded Abstracts 20*, 2001: 1061-1064.

[137] Zhang Wenshang, Zhang Guanquan. Factorization prestack depth migration by wavefield synthesizing. *73nd Ann. Internat. Mtg. Soc. Expl. Geophys., SEG Expanded Abstracts 22*, 2003: 905-909.

[138] Zhang Wensheng, Zhang Guanquan, Wu Fei. 3-D prestack depth migration with single-shot and synthesized-shot records. *72rd Ann. Internat. Mtg. Soc. Expl. Geophys., SEG Expanded Abstracts 21*, 2002: 1268-1271.

[139] Zhang Wensheng, Zhang Guanqua and Song Haibing. Prestack depth migration analysis using a high precision hybrid method and its parallel implementation. *Chinese Journal of Geophysics*, 2001, 44(4): 538-547.

[140] Zhang Wensheng, Zhang Guanquan. Factorization synthesized-shot prestack depth migration in the helical coordinate system. *Chinese Journal of Geophysics*, 2003, 46(4): 750-758.

[141] 张文生, 何樵登. 二维横向各向同性介质中的伪谱法模拟. 石油地球物理勘探, 1998,

33(3): 310-319.

[142] 张文生. 螺旋坐标系下的三维叠后偏移. 石油物探, 2001, 40(4): 1-7.

[143] 张文生, 张关泉. 基于混合法波场外推的波动方程基准面校正. 石油地球物理勘探, 2001, 36(2): 141-145.

[144] 张文生, 宋海斌. 三维正交各向异性介质三分量高精度有限差分正演模拟. 石油地球物理勘探, 2001, 36(4): 422-432.

[145] 张文生. 裂步 Hartley 变换叠前深度偏移. 石油物探, 2003, 42(2): 149-153.

[146] 张中杰, 何樵登, 徐中信. 二维横向各向同性介质中人为边界反射的吸收–差分法波场模拟. 地球物理学报, 1993, 36(4): 519-527.

[147] Zhu T. Ray-Kirchhoff migration in inhomogeneous media. *Geophysics*, 1988, 53(6): 760-768.

[148] 同济大学海洋地质与地球物理系. 反射地震学论文集. 上海：同济大学出版社, 2000.

索　引